Nordbrücke Düsseldorf

Nordbrücke Düsseldorf

1958

Herausgegeben von der Landeshauptstadt Düsseldorf

Additional material to this book can be downloaded from http://extras.springer.com.

ISBN 978-3-642-52671-8   ISBN 978-3-642-52670-1 (eBook)
DOI 10.1007/978-3-642-52670-1

Zusammenstellung der Beiträge: Städt. Oberbaurat E. Beyer, Düsseldorf

Gestaltung: Städt. Baurat H. Schmidt, Düsseldorf

Softcover reprint of the hardcover 1st edition 1958

Im Buchhandel zu beziehen durch den Springer-Verlag · Berlin / Göttingen / Heidelberg

Zum Geleit

Der Oberbürgermeister
Georg Glock

Die Bedeutung einer neuen Rheinbrücke im Norden der Stadt Düsseldorf wurde schon lange erkannt. Die Stadtbebauungspläne des Jahres 1884 weisen schon auf die Möglichkeit eines Brückenschlags an dieser Stelle hin und die in den 20er Jahren erstellten Wohn-Hochhäuser an der Kreuzung Uerdinger Straße/Kaiserswerther Straße waren als Tor für eine neue Rheinbrücke gedacht. Die Verwirklichung dieses Gedankens in seiner heutigen Form ist dann im wesentlichen das Ergebnis der Anpassung an die Bedürfnisse des rasch anwachsenden Verkehrs und an wirtschaftliche Überlegungen. Der Rat der Stadt Düsseldorf hatte am 30. Januar 1952 den Beschluß gefaßt, daß die Nordbrücke gebaut werden soll. Die folgende Zeit war der gründlichen Vorbereitung und den Verhandlungen mit Bund und Land über eine Bezuschussung dieses außergewöhnlich umfangreichen Bauvorhabens gewidmet. Am 8. Oktober 1953 konnte der Rat den Auftrag erteilen, mit dem Bau der Brücke zu beginnen. Der Entschluß dazu fiel angesichts der veranschlagten hohen Bausumme und des Umstandes nicht leicht, daß die neue Brücke den Charakter des nördlichen Stadtbildes am Rhein entscheidend beeinflussen würde. An dieser Stelle des Rheins öffnet sich dem Beschauer ein Stück echter niederrheinischer Landschaft. Jedem mußte an der Erhaltung, möglichst noch Steigerung dieses erfreulichen Anblicks gelegen sein.

Die neue Brücke mit den Wegen zu ihr hat die Zustimmung der Düsseldorfer Bevölkerung gefunden. Sie wurde mehr als nur ein taugliches Instrument für den Kraftverkehr. Überraschend gerne wird sie als Spazierweg benutzt, um Luft zu schöpfen, den Blick auf Düsseldorf und das niederrheinische Land zu richten oder um am erst wenig berührten linken Rheinufer Erholung zu suchen. Die Nordbrücke wurde zu einer Bereicherung Düsseldorfs.

Ihre Bedeutung für das Wirtschaftsleben wird sich noch steigern, wenn mit den noch im Gang befindlichen linksrheinischen Bauarbeiten der Anschluß an das Überlandstraßennetz gefunden sein wird. Dies ist bis zum Beginn des Jahres 1960 zu erwarten. Wir sind uns wohl bewußt, daß auch dann das Nötige für die freie Entfaltung des individuellen und des öffentlichen Verkehrs auf beiden Rheinseiten noch nicht erreicht ist. Städte am Rhein müssen von vornherein durch das Vorhandensein des Stromes bedingte, besondere Verkehrsaufgaben erfüllen. Jede Rheinbrücke im Stadtbereich dient nicht allein städtischen Interessen. Es ist kein unbilliges Verlangen, wenn diese Gemeinden bei ihrem Bemühen um die Erfüllung besonderer Aufgaben, wie den Bau von Rheinbrücken, eine angemessene finanzielle Beteiligung von Bund und Land erwarten. Dann wird es auch für Düsseldorf weitere Möglichkeiten geben, entsprechend dem Bedürfnis bessere und zusätzliche Rheinübergänge zu schaffen.

(Glock)

Der Oberstadtdirektor
Dr. jur. Dr. med. h. c. Walter Hensel

Als am 19. Dezember 1957 die Nordbrücke dem Verkehr übergeben wurde, war die erste Rheinbrücke fertiggestellt, die nach dem Kriege mit neuen Bahnen den Rhein überquert.

Es galt also hier im Gegensatz zu den bisherigen Rheinbrückenbauten nicht die Zerstörungen des Krieges durch einen Wiederaufbau wettzumachen, sondern nach modernen konstruktiven und verkehrstechnischen Gesichtspunkten eine der Landschaft angepaßte Brückenform und Verkehrsanlage zu finden und zu verwirklichen.

Mit dem Tage der Brückeneinweihung wurde der große erste Bauabschnitt der Nordbrücke Düsseldorf, das ist die Rheinbrücke, für den Verkehr freigegeben.

Ohne Unterbrechung laufen die Planungen und Bauarbeiten weiter, um in etwa zwei Jahren den von der Brücke kommenden Strang der Bundesfernstraße 7 anbau- und kreuzungsfrei an das Überlandstraßennetz, vor allem in den Richtungen Köln, Aachen, Belgien und Holland anzuschließen.

Es ist bei solchem Anlaß üblich, die vielen Überlegungen, die bis zur Verwirklichung einer so umfangreichen und kostspieligen Bauanlage anzustellen waren, in übersichtlicher Form zusammenzustellen. Damit soll allen Interessierten ein Rechenschaftsbericht und ein baugeschichtlicher Überblick, den Fachleuten eine Orientierung gegeben werden, die ihnen Anregungen zu eigenen Untersuchungen, Weiterentwicklungen und Bauformen zu geben vermag.

Diese Schrift läßt erkennen, welche Fülle von Arbeit in den Ämtern der Stadtverwaltung Düsseldorf und in Zusammenarbeit mit den Bauunternehmungen zu vollbringen war, um innerhalb von drei Jahren das heute schon so selbstverständlich wirkende Bauwerk glücklich zustande zu bringen.

Neben die allgemeine Anerkennung der guten technischen und formgebenden Leistung tritt die erfreuliche Feststellung, daß trotz der vielerlei Gefahren, die ein solches Bauwerk stets umlauern, die Erstellung der Rheinbrücke keine Menschenleben, glücklicherweise auch keine nennenswerten Gesundheitseinbußen bei den eingesetzten Kräften gekostet hat.

Die Freude darüber trägt zu der befriedigenden Feststellung bei, daß den vielen Anstrengungen, angefangen bei der Finanzierung und organisatorischen Klarstellung und endend bei der technischen und handwerklichen Einzelgestaltung ein Erfolg beschieden war, der die Mühe lohnte.

Dafür sei allen beteiligten Arbeitern, Ingenieuren und Mitarbeitern bei den Firmen sowohl als auch bei der Stadtverwaltung Düsseldorf besonderer Dank gesagt. Sie haben im Dienste für die Allgemeinheit eine Anlage erstellt, die in allen Kreisen Beifall gefunden hat und das Leben in der Stadt erleichtert und fördert.

(Dr. Hensel)

Inhaltsverzeichnis

Die Planung

Nordbrücke und Brückenpläne in Düsseldorf

Von Professor Friedrich Tamms, Beigeordneter

Die Vollendung des z. Z. bedeutendsten Verkehrsprojektes der Stadt Düsseldorf, der Nordbrückenstraße, gibt Veranlassung zu diesen Ausführungen. Man hat lange um ihren Standort gerungen. Es begann im Jahre 1950. Eigentlich sollte diese große Querachse näher am Stadtkern liegen. Aber schließlich überwog die bessere Anbindungsmöglichkeit an die links- und rechtsrheinischen Fernstraßen. So wurde die jetzige Baustelle zwischen den ersten Hochhäusern Düsseldorfs aus den 20er Jahren, den elfgeschossigen Wohnbauten an der Uerdinger und Kaiserswerther Straße, festgelegt. Links- wie rechtsrheinisch liegt die neue Brückenstraße hoch, auf der linken Seite im teilweise unbebauten, aber zur Bebauung bestimmten Geschäfts- und Wohngebiet, auf der rechten Seite des Stromes in einer vorhandenen und bereits bebauten Straße. Die neue Brückenstraße ist eine Fortsetzung der Lastenringstraße, die, von Süden kommend, aus zwei Quellen gespeist wird, der Südbrücke mit dem linksrheinischen Raum und dem südlichen Zubringer mit dem Raum Wuppertal bzw. südliche Autobahn. Über die Straßen Auf'm Hennekamp, Kruppstraße, Kettwiger Straße, Dorotheenstraße, Lindemann- und Brehmstraße erreicht sie den Verkehrsknoten in Mörsenbroich, der hier von der Brehm-, Heinrich-, Grashoff- und Münsterstraße mit dem Mörsenbroicher Weg und vor allem dem Nördlichen Zubringer gebildet wird. Der starke Verkehrsimpuls, der von diesem Ballungsraum ausgeht, zielt in zwei Richtungen: Über den Rhein in den linksrheinischen Raum mit den Fernzielen Köln, Aachen, Holland — und in die Innenstadt Düsseldorfs. Die neue Brückenstraße ist also von hier ab etwa zur Hälfte Fernverkehrsstraße, zur Hälfte Binnenverkehrsstraße. Daher wurde sie mit einem guten Anschluß zur Innenstadt („In der Lohe", als neuer und interner Zubringer nach Norden) versehen und für den Fernverkehr als anbau- und kreuzungsfreie Autostraße ausgebaut. Sie ist somit eine echte „kommunale Autobahn".

Vom Verteilerkreis vor dem Nordfriedhof aus verläuft die neue Brückenstraße zunächst als Rampe, sodann als hochliegende Fahrbahn in der beiderseits bebauten Uerdinger Straße. Hier besonders galt es, ein Bauwerk zu ersinnen, das hinsichtlich seiner Form und seiner Abmessungen keine Störung des vorhandenen Stadtbildes sein durfte. Die auf Stützen ruhende Fahrbahn, der Tausendfüßler, wie das Bauwerk genannt wird, erfreut sich dank seiner Einfachheit und seiner konstruktiven Richtigkeit der Zustimmung der Anwohner. Die 327 m lange Fahrbahnplatte aus quer- und längsgespanntem Beton ohne Dehnungsfugen ruht auf 22 querovalen, nach oben sich verjüngenden Säulen, die im Boden verankert sind. Rauh gespitzter Eifelbasalt wurde als Schalung für die Pfeiler verwandt. Die Betonplatte ist von großer Exaktheit, die stehengelassene Zementhaut der Außenfläche befriedigt auch das Auge des Ästheten.

Der bedeutendste Abschnitt des neuen Straßenzuges ist natürlich die Rheinbrücke, die diesmal kein Wiederaufbau einer im Kriege zerstörten Brücke ist, sondern die erste völlig neue Brücke über diesen Strom. Infolgedessen war die Auseinandersetzung über die Form dieser Brücke groß. Ein Wettbewerb bot Gelegenheit, alle nur möglichen Systeme nach Konstruktion, Form und Wirtschaftlichkeit zu untersuchen. Der von städtischen und beauftragten Ingenieuren und Architekten ausgearbeitete Entwurf wurde den Wettbewerbsteilnehmern zur Prüfung, Kritik und Anregung übergeben.

Es würde zu weit führen, an dieser Stelle über den Wettbewerb, die vielen Anregungen und die Methoden zur Auswahl des besten Entwurfs zu berichten. Gebaut wurde eine Schrägseilbrücke mit einer mittleren Stützweite von 260 m und Seitenöffnungen von je 108 m, eine in dieser Form erstmalig angewandte Konstruktion. Die Kabel liegen auf 40 m (über Fahrbahn) hohen Pylonen, die sich nach oben verjüngen und ohne Querriegel nebeneinander stehen.

Da das gewählte System keine Hänge-, sondern eine Balkenbrücke ist, bei der neben den Pfeilern die nach oben verspannten Kabel so etwas wie zusätzliche Auflager sind, lag den Verfassern viel daran, eine Form zu finden, die auch nicht annähernd der einer Hängebrücke glich, sondern eine originale, eine für dieses System typische Form sein sollte. So wurde die für Hängebrücken übliche Portalform der Pylone verlassen. Die Pylone werden nicht wie bei den Hängebrücken nach oben dicker, sondern dünner. Der übliche Portalriegel als Windverband steht nicht als dicker und schwerer Stahlbalken hoch oben in der Luft, sondern liegt zwischen den Hauptträgern unter der Fahrbahn. Auswirkungen auf die bisher angewandten Konstruktionsformen von Brückenportalen sind durchaus möglich.

Auch die alleinige Auflagerung der Kabel auf dem Pylonkopf wurde nicht beibehalten. Man hatte zwar anfangs für die Büschelform, die die Auflagerung der Tragkabel auf dem Kopf der Pylone vorsieht, etwa 2—3 % Kostenersparnis ausgerechnet. Die Harfe, bei der die Kabel parallel geführt und getrennt in den frei stehenden Pylonen gelagert werden, erwies sich jedoch vom ästhetischen Standpunkt aus als überlegen, da sie die unschönen und verwirrenden Überschneidungen der Kabel an den Pylonenköpfen vermeidet und das wirre Bild durch eine klare und geordnete Form ersetzt. Bei der weiteren Bearbeitung, vor allem beim Durchdenken des Montageprozesses, der ja der eigentliche Bauvorgang ist, zeigte sich, daß die getrennte Lagerung der verschiedenen Kabel parallel zueinander große technische Vorteile brachte, so daß die errechneten Kostenersparungen aufgewogen wurden. Das Mittelkabel muß nämlich aus Stabilitätsgründen nach Beendigung der Montage mit dem Pylon fest verbunden werden. Die übrigen Kabel bleiben beweglich. Die Längenänderungen der Brücke durch Belastung oder Temperatur übernimmt der schlanke Pfeiler durch Formänderung. Durch Anheben oder Senken der Lager im Schaft der Pylone können die für sie ermittelten Spannungen korrigiert werden. Es erwies sich als unmöglich, diese komplizierten Vorgänge bei der Kräfteübertragung aus den verschieden langen und verschieden stark belasteten Kabeln ausschließlich im Pylon-Kopf vorzunehmen! Dies ein Detail aus der engen Verflechtung von konstruktiven und formalen Überlegungen bei diesem Bauwerk.

Es war von Anfang an das Ziel, eine Brückenform zu finden, die die Rheinlandschaft sowenig wie möglich beeinträchtigen würde. Ein Fachwerk hätte bei einem Stützverhältnis von 1 : 10 eine Trägerhöhe von etwa 26 m verlangt, eine eingespannte Bogenbrücke am Widerlager Blechwände von rd. 10 m Höhe. Die jetzt gewählte Brücke hat ein Stützverhältnis von 1 : 75. Die Höhe dieses Hauptträgers beträgt nur ein Achtel der Höhe des Fachwerkes und ist nur ein Drittel so dick wie der Bogen. Man schaut durch die auf Nervendicke zusammengeschrumpften Tragelemente hindurch in die Weite der Landschaft. Das Ziel, in diese diffizile Landschaft ein im übertragenen Sinne entmaterialisiertes Bauwerk zu setzen, ist gelungen. Die Nordbrücke, so leidenschaftlich umkämpft zur Zeit der Planung, erfreut sich heute bei Einheimischen und Fremden ungetrübter Zustimmung. Heimatfreunde und Ästheten, beide Parteien stimmen ihr zu. Sie wurde „angenommen". Mit Sorge und Anteilnahme standen Tausende von Düsseldorfern an den Ufern, als das letzte Trägerstück am 8. August dieses Jahres bei Gewitter und Sturm, bei strömendem Regen und dunkler werdender Nacht eingeschwommen wurde. Das war nicht nur Neugier. Das war teilnehmende Zuneigung an einem sichtbar zu verfolgenden Wachstum der Stadt.

Über die Farbe der neuen Stahlbrücke ist viel diskutiert worden. Das schöne Mennigerot der Montagezeit kann nicht bleiben. Bleimennige ist nur bedingt wetterfest. Es schützt zwar den Stahl gegen Korrosion, also gegen Rost, muß aber selber durch Ölfarbenanstrich oder Lack vor dem Verfall geschützt werden. Welche Farbe also? Versuche mit Lackfarbe, aufgespritzt, ergaben eine changierende Oberfläche, schillernd, und jede Unebenheit der Bleche im Sonnenlicht betonend. Es blieb beim mehrfarbigen Ölfarbanstrich, aus technischen Gründen der beste und zuverlässigste, aus ästhetischen Gründen der erfreulichste.

Man sprach von Rot, Mennigerot, Dunkelrot, Blaurot. Aber Rot macht die Brücke dick und schwer! Grün, Kupfergrün, Weißgrün wie die Südbrücke und die Kölner Brücken, bot sich an. Aber die Landschaft, in der diese Brücke steht, ist selber grün, ist die grüne Niederrheinlandschaft! Blau wurde vorgeschlagen. Macht sie gelb, sagte ein Maler, ganz intensiv gelb! Jedoch Gelb oder Blau oder welch leuchtende Frabe man sonst wählen will, sind zu eigenwillige Farben, entweder zu reklametüchtig oder zu laut in der freien Landschaft. Beides sollte diese Brücke nicht sein, weder reklamefördernd noch auffallend selbstherrlich in der natürlichen Umgebung. Sie sollte, — es wurde anfangs ausgeführt — zart und leicht sein, dünn und ätherisch, sich unterordnend und nicht großmächtig sich behauptend. So wurde ein dunkles Anthrazit gewählt, das aus jahrzehntelanger Erfahrung die dünnen Konstruktionsglieder noch dünner erscheinen läßt, das alle Teile der Brücke gegen den hellen Himmel so zart

macht, wie keine noch so bunte Farbe. Und nebenbei: Dies ist die technisch beste Farbe, dauerhaft und den Stahl am wirksamsten und am längsten gegen die Angriffe der Feuchtigkeit und der chemischen Bestandteile (Abgase, Rauch) in der Luft schützend. Um die Eleganz und das Rassige der Brücke, den schwerelosen Sprung von Ufer zu Ufer zu unterstreichen, wird das schmale Band des Randträgers, der rd. 1000 m lang und nur 60 cm hoch ist, fast weiß gestrichen.

Die Nordbrücke ist heute ein nicht mehr fortzudenkender Bestandteil der Stadt. Sie ist technisch und ästhetisch geglückt. Sie ist kein Störenfried zwischen den Ufern. Der Düsseldorfer Raum am Strom erfährt durch sie eine feste Begrenzung, einen Haltepunkt, eine Bereicherung. Natürlich fehlt noch der Gegenpol im Süden, eine Brücke etwa in Höhe des Berger Hafens. Wenn erst zwei solcher Brücken den Strom überspannen, sozusagen seinen Raum umarmen, wird man wieder davon sprechen können, daß Düsseldorf wirklich am Rhein liegt.

Doch schon heute spürt man die Bedeutung der Nordbrücke für das Stadtbild. Wenn man, von Westen kommend, über sie hinwegfährt, dann erlebt man eine Einfahrt in die Stadt, die einmalig, bedeutungsvoll und schön ist. Fährt man aus der Stadt hinaus nach Westen, so schaut man in die niederrheinische Landschaft von einem Standpunkt aus, den zuvor noch niemand hat einnehmen können. Man befindet sich etwa 20 m, also in Höhe der Dachterrasse eines sechsgeschossigen Hauses, über dem Strom. Blickt man nach Norden auf den Rhein, so liegen zu beiden Seiten seine unberührten Ufer. Der Niederrhein wird zu einem neuen Erlebnis. Die Stadt ist eingebettet in diese Landschaft, und die gleiche Landschaft durchdringt die Stadt. Das ist Städtebau, wie er sein soll.

Der weitere Rheinbrückenbau wird sich von nüchternen Erwägungen leiten lassen. Verkehrsdiagnosen, Finanzierungsmöglichkeiten, Auswirkungen auf die links- und rechtsrheinische Stadt, Umbau im Betrieb oder Neubau, Anbindung an das innerstädtische Verkehrsstraßennetz, — das sind einige der Probleme, die bei der kommenden Entscheidung, welche Brücke demnächst zwischen Stadtmitte und Oberkassel gebaut werden soll, Pate stehen werden. Daß diese neue Rheinbrücke eine innerstädtische Brücke sein wird, steht außer Zweifel. Die äußeren Verkehrszonen im Norden und im Süden der Stadt sind durch den Wiederaufbau der Südbrücke und den Neubau der Nordbrücke für lange Zeit versorgt. Später mögen in diesen Bereichen noch Ergänzungen, etwa die Ulrichringbrücke im Norden und die Fleher Brücke bzw. Himmelgeister Brücke im Süden, erforderlich werden. Sie zu bauen, bewegt im Augenblick niemand. Wichtig ist allein der Neubau der Oberkasseler Brücke und einer Brücke in Höhe des Berger Hafens.

Ein Umbau der Oberkasseler Brücke kommt nicht in Frage, da die einzelnen Brückenteile nur eine Stützweite von knapp 100 m haben und auf Behelfspfeilern ruhen, die man nach dem Krieg aus Gründen der Stahlersparnis in den Strom gesetzt hat. Die vorgeschriebene Durchfahrtsöffnung beträgt an dieser Stelle rd. 200 m. Die alten Strompfeiler haben diesen Abstand. Sie werden nach Entfernung der Behelfsbrücke von 1947/48 wieder die einzigen Träger der neuen Brücke sein. Ein Neubau wird also die alte Brückenachse einhalten. Man muß daher die neue Brücke bauen, während auf der jetzigen der Straßenverkehr weiterläuft. Das bedeutet: Brückenbau im Betrieb.

Die neue Brücke wird breiter sein als die alte, breiter als die jetzige, wie auch als die zerstörte „Skagerrak-Brücke". Die Gradiente, die Höhenlage der Brückenfahrbahn, wird sich ändern. Aus Verkehrsgründen muß die linksrheinische Uferstraße (wie auf der rechten Rheinseite) die neue Brücke niveaufrei unterfahren. Auf der rechten Rheinseite werden wahrscheinlich direkte Auf- und Abfahrten von der Uferstraße zur Brücke notwendig werden. Nur so können die den Verkehrsfluß auf der Uferstraße störenden Linksabbieger zur und von der Brückenrampe ausgeschlossen werden.

Alles das läßt einen Brückenbau im Betrieb nicht gerade einfach oder angenehm erscheinen, wenn auch eine solche Baumaßnahme im Bereich des Möglichen liegt. Gewonnen werden mit einer neuen Oberkasseler Rheinbrücke eine breitere Fahrbahn und bessere Verkehrsverhältnisse an beiden Ufern. Das Nadelöhr zwischen der Innenstadt und Oberkassel verschwindet.

Eine Brücke in Höhe des Berger Hafens ist zweifellos teurer als die Oberkasseler Brücke. Wieviel, weiß man nicht. Das muß an Hand von genauen Projekten festgestellt werden. Eine Brücke an dieser Stelle ist ein zusätzlicher Stromübergang, der auf den Verkehrs-Schwerpunkt Graf-Adolf-Platz zielt. Verkehr, der aus dem südlichen Innenstadtraum ins linksrheinische Stadtgebiet oder zum Niederrhein bzw. Holland—Aachen strebt, könnte mit Hilfe dieser Brücke die Düsseldorfer Innenstadt umgehen.

Da die Verkehrsintensität in der Innenstadt von Jahr zu Jahr größer und für das Stadtleben gefährlicher wird, muß eine genaue Verkehrsdiagnose aufgestellt werden. Entscheidungen über Verkehrsfragen sind in zunehmendem Maße lebensentscheidende Fragen für die Stadt. Man muß die Konsequenzen städtebaulicher, verkehrlicher, bautechnischer und finanzieller Art durchdenken und auf Grund dieser Vorarbeit die Entscheidung treffen. Diese Entscheidung liegt allein beim Rat.

Das Werden der Nordbrücke

Von Dr.-Ing. Franz Schreier, Beigeordneter

Nach der Wiederherstellung der Südbrücke im Jahre 1951 mußte die Stadt erst einmal „tief Atem holen", um nach den Ausgaben von fast 12 Millionen DM für diese Brücke sich einem neuen Brückenbau zuzuwenden.

Als dringendstes Brückenproblem steht an sich nach wie vor der Bau der Oberkasseler Brücke an, denn die schmale und weit unzureichende „Dauerbehelfsbrücke" ist der Grund zu andauernden Verkehrsstockungen. Aber nach wie vor ist man sich auch darüber klar, daß die Oberkasseler Brücke zweckmäßig erst dann umgebaut oder besser neugebaut werden kann, wenn eine City-nahe oder City-nähere Brücke den Umleitungsverkehr aufzunehmen imstande ist.

Die Düsseldorfer Bauverwaltung nutzte die nach der Planung der Südbrücke gegebene „Atempause" zu eingehenden Verkehrszählungen, zur Aufstellung von Verkehrsuntersuchungen und Verkehrsvoraussagen, zu generellen Brücken- und Straßenplanungen. Die Bauverwaltung übergab das Arbeitsergebnis in einer Denkschrift „Brücken für Düsseldorf" vom Oktober 1951 dem Rat der Stadt und der Düsseldorfer Öffentlichkeit. Sehr bald bildete sich die ungeteilte öffentliche Meinung, daß man als erstes nicht die Oberkasseler Brücke um- oder neubauen soll — das hätte nur unter Aufrechterhaltung des Verkehrs geschehen können —, sondern daß man eine neue Rheinbrücke erstellen solle. Zur Wahl standen

a) die City-nahe, sogenannte „Kniebrücke", die am Rheinknie in Höhe des Düsseldorfer Hafens, von der Haroldstraße nach Oberkassel geschlagen werden soll, und

b) die „Nordbrücke" an einer bereits in den zwanziger Jahren festgelegten Stelle im Zuge des Umgehungsringes in Höhe des Düsseldorfer Sporthafens.

Daß beide Brücken gebaut werden müssen, darüber bestand kein Zweifel. Die Gemüter aber erhitzten sich sehr bei der Entscheidung, welche von den beiden nun zuerst zum Zuge kommen soll. Die Verwaltung setzte sich sehr für die Kniebrücke ein. Sie unterlag, weil insbesondere das Land Nordrhein-Westfalen der mehr dem Durchgangsverkehr dienenden Nordbrücke den Vorzug gab und dies durch Hergabe von Zuschüssen und Darlehen besonders unterstrich.

Der Rat der Stadt Düsseldorf faßte daher am 30. Januar 1952 den Grundsatzbeschluß, die Nordbrücke zu bauen.

Damit war für die Bauverwaltung der Auftrag festgelegt. Es sollte bei der Wahl des Brückentyps und bei der Vergabe das beim Bau der Südbrücke bewährte System beibehalten werden, d. h. Ausarbeitung eines Verwaltungsentwurfs, öffentliche Ausschreibung dieses Entwurfs und Möglichkeit zur Einreichung eines Sondervorschlages, abweichend vom Verwaltungsentwurf oder diesen verbessernd. Bei Aufstellung des Verwaltungsentwurfs waren die Herren

Professor Dr.-Ing. e. h. Karl Schaechterle, Stuttgart,

Dr.-Ing. Leonhardt, Stuttgart, und

Dipl.-Ing. Louis Wintergerst, Eßlingen,

maßgeblich beteiligt. Den Herren gebührt besonderer Dank.

Es galt zuerst, den Brückentyp zu finden. Ausschlaggebend hierfür war die Auffindung der erforderlichen Spannweite. Sie wurde nach eingehenden Untersuchungen, zusammen mit der Wasserstraßendirektion, auf 260 m festgelegt. Dabei kommt der linksrheinische Pfeiler im Rheinstrom zu stehen. Es ist insbesondere bei der Diskussion im Rat der Stadt Düsseldorf die Frage aufgeworfen worden, warum man überhaupt einen Strompfeiler wählte und nicht den ganzen Strom mit rund 350 m Breite frei überspannt. Man muß bedenken, daß die Brücke in einer leichten Stromkurve liegt und die Schiffahrt hart am rechten Ufer fährt. Die offizielle Schiffahrtsrinne beträgt aber nur 150 m. Demnach wird bereits bei 260 m das freie Flußprofil von der Schiffahrt gar nicht genutzt, geschweige denn bei einer größeren Spannweite, die unverhältnismäßig hohe Kosten verursacht hätte. Die Spannweite mit 260 m lag also fest.

Die vorgeschriebene Durchlaßhöhe für die Schiffe beträgt 9,10 m. Der höchstschiffbare Wasserstand an der Stelle, wo die Nordbrücke den Rhein überspannt, bei Strom km 746,7 errechnet sich zu 32,75 + 9,10 = rd. 42 m über N. N. Die Uerdinger Straße liegt auf rd. 35 m über N. N., also 7,00 m tiefer, für Flachlandverhältnisse ein großer Höhenunterschied! Je geringer also die Konstruktionshöhe der Brücke, um so günstiger das Gefälle der rechtsrheinischen Brückenauffahrt. Wobei man sich im Gegensatz zu den Festlegungen der zwanziger Jahre mit Auslauf der Brückenrampe auf die Kaiserswerther Straße durchgerungen hatte, den Rampenfuß in Richtung Nordfriedhof zu verschieben und die Kaiserswerther Straße zu überbrücken. Trotzdem blieb die Konstruktionshöhe von entscheidender Bedeutung. Eine Deckbrücke mit unter der Fahrbahn liegender Konstruktion schied aus. Eine Fachwerkbrücke kam aus städtebaulich-architektonischen Gründen nicht in Frage. Eine Hängebrücke unterlag, weil zu teuer, und eine Bogenbrücke mit untenliegender, aufgehängter Fahrbahn fiel bald aus der Konkurrenz, weil die Fundierung zu hohe Kosten erbrachte und ein hoher, über dem Rhein stehender Stahlbogen die Landschaft zu sehr beeinträchtigt hätte.

Man wählte also als Verwaltungsentwurf eine Schrägseilbrücke und schrieb diesen Entwurf am 1. 10. 1952 öffentlich aus mit der Maßgabe, daß, wie bereits erwähnt, es jedem Bieter überlassen blieb, einen Sonderentwurf — aber nur einen — einzureichen. Die Submission war am 3. 12. 1952. Es gingen 15 Angebote für die Strombrücke ein. Von den 15 Bietern hatten 11 je einen Sonderentwurf eingereicht, der sich aber in den meisten Fällen auf eine Abwandlung des Verwaltungsentwurfs, unter Beibehaltung der Schrägseilkonstruktion, beschränkte. Für den Bau der linksrheinischen Flutbrücken, die mit ausgeschrieben waren, gingen 17 Angebote ein.

Die eingereichten Unterlagen wurden nun eingehend technisch und rechnerisch geprüft. Bei Sonderfragen wurden Gutachter eingeschaltet und die städtebaulichen Auswirkungen wurden mitgewertet. Schließlich standen 8 Entwürfe für die Strombrücke in engerer Wahl, mit Kosten von je 18,5 bis 20,5 Millionen DM. Die nachstehende Tabelle gibt hierüber näheren Aufschluß.

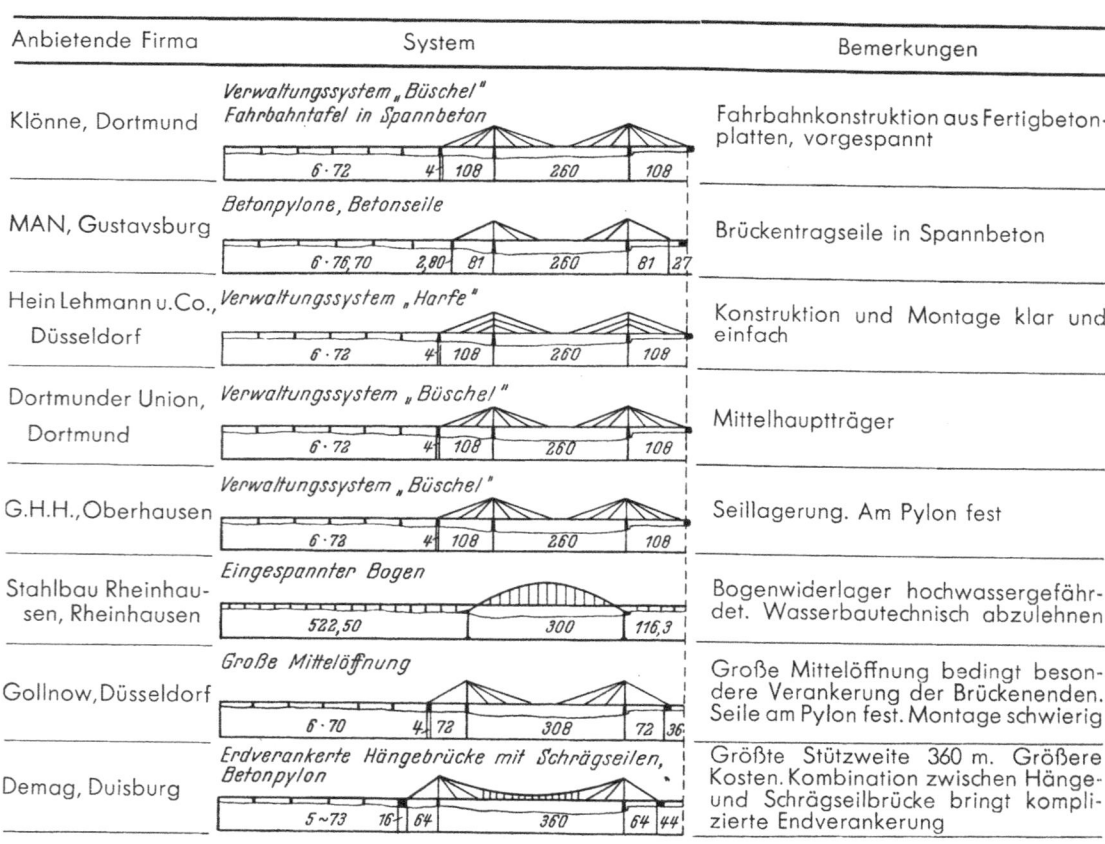

Anbietende Firma	System	Bemerkungen
Klönne, Dortmund	Verwaltungssystem „Büschel" / Fahrbahntafel in Spannbeton / 6·72 4 108 260 108	Fahrbahnkonstruktion aus Fertigbetonplatten, vorgespannt
MAN, Gustavsburg	Betonpylone, Betonseile / 6·76,70 2,80 81 260 81 27	Brückentragseile in Spannbeton
Hein Lehmann u. Co., Düsseldorf	Verwaltungssystem „Harfe" / 6·72 4 108 260 108	Konstruktion und Montage klar und einfach
Dortmunder Union, Dortmund	Verwaltungssystem „Büschel" / 6·72 4 108 260 108	Mittelhauptträger
G.H.H., Oberhausen	Verwaltungssystem „Büschel" / 6·72 4 108 260 108	Seillagerung. Am Pylon fest
Stahlbau Rheinhausen, Rheinhausen	Eingespannter Bogen / 522,50 300 116,3	Bogenwiderlager hochwassergefährdet. Wasserbautechnisch abzulehnen
Gollnow, Düsseldorf	Große Mittelöffnung / 6·70 4 72 308 72 36	Große Mittelöffnung bedingt besondere Verankerung der Brückenenden. Seile am Pylon fest. Montage schwierig
Demag, Duisburg	Erdverankerte Hängebrücke mit Schrägseilen, Betonpylon / 5~73 16 64 360 64 44	Größte Stützweite 360 m. Größere Kosten. Kombination zwischen Hänge- und Schrägseilbrücke bringt komplizierte Endverankerung

Die Tabelle war die Diskussionsgrundlage für eine am 31. August 1953 abgehaltene Ratssitzung, in der die Firmenvertreter ihre Vorschläge vortragen konnten und wo durch Rede und Gegenrede zwischen Firmen und Bauverwaltung der Rat Gelegenheit hatte, sich eine objektive Meinung über den Wert der Angebote zu verschaffen. Am 8. Oktober 1953 entschied sich der Rat der Stadt Düsseldorf mit großer Mehrheit zum Bau einer

„Schrägseilbrücke — Harfenform — mit 2 frei stehenden Doppelpylonen".

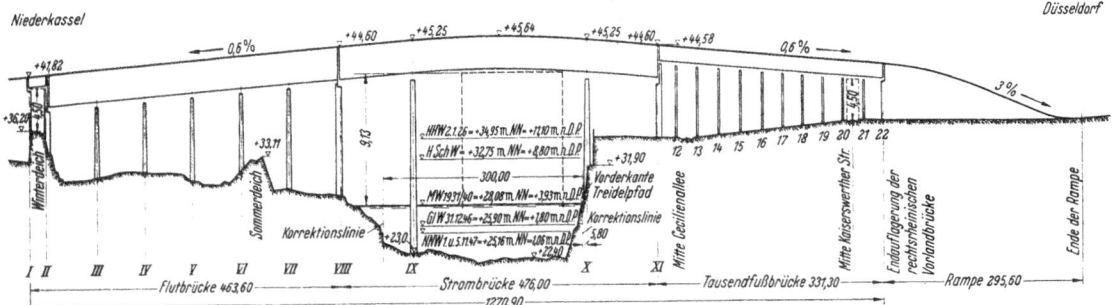

Höhenplan der Nordbrücke über den Rhein im Strom-km 746,7

Die Arbeit wurde vergeben an die Arbeitsgemeinschaft Hein, Lehmann & Co., Düsseldorf, G. H. H. Oberhausen-Sterkrade, Demag — Duisburg, M.A.N. — Mainz-Gustavsburg und Dortmunder Union, Dortmund, Eikomag — Düsseldorf, sowie 3 Berliner Stahlbaufirmen bei Federführung durch die Firma Hein, Lehmann & Co. A.G., Düsseldorf.

Für die linksrheinischen Flutbrücken wurde dem Vorschlag eines seilunterspannten Verbundbalkens gegenüber einem vorgespannten Stahlbetonbalken der Vorrang zuerkannt und die Arbeiten an die Arbeitsgemeinschaft Neußer Eisenbau — Demag vergeben.

Die Bauausführungen und das nun fertig stehende Bauwerk, das von der Fachwelt und der Öffentlichkeit uneingeschränkt angenommen wird, haben erwiesen, daß die getroffenen technischen und städtebaulichen Entscheidungen richtig waren.

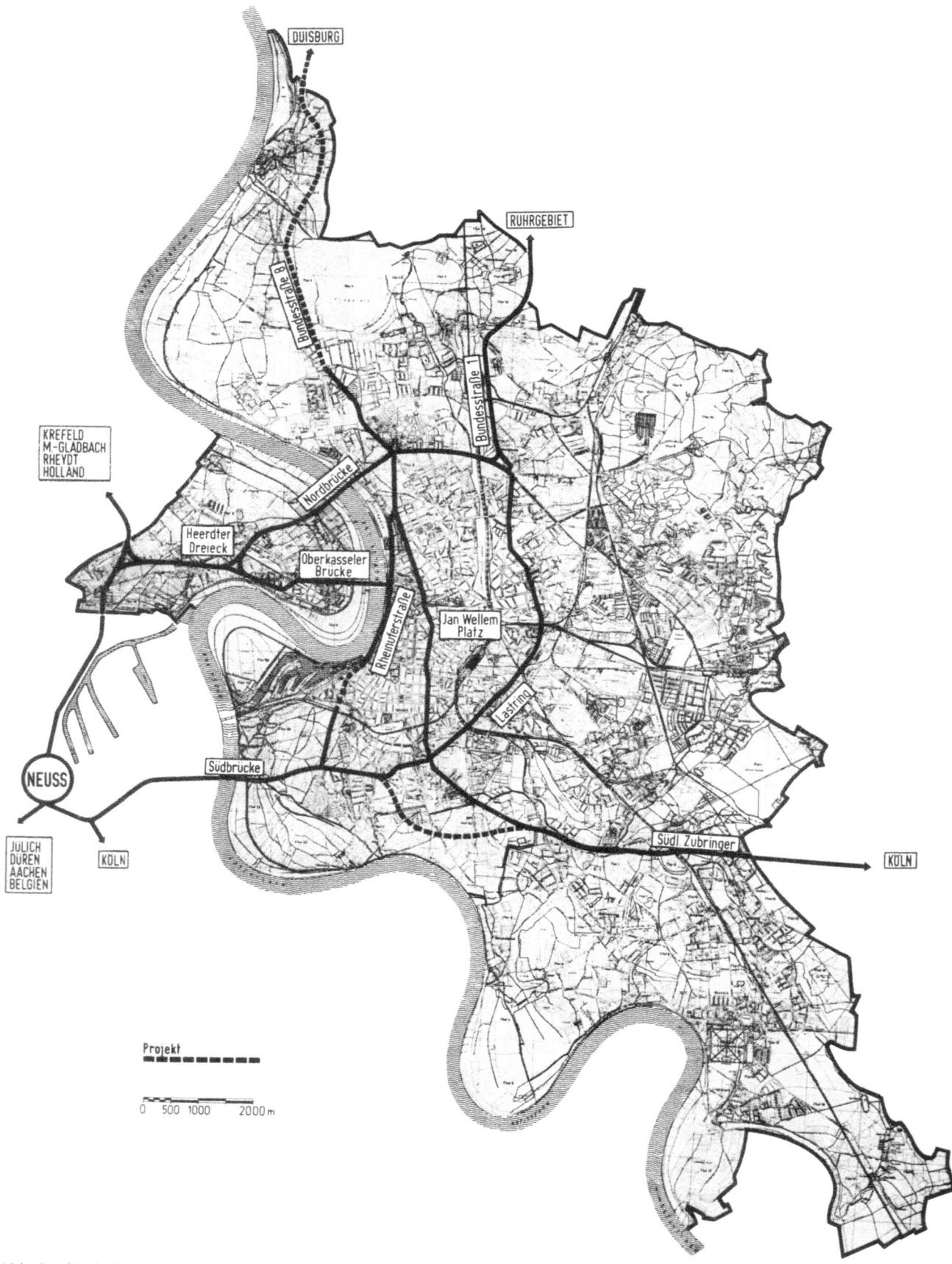

Abb. 1. Verkehrsübersicht

10

Die Verkehrsaufgabe der Nordbrücke und der Zuwegungen

Von Dipl.-Ing. Stadtbaudirektor Richard Auberlen, Stadt Düsseldorf

Der größte Teil des Düsseldorfer Stadtgebietes erstreckt sich entlang des rechten Rheinufers. Auf der linken Rheinseite ist das bebaubare Stadtgebiet durch den stark gekrümmten Lauf des Rheins stark eingeschnürt. Wer also von Westen zur Stadt gelangen will, wird sich auf die „Halbinsel" begeben, auf welcher die Stadtteile Heerdt und Oberkassel liegen. Dort liegt der engumgrenzte Bereich, in welchem sich die gedachten Linien von dem südlichen, dem nördlichen und dem Bereich der Stadtmitte des rechtsrheinischen Düsseldorf strahlenförmig vereinigen. Von diesem Punkte, dem „Heerdter Dreieck", führt auch der Weg zu der soeben für den Verkehr freigegebenen Nordbrücke — Abb. 1 und 2.

Die Nordbrücke ist ein völlig neues Bauwerk an neuem Orte. Sie setzt den sogenannten „Lastring", eine Hauptverkehrsstraße des rechtsrheinischen Düsseldorf fort, die sich, von der Rheinbrücke Düsseldorf-Neuß (Südbrücke) kommend, ringförmig um den Stadtkern legt. Die Brücke mit ihren Zufahrtsstraßen schafft eine Fortsetzung in Richtung Neuß. Damit schließt sich dieser Ring auch auf der linken Rheinseite zwischen Nordbrücke und Südbrücke, indem er die Nachbarstadt Neuß mit in diesen Verkehrsbereich einbezieht. Es war möglich, dieses Bauwerk in das Wegenetz links und rechts des Niederrheins so einzuflechten, wie es den Bedürfnissen des Kraftverkehrs und der anzustrebenden Vollausnutzung der Straßenbrücke für den Verkehr entsprach. Im rechtsrheinischen Düsseldorf war schon vor der Jahrhundertwende Vorsorge für eine großzügige Verkehrsführung im Zuge des Lastringes getroffen. Weite Fluchtlinienabstände, die Brückenauffahrten markierende Hochbauten und Freiflächen waren vorgesehen worden, um zu gegebener Zeit gute Möglichkeiten für den Bau einer Brückenauffahrt bereit zu haben. Auf der linken Rheinseite war eine noch freiere Gestaltung der Zu- und Abfahrten möglich. Im Vordergrund standen dort die Bedürfnisse der Bundesfernstraßen 7 und 9 sowie die spätere Schaffung einer zügigen und schnellen Verbindung von Düsseldorf nach Krefeld. Für den innerstädtischen Verkehr war ein kurzer und leistungsfähiger Anschluß der Stadtteile Ober- und Niederkassel, Heerdt und Lörick an den Stadtkern und die Bezirke Unterrath, Derendorf, Zoo, Golzheim und Ausstellungsgelände vorzusehen. Linksrheinisch war die Verkehrsplanung in Übereinstimmung mit einer großzügigen Erweiterung der Besiedlung zu bringen.

Aus den Untersuchungen schälten sich folgende Knoten als charakteristische Kennzeichen der Verkehrsführung heraus — Abb. 2.

1. Der Homberger Platz.
2. Der Verteilerkreis Nordfriedhof.
3. Der „Seestern" (Anschlußstelle Niederkassel).
4. Das „Heerdter Dreieck" (zugleich Anschlußstelle Oberkassel).
5. Die Anschlußstelle Heerdt.
6. Das Vereinigungsbauwerk mit der Bundesfernstraße 9.

Der Homberger Platz

Wie aus Abb. 3 ersichtlich, ermöglicht der Homberger Platz eine Teilung des Verkehrsstromes einmal in Richtung zur Innenstadt (Jan-Wellem-Platz), zum andern in Richtung rechtes Rheinufer. Die Straße entlang des rechten Rheinufers ist als eine Umgehung der Düsseldorfer Altstadt zu werten und zugleich als Westtangente für die Nord-Süd-Verkehrsrichtung. Für die Teilung und Vereinigung dieser beiden Verkehrsströme wurden Flächen und Räume freigehalten, die es gestatten, zu einem späteren Zeitpunkt einen Verkehrsstrom, etwa denjenigen zum Rhein (Cecilien-Allee), unterirdisch unter dem Homberger Platz hindurchzuführen und den anderen Verkehrsstrom, etwa den Linksabbiegerstrom, der vom Nordfriedhof die Innenstadt zu erreichen sucht, als Hochbrücke über den Homberger Platz hinwegzuführen. Für die Rampen solcher Mehrstocklösungen wurde der großen Verbindungsstraße zwischen Homberger Platz und

| linksrheinisch | rechtsrheinisch |  |

<table>
<tr><td colspan="3">Abb. 2. Nordbrückenstraßen</td></tr>
<tr><td colspan="3">Rot = neue Straße</td></tr>
<tr><td colspan="3">Gelb = vorhandenes Straßennetz</td></tr>
<tr><td colspan="3">Grün = Bepflanzung</td></tr>
</table>

linksrheinisch

1 B 9 Kevelaerer Straße
2 Handweiser
3 Heerdter Landstraße
4 Anschlußstelle Heerdt
5 Löricker Straße
6 + 6a Bus-Haltestellen
7 Nikolaus-Knopp-Platz
8 Brüsseler Straße
9 Heerdter Lohweg
10 Pariser Straße
11 Heerdter Dreieck
12 Schanzenstraße
13 Hansaallee
14 Brüsseler Straße (B 7)
15 Fußgängerbrücke
16 Seestern
17 Krefeld (künftige Schnellstraße)
18 Arnulfstraße
18a Lanker Straße
19 Belsen-Platz
20 Barbarossa-Platz
21 + 21a Bushaltestellen (auf der Brückenstraße, nicht an den beiden Abfahrtsstraßen)
22 Nordbrücke (B 7)
23 Oberkasseler Brücke

rechtsrheinisch

1 Cecilienallee
2 Kaiserswerther Straße
3 + 3a Bushaltestellen
4 Uerdinger Straße
5 Verteilerkreis Nordfriedhof
6 Danziger Straße (geplant als B 8)
7 Johannstraße (B 7)
8 Heinrich-Ehrhardt-Straße (B 7)
9 Nördl. Zubringer Ruhrgebiet (B 1)
10 Lastring
11 Roßstraße
12 In der Lohe (B 8)
12a Fußgängerbrücke
13 Homberger Platz
14 Cecilienallee (B 8)
15 Fischerstraße
16 Stadtmitte
17 Ausstellungsgelände
18 Stadtmitte

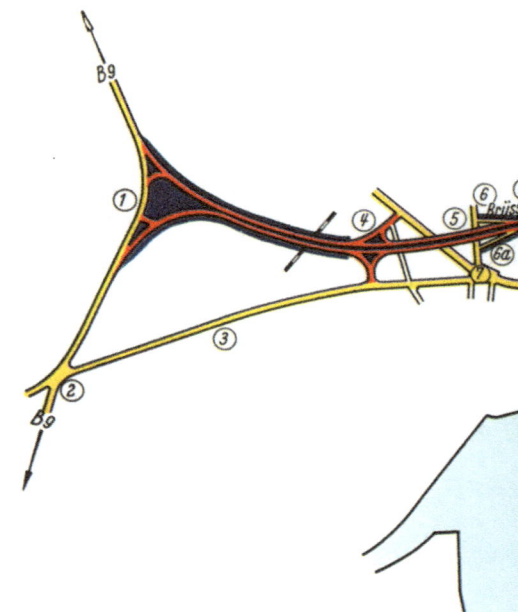

Verteilerkreis Nordfriedhof, der Straße „In der Lohe", ein breiter Mittelstreifen gegeben. Außerdem wurde der unterirdische Leitungsbau so gestaltet, daß späterhin unterirdische Verkehrsanlagen dort ohne Schwierigkeiten gebaut werden können. Der Homberger Platz ist zunächst mit Lichtsignalanlagen ausgestattet worden, um solange als möglich den Verkehr in einer Ebene bewältigen zu können. Seine derzeitige Gestalt nach einem Umbau in den Jahren 1954/55 zeigt Abbildung 4.

Der Verteilerkreis Nordfriedhof

An diesem Punkt überschneiden sich künftig nahezu rechtwinklig die Bundesfernstraßen 7 (West-Ost) und 8 (Nord-Süd). Der nördliche Ast der Bundesfernstraße in Richtung Flughafen Düsseldorf-Lohausen und Duisburg fehlt noch. Er wird erst in einem der nächsten Bauprogramme verwirklicht werden. Weiterhin ist an den Verteilerkreis die Roßstraße angeschlossen.

Die von Süden aus der Stadt kommende Straße „In der Lohe" ist anbaufrei. Ihre spätere Fortsetzung nach Norden wird es ebenfalls werden. 250 m südwestlich des Verteilerkreises beginnt die Nordbrückenrampe (Bundesfernstraße 7). Sie ist z. Z. zugleich der Beginn einer anbau- und kreuzungsfreien „schnellen" Straße, die über den Rhein bis zur Stadtkreisgrenze im Westen des Stadtgebietes führt. Dort erreicht die „Brüsseler Straße" die Bundesfernstraße 9. Die Bundesfernstraße 7 läßt sich bei späterem Bedarf auch ostwärts des Verteilerkreises, im Zuge der

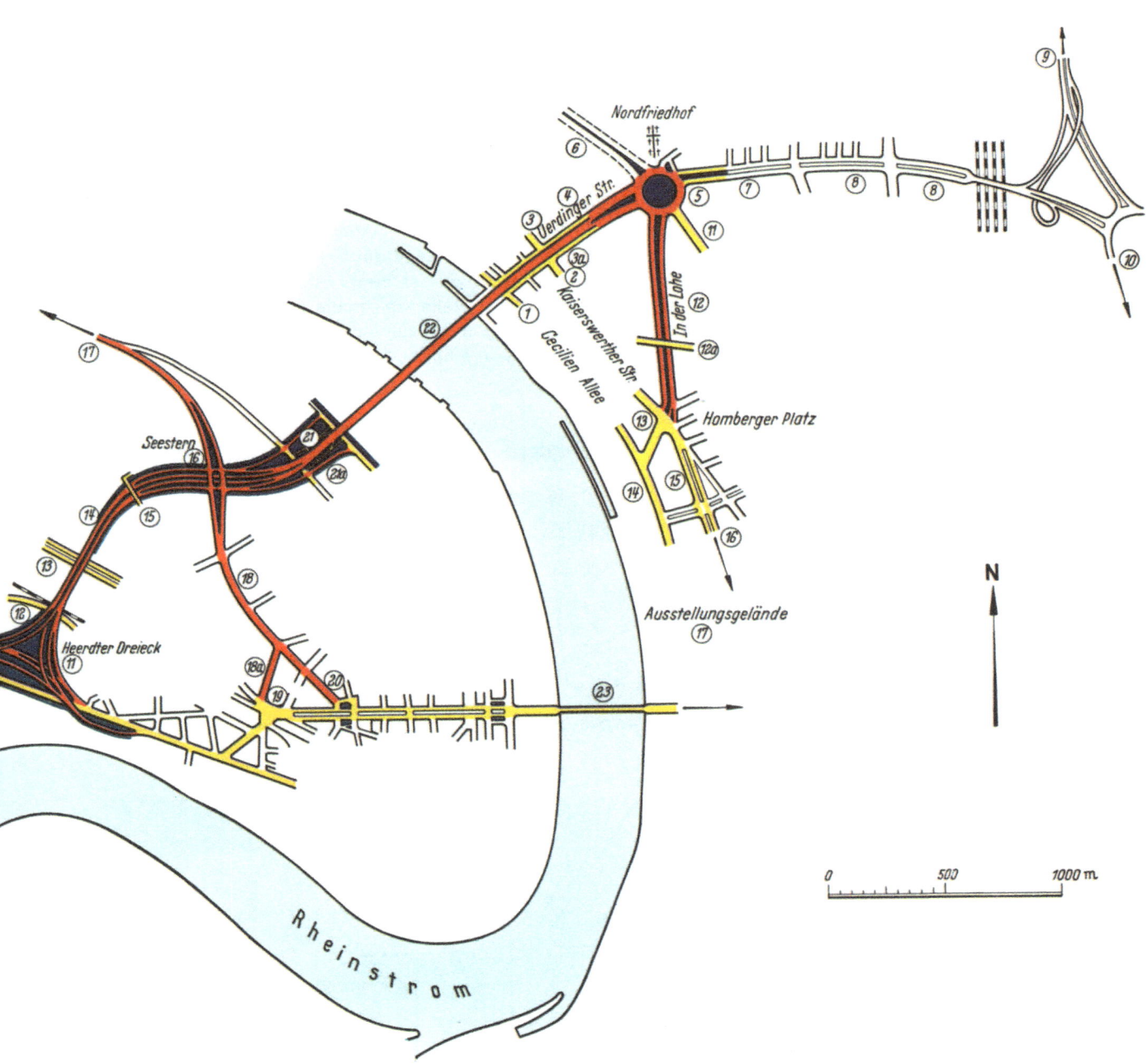

Johannstraße und Heinrich-Ehrhardt-Straße bis zum Autobahn-Nordzubringer anbau- und kreuzungsfrei gestalten. Die großen Fluchtlinienabstände lassen eine solche Maßnahme zu. In diesem Falle wird die Nordbrückenrampe in der Achse der Uerdinger Straße einfach nach unten fortgesetzt und der Verteilerkreis ostwärts unterfahren. Ferner sind der Mittelstreifen der Straße „In der Lohe" und die Linienführungen der beiden Richtungsfahrbahnen so angelegt, daß später ohne Umbauten die Bundesstraße 8 auf einer Hochbrücke über den Verteilerkreis nordwärts hinweggeführt werden kann. Über all diese für die Zukunft offengelassenen Möglichkeiten liegen durchgearbeitete Untersuchungen und Einzelplanungen vor.

Im Zustande des Endausbaues wird es also möglich sein, vom linksrheinischen Köln, von Aachen, Jülich, Rheydt, M.-Gladbach und Krefeld kommend, den Verteilerkreis Nordfriedhof auf einer schnellen, anbau- und kreuzungsfreien Straße zu erreichen und von dort ebenso wieder zum Autobahn-Nordzubringer und ins Ruhrgebiet oder aber stadteinwärts bis in nächste Nähe des Ausstellungsgeländes zu gelangen. Letzteres liegt, ein seltener Fall, in Düsseldorf direkt am Stadtkern. Auch der Verkehr aus Richtung Duisburg wird eines Tages anbau- und kreuzungsfrei Düsseldorfs Stadtkern erreichen können. Hiermit ist der große Straßenzug, in welchem die Nordbrücke liegt, charakterisiert

a) als kreuzungs- und anbaufreie Hauptdurchgangsstraße durch das ganze Stadtgebiet Düsseldorfs in West-Ostrichtung,

b) als schnelle innerstädtische Verbindung zwischen den rechts- und linksrheinischen Stadtteilen.

Augenblicklich liegt innerhalb des Verteilerkreises, und zwar gegen den Eingang des Nordfriedhofes zu, noch die Endschleife der Straßenbahnlinie 2. Die Rheinische Bahngesellschaft AG wird jedoch diese Linie in naher Zukunft aufheben und durch einen Omnibusbetrieb ersetzen. Dann ist es möglich, den heute nach dem Ovalen zu deformierten Kreis zu einem Vollkreis umzugestalten. Hierdurch wird ein Wunsch der Friedhofsbesucher erfüllt, sich vor dem großen Friedhofseingang mit Fahrzeugen und zu Fuß ungezwungen und ohne Gefahr bewegen zu können. Um den großen Verteilerkreis am Nordfriedhof bauen zu können, mußten die um den alten, wesentlich kleineren Verteilerkreis angesiedelten Gärtnereien und Grabsteingeschäfte mitsamt ihren Verkaufsräumen in die unmittelbare Nachbarschaft verlegt werden. Während für die Gärtnereien und Steinmetzbetriebe neues Land zu erschließen war, konnten die Verkaufsräume der Gärtnereien zusammengefaßt auf einer Fläche unmittelbar östlich des Friedhofseinganges untergebracht werden. Für die Radfahrer wurde im Bereich des Verteilerkreises ein Fahrbahnstreifen durch Markierung abgetrennt. Die Bushaltestellen liegen in den angeschlossenen Straßen; in einem Falle, nämlich am Eingang des Nordfriedhofes, in einer Bucht im Verteilerkreis.

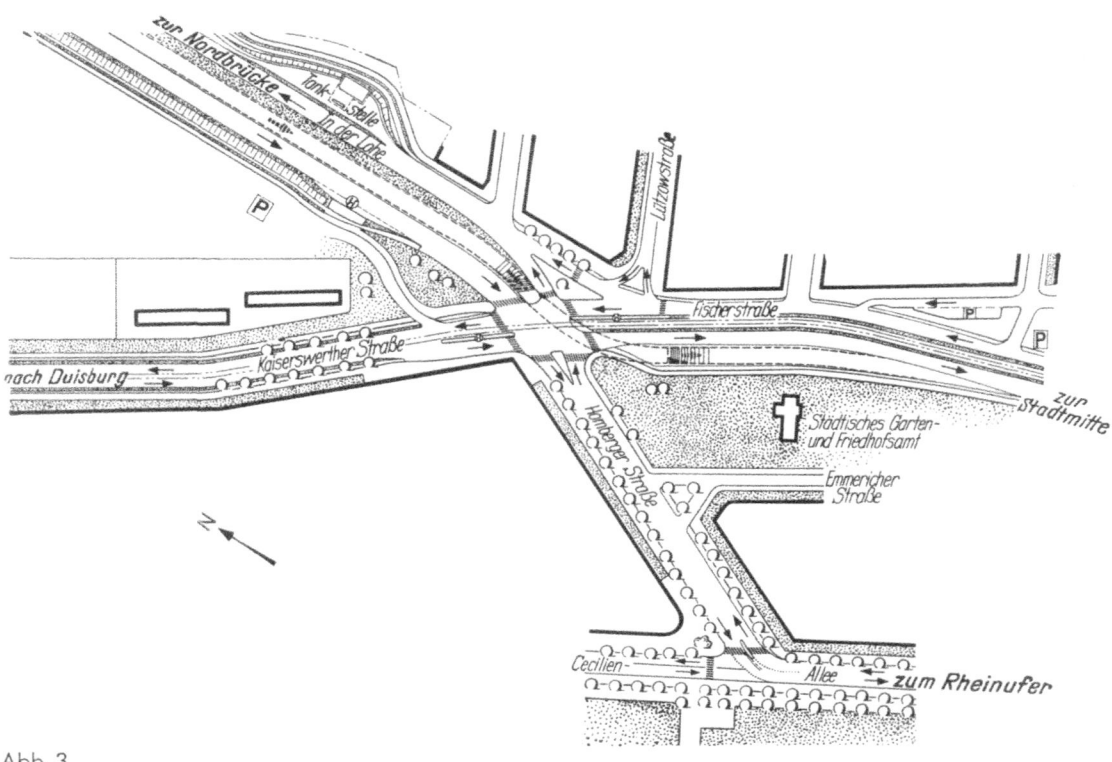

Abb. 3

Der Seestern

Diese Kreuzungs- und Anschlußstelle erhielt ihre Arbeitsbezeichnung „Seestern" aus ihrer Grundrißform — Abbildungen 2 und 5. Die im Bereich dieses Bauwerkes noch vorhandenen Schrebergärten und Felder bilden ein sehr wertvolles bebaubares Gebiet. Um weitestgehend Flächen für die Besiedlung zu sparen, mußten sich die Übergänge am Straßenkreuz von der einen in die andere Richtung den Linien der beiden Hauptstraßenzüge engstens anschmiegen. Dabei war, was Kreuzungsfreiheit anlangt, der Brüsseler Straße als der Bundesstraße im Zuge der Nordbrücke der Vorrang einzuräumen. Die künftige Schnellstraße Oberkassel-Krefeld wurde über die Brüsseler Straße hinweggeführt. Am Kreuzungspunkt beider Straßen läuft in der oberen Ebene nur der Rechtsabbiegerverkehr kreuzungsfrei. Die vier Linksabbiegerrichtungen müssen jeweils die Gegenrichtung der Krefelder Schnellstraße rechtwinklig und planzgleich kreuzen. Um Stauraum für die Linksabbieger im Rahmen einer Zweiphasen-Lichtregelung an den vier Kreuzungspunkten zu gewinnen, wurde das Kreuzungsbauwerk in eine „Zwillingsbrücke" mit rd. 34 m Lichtabstand der beiden Bauwerke aufgelöst — Abbildung 6. Die Zwickel, die durch das Aufspreizen der Richtungsfahrbahnen der Schnellstraße Oberkassel-Krefeld am Zwillingsbauwerk entstanden, werden für Tankstellen ausgenutzt.

Die beiden Brückenbauwerke und auch ein Teil der Dämme liegen auf einer früheren bis zu 14 m tiefen Kiesgrube, die zuerst wieder aufzufüllen war, um die Geländeoberfläche zu erreichen. Die Dämme des ostwärtigen Armes des Seesterns bestehen zum großen Teil aus Trümmerschutt, der von der Stadt hierher verbracht und in den Jahren 1952—1954 im Wege der Notstandsarbeit angeschüttet worden ist. Für die weiteren Dammschüttungen wurde der Boden aus der Gegend von Kaarst bei Büderich mit Lastkraftwagen herangefahren (Transportweite rd. 8 km). Der gesamte Anschüttungsbetrieb ging gleislos vor sich. Die Verdichtung erfolgte mit einer schweren nachgezogenen Rüttelwalze (3,5 t). Die Schüttung der Lagen betrug 40—50 cm. Um den nur wenig stabilen Boden mit Lastkraftfahrzeugen, vor allem Sattelschleppern, befahren zu können, wurden dünne Zwischenlagen mit feinkörnigem und etwas bindigem Material aufgebracht. Die Bodenbeschaffenheit und die Bodenverdichtung wurden laufend durch das Erdbaulaboratorium in Essen überprüft. Es konnte ein Verdichtungsmaß von 95 % einfache Proctordichte erzielt werden. Insgesamt wurden für Dämme der linksrheinischen Nordbrückenstraße

1,1 Mio cbm angeschüttet.

Bauausführung: Arbeitsgemeinschaft Hochtief AG, Essen/W. Koppenburg, Krefeld.

Abb. 4

Am Ende des östlichen Seesternarmes zwischen Brücke Lotharstraße und Deichbrücke liegt eine Bushaltestelle für beide Verkehrsrichtungen; zunächst soll die Omnibuslinie 34 der Rheinbahn, vom Hafen über Bahnhof, Heinrichstraße, Heinrich-Ehrhardt-Straße und Nordfriedhof kommend, die Haltestelle Niederkassel am linken Rheinufer anfahren, um von dort über den Seestern, die verlängerte Arnulfstraße und die Lanker Straße zur Endhaltestelle Belsenplatz zu gelangen. Die Bushaltestelle Niederkassel bedient den Ortsteil Niederkassel, das Ausflugsgebiet am linken Rheinufer in Richtung Lörick—Mönchenwerth und das Strandbad Lörick. Letzteres ist aber auch zu den Hauptbetriebszeiten mit Busverkehr über den nördlichen Arm des Seesterns unmittelbar zu erreichen.

Da der Seestern selbst anbaufrei ist, dient er zunächst nur mittelbar der Baulanderschließung in seinem Umkreis. Dieses Bauland ist aber bestens an die Hauptverkehrsader der Brüsseler Straße angeschlossen. Eine rasche Entwicklung dieses bisher etwas abseits gelegenen Stadtgebietes am Rhein kann mit großer Wahrscheinlichkeit vorausgesagt werden.

Das Heerdter Dreieck

Die Lage dieses Verkehrsdreiecks entspricht etwa dem gleich eingangs erwähnten Punkt, in welchem sich mehrere Verkehrsstrahlen vereinigen — Abbildung 2. Es ist z. Z. noch im Bau und wird voraussichtlich erst Ende 1959 dem Verkehr übergeben werden können. Es bildet das Bindeglied zwischen dem Ortsteil Oberkassel, der Nordbrückenstraße (Brüsseler Straße) und der Umgehung des Ortsteiles Heerdt. Das Dreieck liegt ebenfalls in der Nachbarschaft des Rheins unterhalb des großen Rheinknies, das zwischen der Nordbrücke und dieser Stelle liegt. Es teilt den Verkehrsstrom, der von der Nordbrücke kommt, kreuzungsfrei in die Richtungen Oberkassel einerseits und Neuß—Mönchen Gladbach/Rheydt sowie Krefeld andererseits.

Abb. 5

Die Gesamtanlage ist kreuzungsfrei. Zwischen Heerdter Dreieck und Rhein, dicht neben dem Heerdter Dreieck, verläuft die Pariser Straße, eine im Jahre 1955 großzügig ausgebaute Verbindungsstraße für den Nahverkehr zum Ortsteil Heerdt, zum Neußer Hafen und zur Stadt Neuß sowie nach Krefeld. Sie trägt auch die wichtige Straßenbahnverbindung zum Handweiser und nach Neuß. Das Heerdter Dreieck wird kreuzungsfrei an diese Straße (Richtung Oberkassel) angeschlossen. Die schiefen Überschneidungen der Verkehrsrichtungen an den Spitzen des Dreiecks zwangen zu langen Bauwerken zwischen zum Teil hohen und kurzen Dämmen. An der Nordspitze des Dreiecks schließen sich bis zur Hansaallee weitere drei Überführungen über Straßen und Gleise der Bundesbahn (Güterbahnhof Oberkassel) an. Der Entschluß lag nahe,

Abb. 6

die ohnehin im Stadtgebiet sperrig wirkenden Dämme soweit wie möglich ganz fortfallen zu lassen und an ihrer Stelle Hochbahnen, d. h. aufgeständerte Brückenbauwerke zu errichten. Wegen der gegenseitigen Überschneidungen waren die zusammengehörigen Richtungsfahrbahnen in verschiedenen Höhenlagen zu führen, also voneinander zu trennen. So entstanden

Richtungsfahrbahnen von 8,50 m Breite zwischen den beiderseitigen Bordsteinen, die einstielig gehalten werden können — Abbildung 7. Die teilweise Umwandlung der Dämme in aufgelöste Hochbahn-Bauwerke versprach kaum teurer zu werden. Sie boten überdies den Vorteil, daß man bei ihrer Verwendung nicht an Höhe sparen mußte und daher die Gradienten flüssiger führen konnte, als dies bei Dämmen möglich gewesen wäre. Die Brückenbauwerke im Bereich des Heerdter Dreiecks haben eine Länge von insgesamt rd. 1320 m.

Die Flächen zwischen Heerdter Dreieck und Rheinufer mit zwischengelagerter Pariser Straße bieten keine Möglichkeiten der baulichen Nutzung mehr. Sie bestehen ohnehin größtenteils aus einem aufgefüllten alten Rheinarm oder wieder zu verfüllenden tiefen Baggerlöchern. Die Flächen sollen bepflanzt und zusammen mit der bereits bestehenden und beliebten links- rheinischen Rheinuferpromenade zu einem kleinen Erholungsgebiet zusammengefaßt werden. Eine Bepflanzung an dieser Stelle kommt auch den Verkehrsbedürfnissen insofern entgegen, als sie die in der engen Rheinschleife häufig auftretenden Winde und Böen, die für den schnellen Verkehr auf Hochbahnen erfahrungsgemäß gefährlich werden können, abzubremsen und zu mindern vermag.

Abb. 7

Die Anschlußstelle Heerdt

Dieser Anschlußstelle fällt die Aufgabe zu, den Hauptverkehrsknoten des Vorortes Heerdt, den Nikolaus-Knopp-Platz, an die Umgehungsstraße anzuschließen. Über diese Anschlußstelle sind zu erreichen: Das Hafen- und Industriegebiet an der Erftmündung, die Krefelder Straße, das Industriegebiet bei Lörick (Böhlerwerke), der Vorort Heerdt mit dem Heerdter Krankenhaus und das Siedlungsgebiet im Bereich der Heerdter Landstraße. Ferner wird voraussichtlich eine Buslinie an dieser Anschlußstelle zu- und abfahren.

Vom Heerdter Dreieck kommend, hat die Umgehungsstraße die Löricker Straße, die Krefelder Straße und die Benediktusstraße kreuzungsfrei zu überfahren. Diese drei Überführungen werden wiederum in einer Hochbrücke mit 2 getrennten Fahrbahnen von je 304 m Länge zusammen- gefaßt. Unmittelbar östlich des Bauwerks an der Löricker Straße wird eine Bushaltestelle für die Besucher des Heerdter Friedhofes und für die Fußgänger zum Nikolaus-Knopp-Platz bzw. zur Rheinuferpromenade angelegt.

Das Vereinigungsbauwerk mit der Bundesfernstraße 9

An dieser Stelle wurde bewußt ein Provisorium geschaffen. Zur Zeit des Beginns der Bauaus- führung im Jahre 1953 waren die Pläne und Absichten des Landes bezüglich der endgültigen Gestaltung der B 9 noch nicht ausreichend geklärt. So stellen heute bis auf weiteres zwei Äste (Abb. 2) die Verbindung mit der Kevelaerer Straße her. Der eine Ast führt zum „Handweiser", einem zentralen Punkt des Heerdter und Neußer Hafengebietes und zugleich Knoten für die Richtungen Neuß (Burgunder Straße) und M.-Gladbach (Eupener Straße). Der andere Ast führt zum Deutschen Eck und weiter als Bundesfernstraße 9 über Büderich nach Krefeld. Die Dämme zwischen Kevelaerer Straße und Bundesbahn wurden im Wege der Notstandsarbeit mit Trümmerschutt gebaut.

Allgemeines

Fußgänger- und Radfahrerverkehr

Fußgänger erreichen die Nordbrücke über die schleifenartigen Rampen der Cecilienallee. Sie verlassen sie wieder unmittelbar hinter dem Widerlager der Deichbrücke auf Fußgängerrampen, die entlang den Dammböschungen führen.

Die Radfahrer benutzen von der Uerdinger Straße aus die rechtsrheinische Hochbrücke zur Anfahrt. Linksrheinisch erreichen sie den Seestern (Arnulfstraße) und damit die Möglichkeit, verschiedene Himmelsrichtungen für die Weiterfahrt einzuschlagen.

Weiterhin war es notwendig, den Fußgängerverkehr zunächst an einer Stelle über die autobahnmäßig angelegte Straße „In der Lohe" hinwegzuführen. Dies geschah im Zuge der Golzheimer Straße (Abb. 2).

In Düsseldorf-Oberkassel wird die Brüsseler Straße durch eine Fußgängerbrücke in Verlängerung der Saarwerden-Straße überquert werden. Im Laufe der Zeit wird dieser Überweg noch an Bedeutung gewinnen, wenn die nördlich der Brüsseler Straße liegenden Schrebergartensiedlungen einer intensiveren Bebauung gewichen sind. Diese Überführung sichert eine kurze Fußgängerverbindung von dem nördlich der Brüsseler Straße teils schon vorhandenen, teils noch zu erwartenden Erweiterungsgebiet zu Kirche, Schule und Einkaufszentrum, die sämtlich auf der Südseite der Brüsseler Straße liegen.

Fahrspuren

Die Fahrbahnbreite bei der Überfahrt über den Rhein (Strombrücke, Vorlandbrücken) beträgt zwischen den Bordsteinen 15 m. Sie wurde zunächst 4spurig eingerichtet und hat einen 25 cm breiten durchgezogenen Mittelstrich als Trennung der beiden Fahrbahnrichtungen erhalten. Sollte sich im Laufe der Zeit zu gewissen Tageszeiten Stoßverkehr in der einen oder anderen Richtung einstellen, so ist, bei entsprechender Herabsetzung der Geschwindigkeiten, ein Befahren der Brücke mit 5 Spuren möglich. In diesem Falle ist der Mittelstrich wieder zu entfernen. Die freien Spuren in der einen oder anderen Richtung sind dann jeweils durch Lichtsignale zu kennzeichnen, die sich wiederholen müssen. Eine solche Regelung ist bereits durchdacht und liegt im Entwurf vor. Die Brüsseler Straße hat Autobahnquerschnitt erhalten: Richtungsfahrbahnen je 7,50 m, Standspuren je auf der rechten Seite von 2,50 m. Mittelstreifen zwischen 2,50—4,50 m Breite.

Tankstellen

An der Einfahrt von der Stadt in die Straße „In der Lohe" am Homberger Platz wurde von vornherein eine Tankstelle mit eingeplant. Für den, der schon hier in Wirklichkeit Düsseldorf verläßt, besteht noch eine letzte Tank- und Bedienungsmöglichkeit. Die Miteinplanung von Tankstellen in städtische Schnellstraßen hat verschiedene Vorteile. Ihre zweckmäßigste Lage kann im voraus unter Berücksichtigung übergeordneter Gesichtspunkte bestimmt werden. Die Ein- und Ausfahrten der Tankstellen werden dann bei der Trassierung der Straße gleich mit eingeplant. So wird alles aus einem Guß, was die Verkehrssicherheit an solchen Punkten erhöht. Werden später an der Fahrbahn Veränderungen erforderlich, so ist, wenn der Tankstellenbetrieb nur eine Pachtfläche in Anspruch nimmt, eine Veränderung der Anlage wesentlich leichter möglich, als wenn der Tankstellenbetrieb auf eigenem Grund und Boden liegt. Überdies können mit der Tankstelle Gemeinschaftsanlagen wie öffentliche Fernsprechmöglichkeit, Unfalldienst, Erfrischungsräume, öffentliche Bedürfnisanstalt, Aufstellräume für Transformatoren zur Straßenbeleuchtung, Betriebsräume für den Straßenwartungsdienst u. a. m. mit verbunden werden. Am Mittelpunkt des Seestern werden im Zuge der verlängerten Arnulfstraße auf städtischem Gelände ebenfalls Tankstellenbetriebe errichtet werden.

Omnibus-Haltestellen

Wie bereits an anderer Stelle mitgeteilt, befinden sich diesseits und jenseits des Rheins Omnibus-Haltestellen in Fahrbahnbuchten. Bei sehr dichtem und schnellem Verkehr kann es vorkommen, daß die Busse Schwierigkeiten haben, nach einem Halt sich aus der Haltebucht wieder in den Fahrstrom hineinzufinden. Da im vorliegenden Falle Lichtsignalregelungen an benachbarten Kreuzungen erst in größerer Entfernung anzutreffen sind, ist zu erwarten, daß der Verkehr an den Haltebuchten ziemlich gleichmäßig vorbeifließt, d. h. die Fahrzeugabstände im Verkehrsstrom werden ziemlich ausgeglichen sein. Das Fehlen vor größeren Verkehrslücken erschwert dann die Ausfahrt der Omnibusse aus ihrer Haltebucht. Deshalb wurde Vorsorge getroffen, bei Bedarf die Busse aus ihren Buchten mit Hilfe einer speziellen Signalregelung herauszuschleusen. Entsprechende Kabelzüge wurden bereits verlegt und Entwürfe für diese Art der Signalregelung liegen vor. Zunächst ist vom Einbau der Lichtsignalanlage noch abgesehen worden. Selbstverständlich sind die Lichtsignale durch entsprechende Fahrbahnmarkierungen zu ergänzen.

Verkehrseinrichtungen

Für die Beschilderungen wurden überwiegend von innen beleuchtete Transparentschilder gewählt. Ihre Erkennbarkeit und Farbechtheit dürfte unter Berücksichtigung der eingerichteten Natriumdampf-Straßenbeleuchtung so am besten gewährleistet sein. Stahlleitplanken sichern von der Fahrbahn abirrende Fahrzeuge an der Außenseite von Kurven, die auf Dämmen oder Hochbahnen liegen.

Parkplätze

Die Abstellspuren seitlich der Fahrbahnen der anbaufreien Schnellstraßenstrecken sollen nur kurzfristig Fahrzeugen dienen, die Betriebsschaden haben oder sonst in der Weiterfahrt wegen Gefahr im Verzug gehemmt sind. Solche Fahrzeuge müssen schnellstens aus den Fahrspuren verschwinden. Diese Abstellspuren bieten jedoch keine normalen Parkmöglichkeiten.

Dagegen lassen sich, wie Abbildung 8 zeigt, die Ebenen unterhalb von hochgelegenen Fahrbahnen zum Parken vorteilhaft verwenden. Von dieser Möglichkeit wird auch auf der linken Rheinseite Gebrauch gemacht werden.

Fahrbahnbefestigungen

1. Die Strombrücke

Die Fahrbahntafel der Strombrücke ist eine orthogonal-anisotrope Stahlplatte. Auf diese wurden Flacheisen 28 × 6 mm St 37 in Zickzackform hochkant und punktförmig aufgeschweißt. Das geschah, um einem Wandern des bituminösen Belags, d. h. dem Verschieben und der Wellenbildung vorzubeugen. Gleichzeitig werden die Stahltafeln durch die Zickzackeisen ausgesteift. Das Anheften der Zickzackeisen durch Punktschweißung erscheint, anders als bei Eisenbahnbrücken, die viel häufiger ihre Vollast erreichen, unbedenklich. Beim Bau des Fahrbahnbelags wurde folgendermaßen vorgegangen:

Abb. 8

Entrosten der Stahlplatte mit Sandstrahlgebläse. Aufbringen von 0,8 kg/qm Okta-Haftmasse im Flammspritzverfahren. Einbau von ca. 22 mm Mastix mit Okta-Zusatz. Einstreuen und Einwalzen von ca. 35 kg/qm leicht bituminiertem Basaltsplitt 18/25 mm in die heiße Mastix-Masse. Aufbringen von weiteren ca. 15 kg/qm bituminösem Splitt 8/12 bzw. 3/8 mm als vorläufige Abschluß-Schicht vor Einbruch des Winters. Im Jahre 1958 schließt sich noch eine Regulierung der Fahrbahnoberfläche an: In 10—15 kg/qm Mastix werden 20—25 kg/qm bituminierter Diabas-Splitt eingewalzt. Die Oberfläche erhält alsdann einen Überzug mit 6—8 kg/qm heller Schlemme. An den beiden Fahrbahnrändern werden 30 cm breite Asphaltrinnen ausgespart. In diese ist nachträglich Mastix einzuspachteln und mit Rheinsand auszureiben. Eine sehr ähnliche Bauweise wurde erstmals beim Bau der Rheinbrücke Düsseldorf-Neuß im Jahre 1951 angewandt und hat sich bestens bewährt. Diese Bauweise wurde jetzt in einigen Punkten, z. B. durch Anwendung des Flammspritzverfahrens verbessert. Die Leitlinien der Fahrbahn werden mit weißem Asphalt-Mastix ausgeführt.

Bauausführung: Firma Teerbau, Ges. f. Straßenbau m. b. H., Essen.

2. Die rechts- und linksrheinischen Vorlandbrücken

In beiden Fällen ruhen die bituminösen Beläge auf vorgespannten Betontafeln. Beim Bau dieser Beläge wurde folgendermaßen vorgegangen:

Anstreichen der gereinigten und trockenen Betonflächen mit 0,5 kg/qm Inertol. Aufbringen von 1,25 kg/qm Okta-Haftmasse im Flammspritzverfahren. Verlegen von 3 mm dicken Gerkotekt-Bitumenwollfilzmatten. Es folgt Gußasphalt zum Profilausgleich und 2 cm starke Gußasphalt-schicht = 50 kg/qm und 3 cm = ca. 70 kg/qm Asphalt-Grobbeton. Im Jahre 1958 erhält diese Fläche noch eine Regulierung wie folgt: Die Oberfläche wird mit 0,6 kg/qm Ebanol 500 vorgespritzt. Es folgt ein Rauhbelag von 40 kg/qm, der sich folgendermaßen zusammensetzt: 55 % Diabas-Splitt 8/12 mm, 27 % Diabas-Splitt 3/8 mm, 15 % Diabas-Sand 0/3 mm, 3 % Füller, 4,5—5 % Bitumen B 200. Die Oberfläche wird alsdann mit 3 kg/qm heller Schlemme überzogen. Damit wird die gleiche Oberflächengriffigkeit auf Vorlandbrücken und Strombrücke gewährleistet, was mit Rücksicht auf die Böen über dem Rheinstrom sehr erwünscht ist. Asphaltrinnen und Leitlinien wie unter Ziff. 1.

Bauausführung: Firma Teerbau, Ges. f. Straßenbau m. b. H., Essen.

3. Die Straße „In der Lohe"

Es wurden 10 m breite Richtungsfahrbahnen in bewehrtem Beton ausgeführt. Die Betontafeln ruhen auf Trümmerschutt und nicht bindigen Aushubmassen, die mit Bodenrüttlern lagenweise verdichtet wurden. Wo nicht mehr aufzufüllen war, wurde nachverdichtet. Darüber liegt eine 15 cm starke Sauberkeitsschicht aus Brechsand, durch Planumsfertiger abgeglichen und verdichtet. Unter den Querraumfugen der Betontafeln wurde diese Sauberkeitsschicht auf 2 m Breite und 10 cm Stärke mit Kaltasphalt vermörtelt.

Die Fahrbahn ist aufgeteilt in einen inneren Randstreifen von 1,80 m Breite, in die eigentliche 7,50 m breite Fahrbahn und einen 70 cm breiten äußeren Randstreifen. Die Stärke der Betondecke beträgt durchweg 22 cm.

Die Längsfugen an den Randstreifen sind Preßfugen (Inertolanstrich). Der innere Randstreifen ist mit der Fahrbahnplatte durch Ankereisen im Abstand von 1,50 m verbunden. Die Mittelfuge der eigentlichen Fahrbahn (2 × 3,75) ist als Raumfuge ausgebildet. Der Raumfugenabstand der Querfugen beträgt 45 m. Die Tafeln sind der Länge nach jeweils zweimal durch Scheinquerfugen (Dreikantleisten an Plattenunterseite) unterteilt, so daß die einzelnen Feldlängen 15 m betragen. Die Raumfugen sind durch Rundstahl $\emptyset$ 26 mm im Abstand von 30 cm, die Scheinfugen mit Thorstahl $\emptyset$ 16 mm verdübelt. Als Fugeneinlage wurden Weichholzbretter von 20 mm Stärke verwandt.

Die Bewehrung der Platte ist doppellagig und besteht aus Rundstahlgewebe 3,56 kg/qm. Auf den qm Fahrbahnplatte entfallen also 7,12 kg Betonstahl. Auf der westlichen Fahrbahn wurde als Neuheit eine Baustahlgewebematte mit verstärkten Rändern (Baustahlgewebe G.m.b.H., Düsseldorf) verwandt. Dieser höhere Bewehrungsanteil verspricht eine höhere Bruchsicherheit der Platte am gefürchteten Rand. Sämtliche Fugen wurden unmittelbar nach dem Abbinden des Betons eingeschnitten. Verwandt wurde ein Straßenbeton der Güteklasse B 370 mit einer Biegezugfestigkeit von 60 kg/qcm. Ebenheitsgrad ± 4 mm auf die 4-m-Stahllatte. Die östliche Fahrbahn wurde in den Jahren 1954/55, die westliche 1956/57 hergestellt (Grunderwerbsschwierigkeiten). Bauausführung: Dyckerhoff & Widmann K.G., Niederlassung Düsseldorf.

4. Die Brüsseler Straße und der Seestern

Die Hauptfahrbahn der Brüsseler Straße von der Nordbrücke bis zum Seestern hat einen Rauhbelag auf bituminösem Unterbau mit folgendem Aufbau:

13 cm starke Heißbitumenkiesschicht in 2 Lagen,
12 cm starke bituminöse Tragschicht aus Hochofenschlackensplitten in 3 Lagen von 5, 4 und 3 cm Stärke,
8 cm starken Asphaltheißbinder aus Hochofenschlackensplitten in 2 Lagen (200 kg/qm),
4 cm starke Decke: 50 kg/qm Rauhbelag aus Diabassplitt 8/12 auf 50 kg/qm Asphaltfeinbeton.

Die verlängerte Arnulfstraße und die Ortsabfahrten Lotharstraße haben eine Asphaltfeinbetondecke auf einem Unterbau von unsortierter Hochofenschlacke mit folgendem Aufbau:

35 cm unsortierte Hochofenschlacke (sogenannte Beetschlacke),
5 cm Kleinschlag aus Hochofenschlacke (100 kg/qm),
Anspritzen mit Bitumen 2,5 kg/qm,
Einstreuheißbinder 0/15 aus Hochofenschlackensplitten 35 kg/qm,
4 cm Asphaltheißbinder aus Hochofenschlackensplitten 100 kg/qm,
3 cm Basalt-Asphaltfeinbetondecke 75 kg/qm.

Die 2,50 m breiten Standspuren erhielten eine Kalkstein-Asphaltfeinbetondecke mit dem Unterbau aus unsortierter Hochofenschlacke. Die Leitlinien-Mittelstreifen 25 cm breit, unterbrochene Linien zwischen Schnell- und Langsamspur 6 m lang und 15 cm breit — wurden auf der Asphaltfeinbeton-Oberfläche ausgeschnitten und mit weißem Gußasphalt wieder gefüllt. Die Ebenheitskarenz betrug ebenfalls ± 4 mm auf die 4-mm-Stahllatte.

Bauausführung: Kemna Bau G. m. b. H., Zweigniederlassung Düsseldorf.

Beleuchtung

Die Beleuchtung der gesamten Strecke vom Homberger Platz bis zum Straßenkreuz Arnulfstraße/Lanker Straße in Oberkassel hält genau die Forderungen der DIN 5044 ein. Die Leuchtkörper sind an Peitschenmasten angebracht. Der Brückenzug und die anschließende Brüsseler Straße (autobahnmäßiger Straßenzug) sind bis zum Zwillingsbauwerk des Seestern mit Natriumdampflicht ausgestattet, alle übrigen Straßen mit Quecksilberdampfleuchten. Die Rheinschiffahrt darf durch die Beleuchtung der Fahrbahn nicht geblendet werden. Auf der Strombrücke sind deshalb in die Beleuchtungskörper Gitterroste eingelegt, welche die Lichtstrahlen rechtwinklig zur Fahrtrichtung abschirmen. Entsprechende von der Wasser- und Schiffahrtsdirektion Duisburg vorgebrachte Wünsche konnten auf diese Weise befriedigend erfüllt werden. Dabei kam noch zustatten, daß die Blendwirkung des gelben Natriumdampflichtes sowieso gering ist. Besonderer Wert wurde auf eine genaue Ausrichtung der Leuchten nach den Linienzügen der Trassen gelegt. Diese Lichtkettenführung erleichtert die Orientierung bei der Nachtfahrt sehr wesentlich. Bei der Verschmelzung oder Teilung der Fahrtwege wurden deshalb die beidfarbigen Leuchten bis dicht aneinander herangeführt. An solchen Stellen werden dann Überspannungen erforderlich.

Dies- und jenseits der Rheinbrücke gestatten Fußgängerwege den Übergang von der einen zur anderen Verkehrsebene. Sie sind direkt oder indirekt ausgeleuchtet.

Bepflanzung

Der Bepflanzung der Zu- und Abfahrten wurde durch das städtische Garten-, Friedhofs- und Forstamt besondere Aufmerksamkeit geschenkt. Die Bodenbeschaffenheit und die verhältnismäßig häufigen Regenfälle lassen bei entsprechender, heute weitgehend motorisierter Rasenpflege einen dichten und leuchtenden Rasenteppich gedeihen. Seine Sauberhaltung gelingt verhältnismäßig leicht. In diese Flächen sind spärlich Baum- und Buschgruppen eingesprengt. Vor allem auf der linken Rheinseite kommt der Bepflanzung noch die Aufgabe der optischen Führung an den Straßenrändern und, was im Vorfeld des Rheins wohl zu beachten ist, die Bremsung der Wucht von Fallböen zu. Bewußt wurde angestrebt, mit der Bepflanzung, wo immer möglich, über die Füße der Dammböschung weiter hinauszugreifen und so das begrünte Band der Straße nach mehr im benachbarten, bebaubaren oder weiter zu kultivierenden Land zu verankern. Entsprechende Teilerfolge werden in absehbarer Zeit in den heute noch im Bau befindlichen Straßenabschnitten erkennbar werden.

Allgemeine Betrachtungen zum System der Schrägseilbrücke

Von Prof. Dr.-Ing. E. h. Karl Schaechterle, Stuttgart · Dr.-Ing. Fritz Leonhardt, Stuttgart · Dipl.-Ing. Louis Wintergerst, Eßlingen/N.

Der konstruktive Grundgedanke der Schrägseilbrücke ist durchaus nicht neu. Stabhängewerke und mit Seilen abgespannte Balken sind im Holzbrückenbau seit altersher bekannt. In dem 1784 erschienenen Werk von Immanuel Löscher beschreibt er das in Abbildung 1 dargestellte Tragwerk als „ganz besondere Hängebrücke, welche mit wenigem und schwachen Holze, ohne im Bogen geschlossen, sehr weit über einen Fluß kann gespannt werden, die größten Lasten trägt und vor den stärksten Eisfahrten sicher ist".

Die ersten, ganz aus Eisen hergestellten, mit geraden Schrägketten abgespannten Balkenbrücken kamen im 19. Jahrhundert in England auf. In dem von Chr. Mehrtens 1908 herausgegebenen Buch „Eisenbahnbrückenbau" und in dem Werk von Häseler „Eiserne Brücken" sind Schrägseil- und Schrägkettenbrücken verschiedener Bauart beschrieben (Abb. 2 bis 9).

Ein Ursprung für die Schrägseilsysteme liegt sogar in Düsseldorf, wo der Architekt Wiegemann, Professor an der Königlichen Kunstakademie in Düsseldorf 1839 einen Aufsatz „Über die Konstruktion von Kettenbrücken nach dem Dreiecksysteme und deren Anwendung auf Dachverbindungen" veröffentlichte. Er erklärt darin seine Grundgedanken, „durch Abschließung von Dreiecken eine Ebene so herzustellen, daß sie ohne vorhergegangene Zerreißung dieser Dreiecke sich nicht in sich selbst verschieben läßt". An vielen Beispielen zeigt er, wie man das Dreiecksstabwerk im Hoch- und Brückenbau nutzreich anwenden kann.

Abb. 1.
Holzbrücke Bauart Löscher. 1784

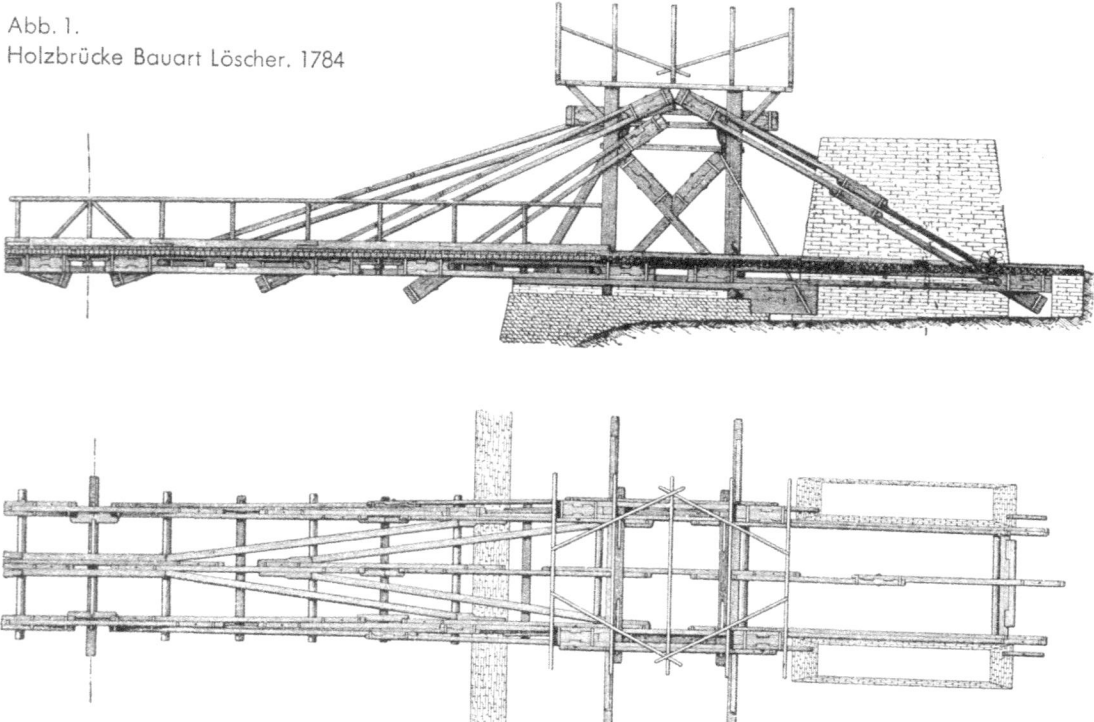

Mißerfolge und Einsturzkatastrophen haben die Weiterentwicklung der Schrägseilsysteme gehemmt. Die Fußgängerbrücke über den Tweed bei Dryburgh-Abbey wurde 1817/18 von den Gebrüdern J. W. Smith mit 79 m Stützweite und 1,22 m Breite als Schrägseilbrücke erbaut. Die Zugglieder bestanden aus schwachen Rundeisen. Deren Anschlüsse an den Träger waren konstruktiv schlecht ausgebildet. Die horizontale Aussteifung muß sehr mangelhaft gewesen sein und auch

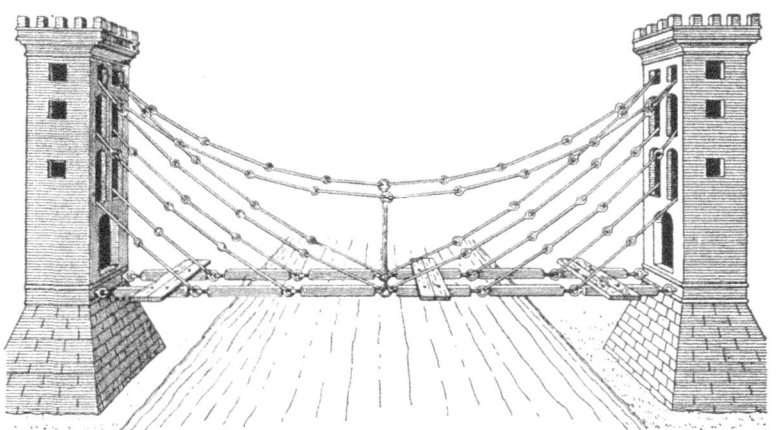

Abb. 2.
Kettenbrücke nach Faustus
Verantius. 1617

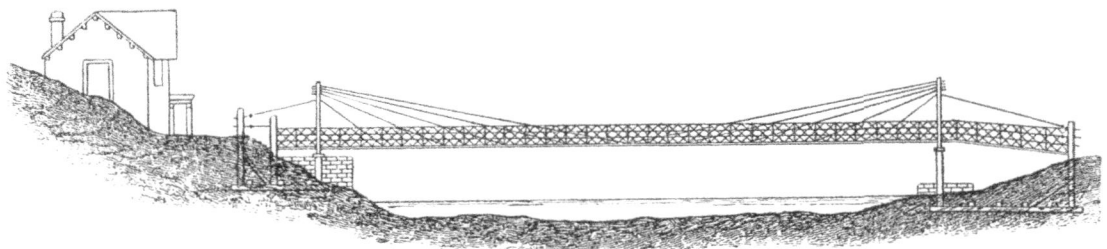

Abb. 3.   Kings-Meadow-Brücke. 1817

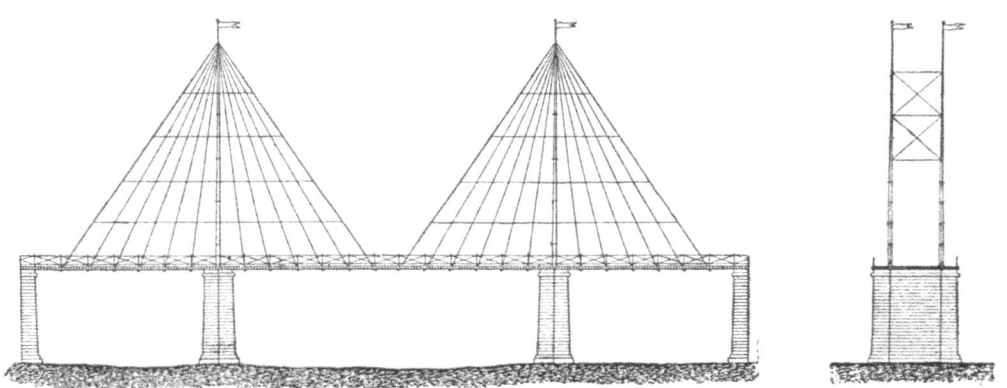

Abb. 4.   Brücke Bauart Poyet. 1821

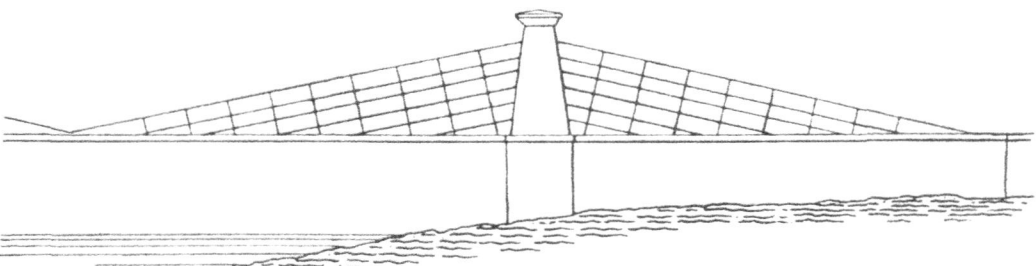

Abb. 5.   Kettenbrücke Bauart Hatley. 1840

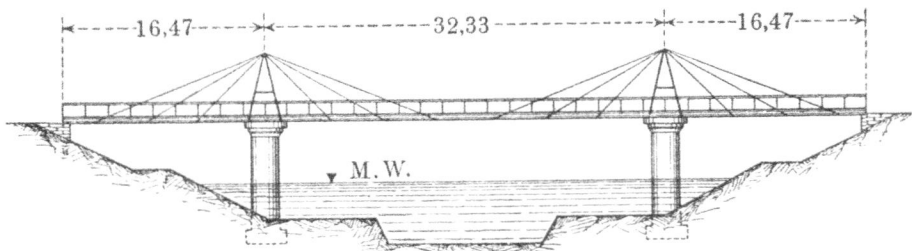

Abb. 6.   Brücke über den Manchester Schiffahrtskanal

23

Schwingungen in der Vertikalebene konnten durch 3 bis 4 Personen in solcher Stärke erzeugt werden, daß das längste Zugband an der Aufhängung riß. Sechs Monate nach der Einweihung stürzte das Bauwerk bei einem Sturm infolge Versagens der Zugbänder ein. Nicht besser war das Schicksal der 1824 erbauten Brücke über die Saale bei Nienburg (Abb. 10). Bei dieser Schräg-kettenbrücke mit 78 m Spannweite und 7,4 m Breite unterstützten die Ketten in der Mittelöffnung einen hölzernen verdübelten Balken, lagerten auf einem 14,5 m hohen hölzernen Standmast und waren in einem gemauerten Widerlager verankert. Schon bei der Probebelastung durch einen 6 t schweren Wagen stellte sich eine Durchbiegung von 26 cm ein, wobei sich das Tragwerk jedoch auf das noch vorhandene Montagegerüst absetzte, so daß die „Belastungsprobe" keine Schäden hervorrief. Im Dezember 1825 brach die Brücke dann bei einem Fackelzug plötzlich zusammen, wobei 50 Menschen den Tod fanden. Die Kettenglieder waren der Reihe nach gebrochen. Außerdem wurden im Widerlager bei der folgenden Untersuchung verschiedene Risse entdeckt, die schon vor dem Einsturz vorhanden gewesen und mit Mörtel verschmiert waren. Auch bei später erbauten Schrägseilbrücken zeigten sich erhebliche Durchbiegungen und Schäden, die Verstärkungen oder den Abbruch erforderlich machten. Mängel in der konstruk-tiven Durchbildung, ungenügende Erfassung der statischen Verhältnisse, Zugglieder geringer Festigkeit, die z. T. schlaff montiert wurden und erst nach erheblicher Durchbiegung der Brücke langsam zum Tragen kamen, waren die Ursache für die Mißerfolge. Das Schrägseilsystem kam in Verruf, nicht steif genug zu sein und geriet in Vergessenheit.

Erst in jüngster Zeit haben die Schrägseilbrücken wieder zunehmend Beachtung gefunden. Seile hoher Tragfähigkeit und die Fortentwicklung auf dem Gebiet der Baustatik bildeten die Voraus-setzung dazu, daß dieses Brückensystem wieder mehr in den Vordergrund tritt. Während beim Balkenträger die Eigengewichts- und Verkehrslasten durch Biegemomente und Querkräfte nach den Auflagern übertragen werden, spielen beim Schrägseilsystem die Normalkräfte in den Seilen und im Balken eine bedeutende Rolle. Nach der Entwicklung patentverschlossener Seile hoher Tragfähigkeit gewannen deshalb die Schrägseilbrücken wieder an Bedeutung. Einige der für mittlere und große Spannweiten geeigneten Systeme sind in Abbildung 11 zusammengestellt.

Neben dem Fortschritt in der Seilherstellung sind es hauptsächlich die folgenden in letzter Zeit gewonnenen Erkenntnisse, die für das Wiederaufleben der Schrägseilbrücken entscheidend waren:

1. Einfluß der Seilverformung

Die Balken von Schrägseilbrücken können als Durchlaufträger aufgefaßt werden, die an den Verankerungsstellen der Kabel elastisch gestützt sind. Die federnde Abstützung durch die Kabel war früher sehr weich und zwar aus folgenden Gründen:

Abb. 7.   Albert-Kettenbrücke über die Themse. 1870

Die Kabel oder Ketten konnten im letzten Jahrhundert nicht hoch beansprucht werden und wurden teilweise sehr schlaff montiert; sie hatten also unter Eigengewicht einen großen Durchhang. Unter Verkehrsbelastung hat sich dieser Durchhang ermäßigt, und es ergab sich daraus eine erhebliche vertikale Verschiebung des Aufhängepunktes am Balken. Bei den heute zulässigen hohen Beanspruchungen sind die Kabel schon unter Eigengewicht sehr straff gespannt und der vertikale Weg des Aufhängepunktes infolge Verringerung des Durchhanges unter Verkehrslast bleibt gering.

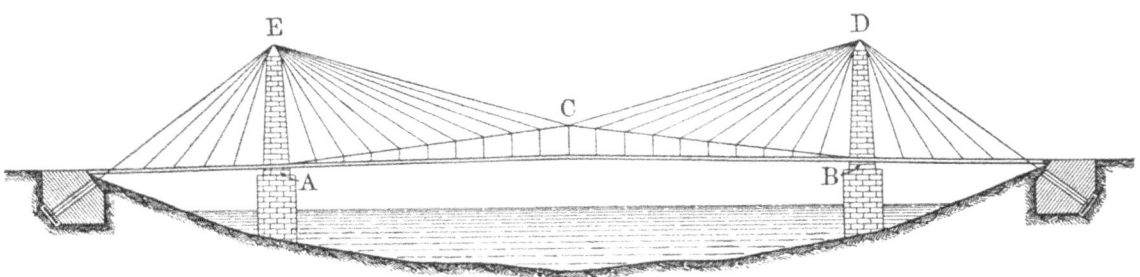

Abb. 8. Schrägseilbrücke Bauart Gisclard-Arnodin

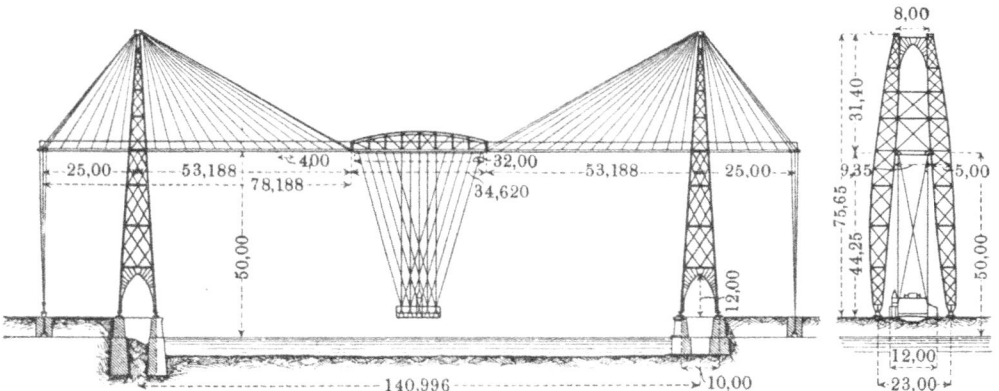

Abb. 9. Fährbrücke in Nantes. 1903

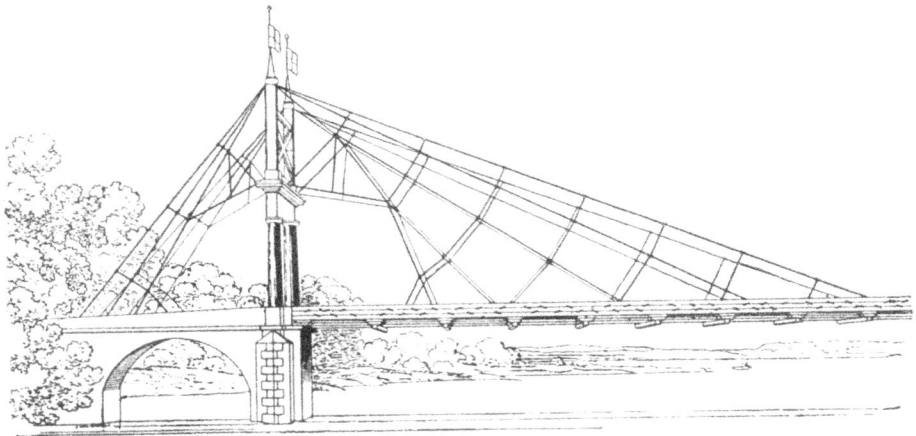

Abb. 10. Brücke über die Saale bei Nienburg. 1824

2. Einfluß der Balkensteifigkeit

Das Verhältnis der Balkensteifigkeit zum Federweg der Schrägseile spielt für die Berechnung des Schrägseilsystems eine entscheidende Rolle. Für einen sehr steifen Balken mit hohem EJ-Wert und verhältnismäßig kleiner Stützweite ist die zusätzliche elastische Stützung durch Seile fast wirkungslos. Für einen niedrigen weichen Balken dagegen nähert sich das statische System des Balkens dem eines Durchlaufträgers, der an den Aufhängepunkten der Seile starr gestützt ist.

Mit den heutigen Hilfsmitteln der Baustatik ist es möglich, die tatsächlichen Verhältnisse des hochgradig statisch unbestimmten Systems unter Berücksichtigung der Auflagerbedingungen und des Einflusses der Theorie 2. Ordnung sehr genau zu erfassen.

3. Dauerschwingfestigkeit der Seile

Prüfungen der Dauerschwingfestigkeit von Seilen haben gezeigt, daß die Differenz zwischen der höchsten und der geringsten Seilbeanspruchung bei patentverschlossenen Seilen nicht mehr als etwa 2,5 t/cm² betragen sollte. Wird dieser Wert erheblich überschritten, so muß damit gerechnet werden, daß sich besonders dort, wo eine zusätzliche Querpressung der Seile auftritt (Lager, Kabelschellen) ein Ermüdungsbruch einstellt. Das statische System muß deshalb so gewählt werden, daß die Spannungsdifferenz in einem Seil bei häufig vorkommenden Lastfällen den oben angegebenen Wert nicht überschreitet.

Wie genauere Untersuchungen zeigten, genügt es dabei nicht, den Kabelquerschnitt zu vergrößern, um damit die Beanspruchungen herabzusetzen, da mit einer Vergrößerung des Kabelquerschnittes gleichzeitig die auftretende maximale Kabelkraft ansteigt. Durch die Wahl von Lagerbedingungen der Kabel an den Pylonen (fest oder beweglich) muß erreicht werden, daß die Beanspruchung der Seile nur in den angegebenen Grenzen schwankt. Ist außerdem das Eigengewicht im Verhältnis zur Verkehrslast groß, so läßt sich die geforderte Bedingung leichter einhalten.

4. Seilführung und Lagerbedingungen

Die vielen Möglichkeiten, die Seilführung und -lagerung zulassen, erlauben mehrere Varianten, unter denen der Ingenieur die für den vorliegenden Fall günstigste auszuwählen hat. Wird z. B. ein Schrägseil aus der Mittelöffnung an das Endauflager der Seitenöffnung geführt, so ist der Balken in der Mittelöffnung am Kabelaufhängepunkt verhältnismäßig starr unterstützt, da die Vertikalverschiebung des Aufhängepunktes nur von der Verformung des Kabels abhängig ist. Wird das Kabel jedoch im Bereich der Seitenöffnung verankert, so ist die Unterstützung des Balkens in der Mittelöffnung weniger starr, da der vertikale Weg des Aufhängepunktes in der Mittelöffnung nicht nur von der Kabelverformung, sondern auch von der Biegesteifigkeit des Balkens in der Seitenöffnung abhängig ist.

Werden einige Kabel der Mittelöffnung am Pylonenkopf zu einem Rückhaltekabel der Seitenöffnung zusammengefaßt, so ergeben sich für den Balken verhältnismäßig günstige Bedingungen. Die Beanspruchungen der Seile schwanken jedoch in größeren Grenzen, und die Seilmontage bringt zusätzliche Schwierigkeiten.

Vor- und Nachteile der verschiedenen Möglichkeiten müssen deshalb vom Ingenieur in jedem Einzelfall sorgfältig gegeneinander abgewogen werden. Dies ist meist nur nach mehreren Rechnungsgängen möglich, da die Größe der statisch Unbestimmten auf Änderungen des Kabelquerschnittes sehr empfindlich reagiert.

Bei der Kabellagerung am Pylon hat es sich als günstig erwiesen, ein Kabel mit dem Pylon fest zu verbinden und die übrigen längsbeweglich zu lagern. Die Kabelkräfte in der Mittel- und Seitenöffnung gleichen sich dadurch aus und die obengenannte Bedingung für die Seilbeanspruchung läßt sich leichter erfüllen.

Die Lagerbedingungen für das gesamte Tragwerk sind am klarsten, wenn die Pylonen fest mit dem Balken verbunden werden und das gesamte Tragwerk als durchlaufender Balken gelagert wird. Infolge gleichmäßiger Temperaturänderungen treten dann z. B. keine Schnittkräfte auf. Wenn die Pylonen in den Pfeilern eingespannt sind, ergeben sich infolge der Längenänderungen des Balkens Schwierigkeiten konstruktiver Art und auch die statischen Verhältnisse verlieren an Übersichtlichkeit.

5. Momentenausgleich durch Stützenhebungen und -senkungen

Die Maximalmomenten-Linie, die sich für den Balken aus den verschiedenen Lastfällen ergibt, zeigt zunächst erhebliche Unterschiede in der Größe der Momente. Bei der Ermittlung der maximalen Beanspruchungen im Balken müssen neben den Biegemomenten auch die Normalkräfte beachtet werden. Dabei ergeben sich Querschnitte, an denen erhebliche Verstärkungen erforderlich sind und die an anderer Stelle keine volle Ausnützung der zulässigen Spannungen ermöglichen. Mit Hilfe von Stützenhebungen und -senkungen an den Kabelangriffspunkten kann ein Momentenausgleich erreicht werden, der in wirtschaftlicher Hinsicht Vorteile bringt. Andererseits werden dadurch zusätzliche Montagemaßnahmen notwendig, um den in der Berechnung vorausgesetzten Spannungszustand im Tragwerk zu erzeugen.

6. Montage

Das System der Schrägseilbrücke ist grundsätzlich für einen Freivorbau der Mittelöffnung geeignet, wie er heute meistens erwünscht oder gefordert ist. Zunächst liegt der Gedanke nahe, durch Montagegelenke im Balken zwischen den Kabelaufhängepunkten für die Montage ein statisch bestimmtes System zu schaffen. Diese Gelenke könnten nach Aufbringen des Eigengewichtes geschlossen werden und die Schnittkräfte in den Tragwerksgliedern wären damit einwandfrei festgelegt. Dies hätte auch den Vorteil, daß man von den Toleranzen der unter Eigengewicht auftretenden Seilverlängerungen, deren Größe nicht genau vorausbestimmt werden kann, unabhängig ist.

Die technische Durchführung dieser Maßnahmen macht jedoch beachtliche Schwierigkeiten, da erhebliche Normalkräfte durch die Montagegelenke geleitet werden müssen. Außerdem konzentrieren sich diese Kräfte in den Gelenken und müssen anschließend in den gesamten tragenden Querschnitt ausstrahlen. Man neigt deshalb dazu, von solchen Montagegelenken abzusehen. Die getrennte Lagerung der Kabel auf den Pylonen hat den Vorzug, daß die Kabel nacheinander entsprechend dem Freivorbau der Mittelöffnung montiert werden können. Durch Nachstellen der Höhenlage des Kabellagers sind Korrekturen möglich, die erforderlich werden können, wenn sich die Seile nicht so, wie angenommen verlängern. Außerdem können dadurch Stützenhebungen und -senkungen an den Kabelaufhängepunkten in einfacher Weise durchgeführt werden.
Wichtig bleibt, daß die Montage so erfolgt, daß die in der statischen Berechnung getroffenen Annahmen am Bauwerk erfüllt werden. Bei Stahlbrücken wird z. B. die Fahrbahnplatte fast durchweg als tragender Teil des Balkens mitgerechnet. Sie sollte deshalb zusammen mit dem übrigen Trägerquerschnitt montiert werden, damit sie von Anfang an den ihr zugedachten Anteil der Schnittkräfte übernimmt.

Nachdem diese Erkenntnisse im Laufe der letzten Jahre gewonnen wurden, hat sich gezeigt, daß Schrägseilbrücken beachtliche wirtschaftliche Vorteile bringen. Besonders günstig erscheint ihre Anwendung im Spannweitenbereich zwischen 150 und 400 m. An der unteren Grenze endigt etwa die Wirtschaftlichkeit der üblichen Balkenbrücken und an der oberen Grenze beginnt die Hängebrücke günstiger zu werden. Allerdings können sich diese Grenzen erheblich verschieben, je nach den vorliegenden Verhältnissen und Bedingungen. Auch für kleine Spannweiten liegen Beispiele vor, bei denen die Schrägseilbrücke wegen ihrer geringeren Trägerhöhe, dem einfachen Freivorbau oder aus wirtschaftlichen Gründen für die Ausführung gewählt wurde.

So ermöglicht die Weiterentwicklung des Schrägseilsystems bei vielen Brückenbauaufgaben eine sowohl wirtschaftlich vorteilhafte als auch ästhetisch befriedigende Lösung.

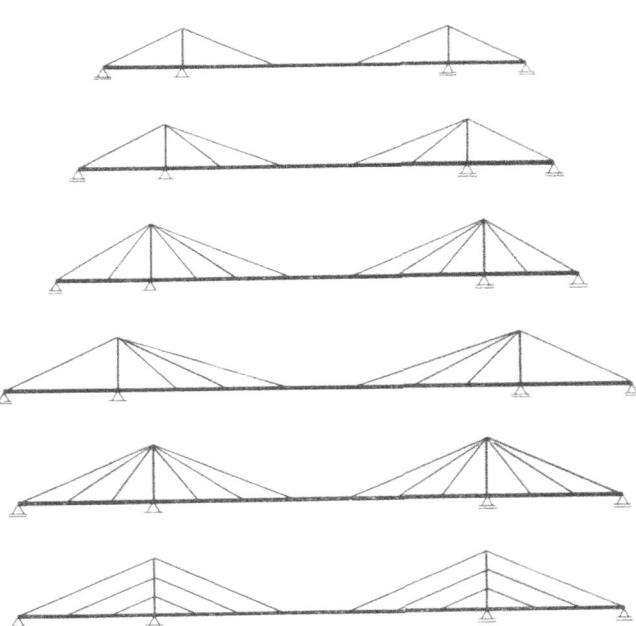

Abb. 11.
Einige Systeme für Schrägseilbrücken

Entwurfsbearbeitung und Modellversuche

Von Prof. Dr.-Ing. E. h. Karl Schaechterle, Stuttgart · Dr.-Ing. Fritz Leonhardt, Stuttgart · Dipl.-Ing. Louis Wintergerst, Eßlingen

Die in Deutschland nach dem Krieg bisher geschaffenen Rheinbrücken sind an Stellen zerstörter Brücken wieder aufgebaut worden. Die Planer waren irgendwie an örtliche Gegebenheiten, seien es noch vorhandene Pfeiler, Widerlager oder Rampen und andere Straßenzüge, gebunden. Bei der Nordbrücke Düsseldorf konnte erstmals ohne derartige Bindungen geplant werden. Man war frei sowohl in der Wahl der Trasse als auch in der Art des Tragwerkes, der Konstruktion und der Form der neuen Brücke.

Entwurfsgrundlagen

Die Wasser- und Schiffahrtsdirektion Duisburg forderte für die Rheinschiffahrt ein Lichtraumprofil von 250 m Breite und 9,10 m lichter Höhe über dem höchsten schiffbaren Wasserstand, unmittelbar am rechten Ufer beginnend. Die Lage des rechtsrheinischen Uferpfeilers der Strombrücke war dadurch eindeutig bestimmt. Für die Stellung des zweiten Strompfeilers war die Schiffahrtsöffnung maßgebend. Im Flutgebiet wurden für den Hochwasserabfluß und die dort manchmal schweren Eisgänge Pfeilerabstände von rund 70 m verlangt. Für die linksrheinische Deichstraße waren 20 m lichte Weite und 4,50 m Höhe vorzusehen. Rechtsrheinisch sollten die Stützen so gestellt werden, daß die unten liegenden Verkehrswege auch in ihrer späteren Entwicklung nicht behindert werden.

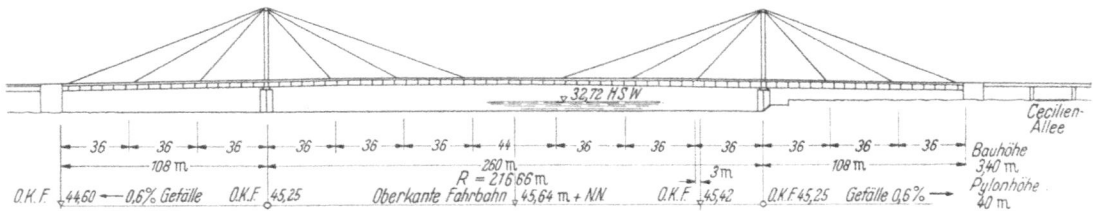

Abb. 1.   Ansicht der Strombrücke, Entwurf „Büschelsystem"

Der Brückenzug sollte für die Kraftwagen eine 15 m breite Fahrbahn und zu beiden Seiten Radwege mit je 1,8 m und Gehwege mit je 2,25 m Nutzbreite erhalten. Außerdem wurden 1,0 bis 1,75 m breite Sicherheitsstreifen zwischen der Fahrbahn und den Rad- und Gehwegen zur Aufstellung von Beleuchtungsmasten und etwaigen Pylonen vorgesehen, so daß sich auf der Strombrücke eine Gesamtbreite zwischen den Geländern von $15 + 2 \cdot 1,75 + 2 \cdot 1,80 + 2 \cdot 2,25 = 26,60$ m ergab.

Der schnelle Kraftwagenverkehr verlangt eine möglichst flache Bahn und weite Sicht. Die Rampen waren daher mit geringer Neigung anzulegen und im Brückenscheitel mit einem Krümmungshalbmesser von mindestens 20 000 m auszurunden. Um diese Forderung zu erfüllen, mußte ein Tragwerk mit niedriger Konstruktionshöhe angestrebt werden.

Die Tragfähigkeit der Brücke sollte den Verkehrslasten der Brückenklasse 60 nach DIN 1072 vom Juni 1952 entsprechen. Die Durchbiegung des Tragwerkes über der Schiffahrtsöffnung sollte 1/300 der Stützweite nicht überschreiten.

Im Schiffahrtsraum waren vorübergehende Einbauten irgendwelcher Art nicht gestattet. Der Überbau der Strombrücke mußte über der Schiffahrtsöffnung gerüstfrei vorgebaut werden. Nur in den Seitenöffnungen der Strombrücke und bei der Flutbrücke wurde der Einbau von festen Gerüsten zugelassen.

Verwaltungsentwurf

Aus den Gegebenheiten heraus gliedert sich der Brückenzug in drei Teile:

1. die rechtsrheinische R a m p e n b r ü c k e von der Kaiserswerther Straße bis hinter die Cecilienallee,
2. die S t r o m b r ü c k e ohne starre Bedingung für Anfang und Ende,
3. die F l u t b r ü c k e bis zum Deich, Deichstraße eingeschlossen oder getrennt überbrückt.

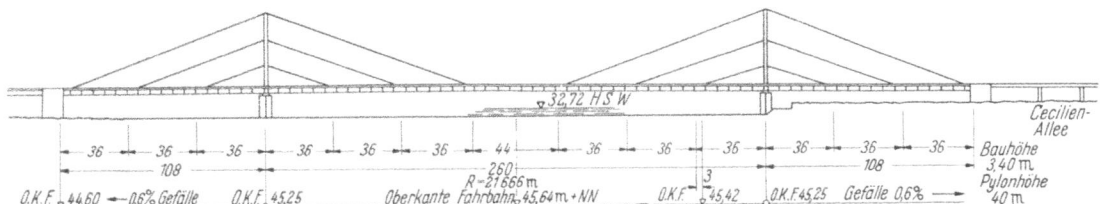

Abb. 2. Ansicht der Strombrücke, Entwurf „Harfensystem"

Für jedes Teil waren die Entwurfsgrundlagen hinsichtlich der Spannweiten und Bauhöhen so verschieden, daß drei verschiedene Brückenarten zweckmäßig erschienen, die jedoch so zu entwerfen waren, daß sie zusammen harmonieren und gut ineinander übergehen. Die Strombrücke war natürlich für den Gesamtentwurf bestimmend, vor allem hinsichtlich der Höhenlage der Fahrbahn in den anderen Brückenteilen, so daß zunächst die Entwurfsüberlegungen dieses wichtigen, zentralen Bauwerkes beschrieben werden.

Strombrücke

Die Strombrücke ist der augenfälligste Teil des großen Brückenzuges, sie ist weither von beiden Ufern der Stadt sichtbar und bildet den Abschluß beim Blick von der Stadt nach der niederrheinischen flachen Landschaft. Die Strombrücke muß sich diesen Bildern harmonisch einfügen. Etwas Schweres, Gewaltiges würde nicht zum Maßstab des Stadtbildes passen. Man strebte daher von vornherein eine Brücke an, die möglichst leicht und zügig den breiten Strom überquert. Die beachtlichen Fortschritte im Stahlbrückenbau und die bei den Rheinbrücken der Nachkriegszeit gesammelten Erfahrungen kamen dem Entwurf zugute, so besonders auch die kurz vorausgegangenen Untersuchungen der Verfasser an Schrägseilbrücken für die Rheinbrücke Duisburg-Homberg.

Die Entwurfsarbeit beschränkte sich frühzeitig auf einen mit Schrägkabeln abgespannten durchlaufenden Balken, kurz S c h r ä g s e i l b r ü c k e genannt, von der man wußte, daß sie bei den hier vorliegenden Öffnungsweiten billiger und zugleich steifer wurde als die Hängebrücke. Die Schrägseilbrücke eignet sich auch besonders gut für den gerüstlosen Vorbau der Hauptöffnung. Der schlanke durchlaufende Balken wird in der Hauptöffnung durch Schrägkabel gestützt, die von Pylonen über den Strompfeilern ausgehen und rückwärts in den Seitenöffnungen oder über dem jeweiligen nächsten Pfeiler verankert werden. Die Horizontalkräfte dieser Schrägkabel werden dabei in den Überbau eingeleitet, so daß verhältnismäßig kleine Verankerungspfeiler an den Enden der Seitenöffnungen genügen. Die Schrägseilbrücke erlaubte daher einen unauffälligen Übergang zur Flutbrücke.

Der Entwurf, der in allen wesentlichen konstruktiven Details dem Ausführungsentwurf entspricht und dort genau beschrieben ist, sah eine Zusammenfassung der Kabel auf dem Pylonenkopf mit dicht untereinander liegenden Lagern vor, das sogenannte „B ü s c h e l s y s t e m" (Abb. 1). Der Pylon wurde in der Höhe der Kabellager durch einen Querriegel rahmenartig geschlossen, wie man dies von den Hängebrücken her gewohnt war. Das Büschelsystem hat im Aussehen den Nachteil, daß sich in der Schrägansicht unschöne Überschneidungen der verschieden geneigten Schrägkabel ergeben. Professor T a m m s schlug daher als Architekt der Brücke vor, die Schrägkabel parallel zu legen und sie in den Drittelspunkten der Pylone zu lagern (H a r f e n s y s t e m), Abb. 2. In der Schrägansicht treffen sich dann nur parallele Linien. Der Architekt wünschte ferner freistehende schlanke Pylonen ohne eine Querverbindung über der Fahrbahn. Mit kastenartigem Pylonenquerschnitt lassen sich sehr schlanke Pylonen knicksicher ausbilden. Bei der breiten Brücke entfielen nur geringe Windkräfte auf die Kabel, so daß dieser Wunsch erfüllt werden konnte. Den Ingenieuren lag zwar das Büschelsystem näher als das Harfensystem, weil die Kräfte der steileren Kabel kleiner werden und diese den Balken auch besser stützen als flache Kabel. Andererseits entstand beim Harfensystem der Vorteil, daß die Lager der verschiedenen Kabel voneinander getrennt sind und so die Schwierigkeiten entfallen, die beim Zusammenführen der Kabel am Pylonenkopf in konstruktiver Hinsicht entstehen. Auch waren die Vorteile der parallelen Kabel für das Aussehen der Brücke einleuchtend. Das Harfensystem stand daher bald im Vordergrund. Der Ausschreibung wurden jedoch beide Systeme zugrundegelegt.

Bei der Durchrechnung des Entwurfes zeigte sich bald, daß die Art der Lagerung der Kabel im Pylon eine nicht unwesentliche Rolle spielt. Es ist nicht gleichgültig, ob man die Kabel am Pylon fest oder längsbeweglich lagert oder z. B. nur 1 Kabel fest macht und die anderen längsbeweglich läßt. Um diese Fragen rasch zu klären, wurden statische Modellversuche gemacht, die später kurz beschrieben werden.

Bei der Gestaltung des Querschnittes ging man von vornherein davon aus, daß die Pylonen zwischen der Fahrbahn und den Rad- und Gehwegen in dem dort vorgesehenen Schutzstreifen stehen sollten. Dies bestimmte die Lage der kastenförmigen Hauptträger, deren Breite wiederum durch die Mindestbreite der Pylonen am Fuß bedingt war, weil man die Pylonen im Balken einspannen wollte (s. Ausschlagtafel am Schluß des Buches).

Bei den großen Spannweiten war es nötig, das Gewicht der Fahrbahn so niedrig wie möglich zu halten. Deshalb wurde zwischen den kastenförmigen Hauptträgern eine stählerne Leichtfahrbahn auf ebenem Blech (orthotrope Platte) vorgesehen, die 6 cm Asphaltbelag trägt. Nachdem sich die Fahrbahntafel der Südbrücke Düsseldorf-Neuss gut bewährt hatte, lag es nahe, die dort eingebaute Bauart mit fischgrätförmig aufgeschweißten Flachstahlstäben gegen das Verschieben des Asphaltbelages zu wiederholen. Die Flachstäbe dienen gleichzeitig als willkommene zusätzliche Aussteifung des Fahrbahnbleches und erlauben damit einen etwas größeren Abstand der Längsrippen der orthotropen Platte. Gegenüber der Südbrücke wurde der Abstand der aufgeschweißten Flachstäbe etwas vergrößert. Die orthotrope Platte ist unmittelbar mit den kastenförmigen Hauptträgern verbunden und wirkt als Obergurt des Überbaues mit diesen zusammen.

Die Hauptträger sind am rechtsrheinischen Pfeiler fest und an allen übrigen Pfeilern längsbeweglich aufgelagert, so daß bei gleichmäßiger Temperaturänderung keine zusätzlichen Spannungen im System entstehen. An den Brückenenden sind zur Aufnahme der lotrechten Komponenten der Schrägkabel Verankerungen im Pfeiler erforderlich, die als stählerne Zug- und Druckpendel ausgebildet wurden. Die Brücke wurde so bemessen, daß die Mittelöffnung in der Lage ist, ihr Eigengewicht noch zu tragen, auch wenn durch irgendeinen Katastrophenfall diese Verankerungspendel reißen sollten.

Für die Kabel wurden patentverschlossene Seile aus hochfestem kaltgezogenem patentiertem Draht gewählt, die mit wenigen Bandagen dicht zu Kabeln zusammengelegt wurden. Man hatte erwogen, die Kabel mit einem geschlossenen Blechkasten zu umhüllen und die Hohlräume mit Zementmörtel auszupressen, um jede Möglichkeit der Korrosion auszuschließen. Zum Schluß wurde den offenen Kabeln der Vorzug gegeben, wobei die oberen Kabelrillen mit einem haltbaren Kitt geschlossen wurden, um das Eindringen von Regenwasser in die Hohlräume zwischen den Seilen zu verhüten.

Um bei der hohen Schwellbeanspruchung der Seile die Dauerschwingfestigkeit an den Verankerungen zu verbessern, wurde überlegt, die Seilköpfe etwas länger auszubilden und die Hohlräume mit Zementmörtel unter Druck auszupressen. Die konischen Innenflächen der Seilköpfe sollten mit einem Schmiermittel behandelt werden, so daß durch das Hereinziehen des ausgepreßten Ankerkonus kräftige Querpressungen entstehen müssen. Auf diesem Weg würden

Abb. 3. Kabellagerung am Pylonenkopf beim Büschelsystem

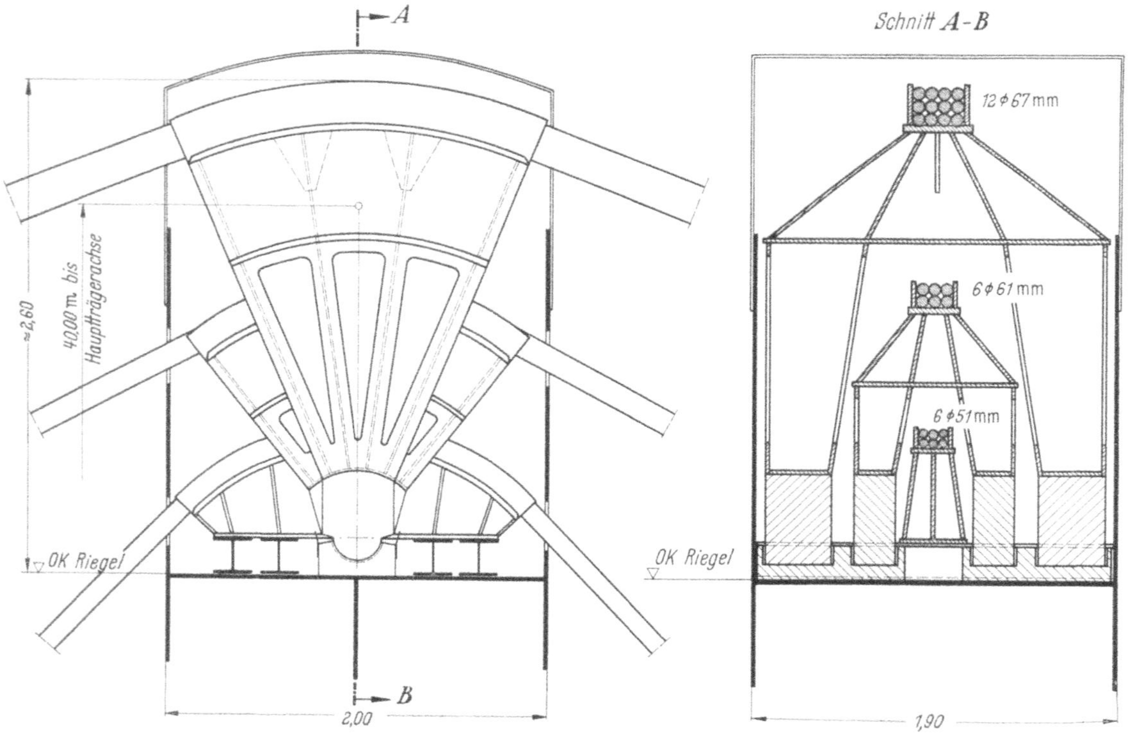

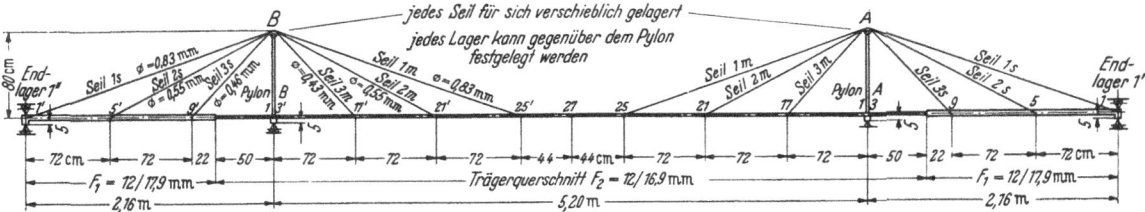

Abb. 4. Modell für statische Untersuchungen

die hohen Temperaturen der bisherigen metallischen Vergußmassen vermieden werden, die die Drahtfestigkeit beeinflussen. Die Seilfirmen hielten jedoch am Verguß mit Weißmetall fest.

Die für die Seile der Rodenkirchener Hängebrücke durchgeführten Versuche (1), standen für die Durchbildung der Kabellager zur Verfügung. Die Querpressung war hier dank der Trennung der Kabel gering, da höchstens 3 Seile übereinanderliegen. Der Krümmungsradius der Kabellager konnte daher klein gewählt werden. Die konstruktive Ausbildung der Kabellagerung am Pylonenkopf zeigt Abb. 3. Das untere Kabel ist fest, während die beiden anderen auf je einem Sektorlager um eine gemeinsame Achse drehbar sind.

Bei den Schrägkabelbrücken ist die Schwingweite der Beanspruchung der Seile durch Verkehrslasten größer als bei Hängebrücken. Für die Bemessung der Seile ist daher teilweise die Dauerschwingfestigkeit maßgebend. Da die Vollbelastung einer solchen Brücke praktisch nie vorkommen wird, konnte andererseits ein Schwellbereich zugelassen werden, der nahe am Bruchwert bei 2 000 000 Lastwechseln liegt oder diesen sogar etwas überschreitet. Entsprechend wurde die Schwellbeanspruchung auf 2500 kg/cm² begrenzt. Außerdem wurde eine mindestens 2,2fache statische Sicherheit der maximalen Gebrauchslast gegenüber der garantierten Bruchlast der Seile verlangt. Der Verwaltungsentwurf wurde für das Büschelsystem von den Verfassern vollständig durchgerechnet und auch konstruktiv durchgearbeitet, so daß die erforderlichen Stahlmengen für die Ausschreibung bekannt waren. Als Stahlbedarf ergab sich für St 37, St 52, Stahlguß und Seile zusammen 4831 t. Die spätere Ausführung wich von diesem Wert nur um etwa 1% ab. Der Entwurf hat sich auch bei der Ausschreibung als stahlsparende und wirtschaftliche Konstruktion erwiesen.

Statische Modellversuche

Um die Auswirkungen der verschiedenen Lagerung und Führung der Kabel schnell und zuverlässig zu prüfen, wurden am Otto-Graf-Institut der Technischen Hochschule Stuttgart Messungen an einem form- und trägheitsmomententreu nachgebildeten Modell einer ebenen Haupttragwand durchgeführt. Aus modelltechnischen Gründen sind die statischen Werte und entsprechend

Abb. 5. Kopf eines Pylons mit Meßuhren zum Messen der seitlichen Bewegungen und Teilkreis zum Bestimmen der Seilverschiebungen

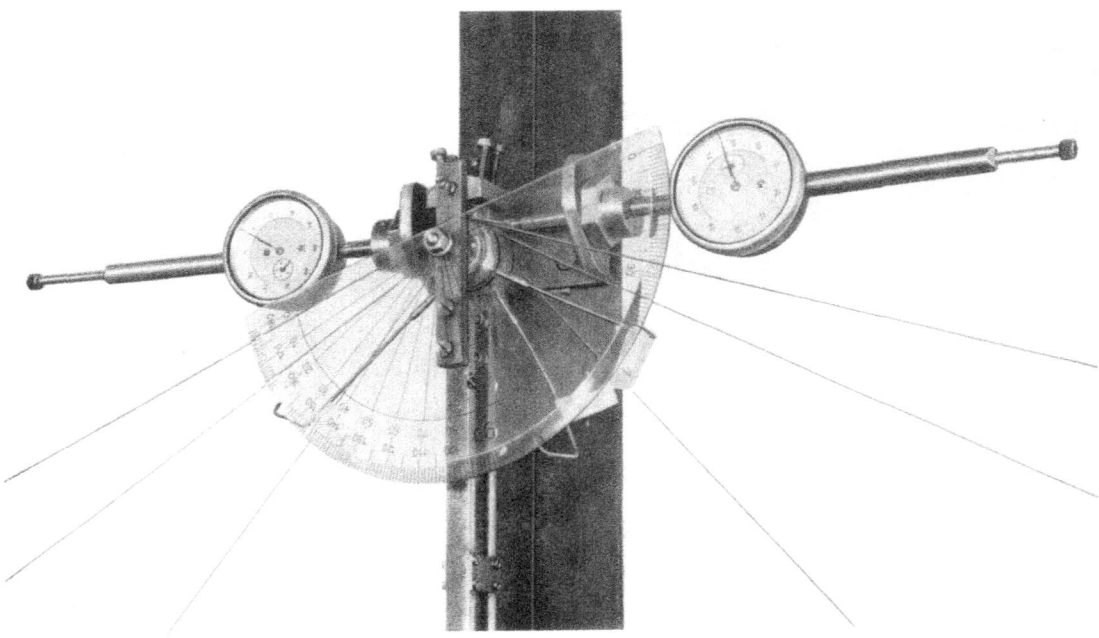

Abb. 6. Statisches Modell, Schrägkabel als Draht mit Bügel am Balken drehbar verankert, Meßmikroskop auf Schlitten

auch die Belastungen für die gesamte Brückenbreite eingesetzt. Den Verfassern und dem Sachbearbeiter, Oberingenieur Brenner, standen dazu die Erfahrungen an Modellmessungen für Hängebrücken, besonders für die Autobahnbrücke Köln-Rodenkirchen (2) (3) (4) zur Verfügung. Das Modell der Schrägseilbrücke wurde im Längenmaßstab 1:50 in einem Versuchsraum mit konstanter Raumtemperatur auf einem starren Unterbau aufgebaut (Abb. 4). Es war so konstruiert, daß einzelne Teile ausgewechselt bzw. die Kabelführung und die Lagerbedingungen abgewandelt werden konnten. Der Durchlaufbalken des Modells bestand aus einem Rechteckstab aus blankgezogenem Stahl mit veränderlichem Trägheitsmoment, mit dem die Pylonen biegesteif verbunden sind. Die Pylonen waren so bemessen, daß die horizontale Ausbiegung des Kopfes im Längenmaßstab 1:50 auftrat. In den Pylonenköpfen waren je 3 Rollenlager eingebaut, auf denen die Schrägkabel in Form von Einzeldrähten beweglich geführt oder wahlweise mit Druckschrauben festgeklemmt wurden (Abb. 5). Die Drahtenden wurden in der Schwerachse des Balkens mit Bügeln nachstell- und drehbar befestigt (Abb. 6). Die maßstabsgetreue Verkürzung infolge Normalkraft konnte in den Drähten durch entsprechende Bemessung erreicht werden, dagegen nicht in den Pylonen und im Balken. Der Einfluß dieser Verkürzung ist in diesen beiden Baugliedern gering.

Die Gewichte der Einzelteile wurden genau festgestellt und durch am Balken angehängte Gewichte so ergänzt, daß sie der auf einen Hauptträger entfallenden ständigen Last der Brücke entsprachen. Hierauf wurde das Modell auf die Null-Lage ausgerichtet, indem die Schrägdrähte auf die ihnen zukommende Spannung genau eingestellt wurden.

An dem Modell konnten u. a. die Einflußlinien der Seilkräfte bestimmt werden, indem am betroffenen Seil die Verankerung in Richtung des Seiles um den Weg 1 verschoben wurde. Die Einflußlinie der Seilkraft ist proportional der durch die Seilverlängerung erzeugten Biegelinie

Abb. 7. Biegelinien unter Gleichlast von 9,65 t/m je Hauptträger bei System I, II und III

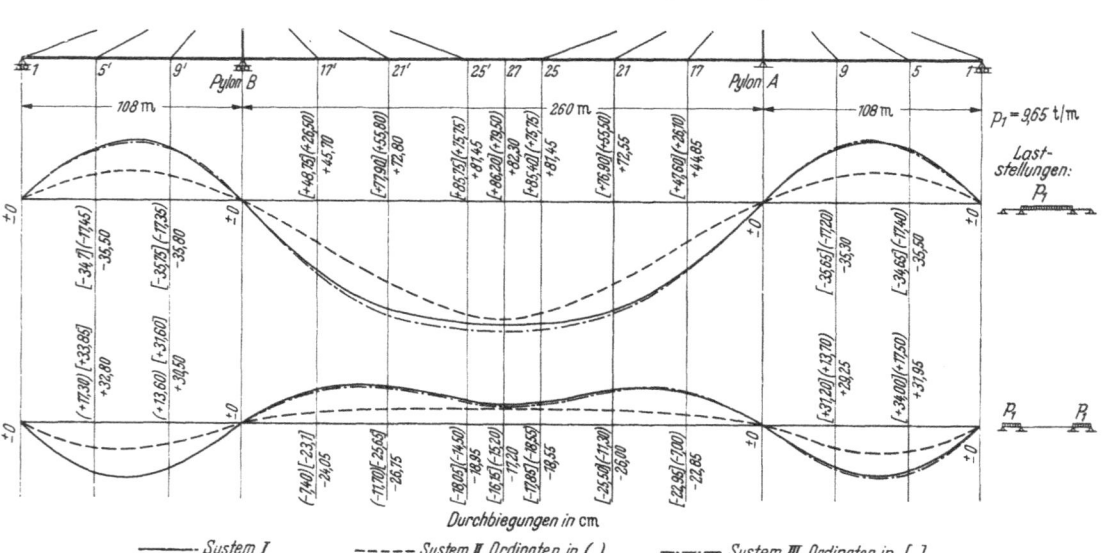

—————— System I   - - - - - System II Ordinaten in ( )   —·—·— System III Ordinaten in [ ]

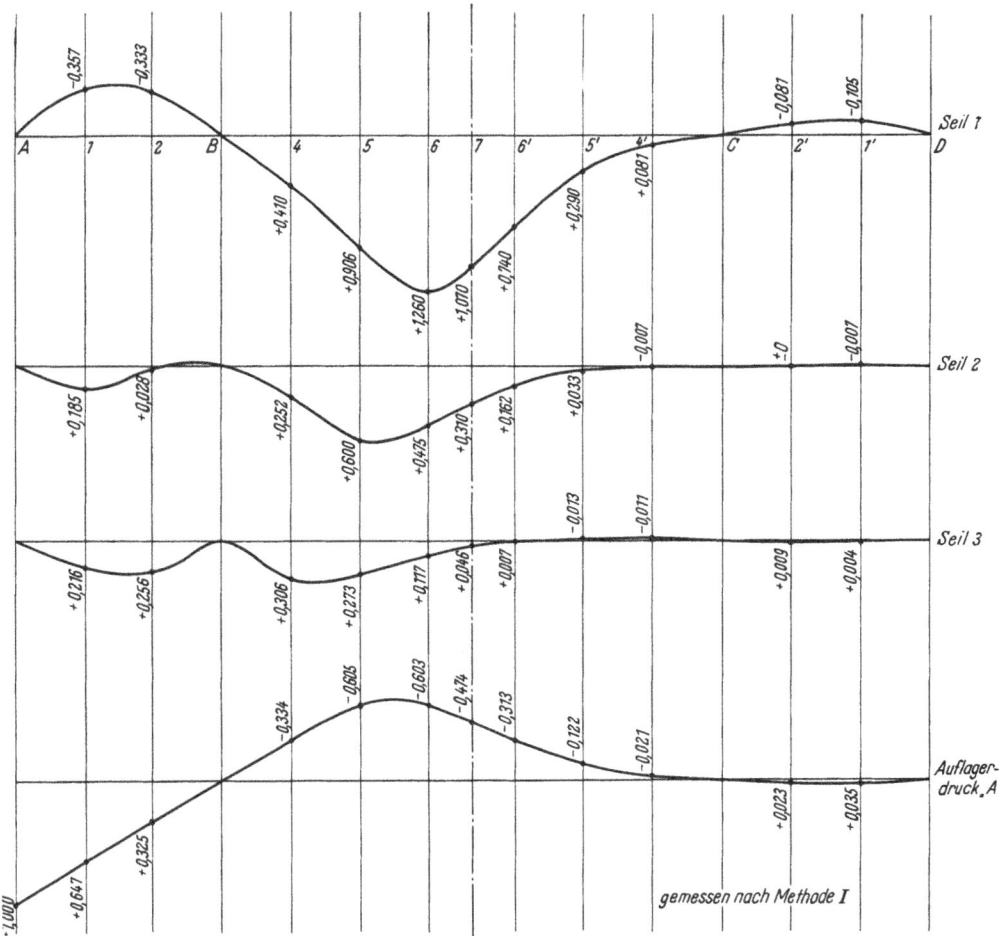

Abb. 8. Einflußlinien der Seilkräfte und Auflagerkraft A bei System I

des Durchlaufbalkens. Sie wurde mit einem Meßmikroskop an einer lotrechten Mikrometer-spindel gemessen, an der die Verschiebungen auf 1/100 mm genau abgelesen werden konnten. Das Instrument war mit einem Schlitten auf einer glatten, stählernen Schiene dem Balken entlang zu verschieben (Abb. 6).

Außerdem konnten die Pylonenkopfverschiebungen, die Drehwinkel der Seillager im Pylonen-kopf, die Krümmung des Balkens und die Seilkräfte gemessen werden. Die ungünstigsten Last-stellungen der Streckenlasten $\varphi \cdot p/m$ sowie der schweren Einzellast $\varphi \cdot P$ wurden durch Probieren ermittelt. Die folgenden Messungen wurden für die ungünstigste Verkehrsbelastung durchgeführt.

1. Größte Pylonenkopfverschiebung nach der Mittel- und Seitenöffnung.
2. Größte Verdrehungen der Seillager an den Pylonenköpfen.
3. Größte Durchbiegungen am Balken.
4. Maximale Momente am Balken, ermittelt aus den Krümmungen.
5. Auflagerkräfte des Balkens.
6. Einflußlinien der Seilkräfte.
7. Die größten Seilkräfte.

Bei den Voruntersuchungen am Modell zeigte es sich, daß es von geringer Bedeutung ist, welches von den 3 Seilen einzeln festgelegt wird. Der Pylon ist so biegsam, daß er als Pendel wirkt und das festgemachte Seil damit praktisch horizontal verschieblich gelagert ist. Wird das kürzeste Seil am Pylonenkopf festgelegt, so bleiben die Horizontalverschiebungen des Kopfes und damit die Momente im Pylon in niederen Grenzen.

Die Hauptmessungen wurden deshalb für folgende Systeme durchgeführt:

System I: Büschelsystem, kürzestes Seil am Pylonenkopf fest.

System II: Büschelsystem, alle Seile am Pylonenkopf fest.

System III: Harfensystem, wobei das mittlere Seil am Pylon fest ist.

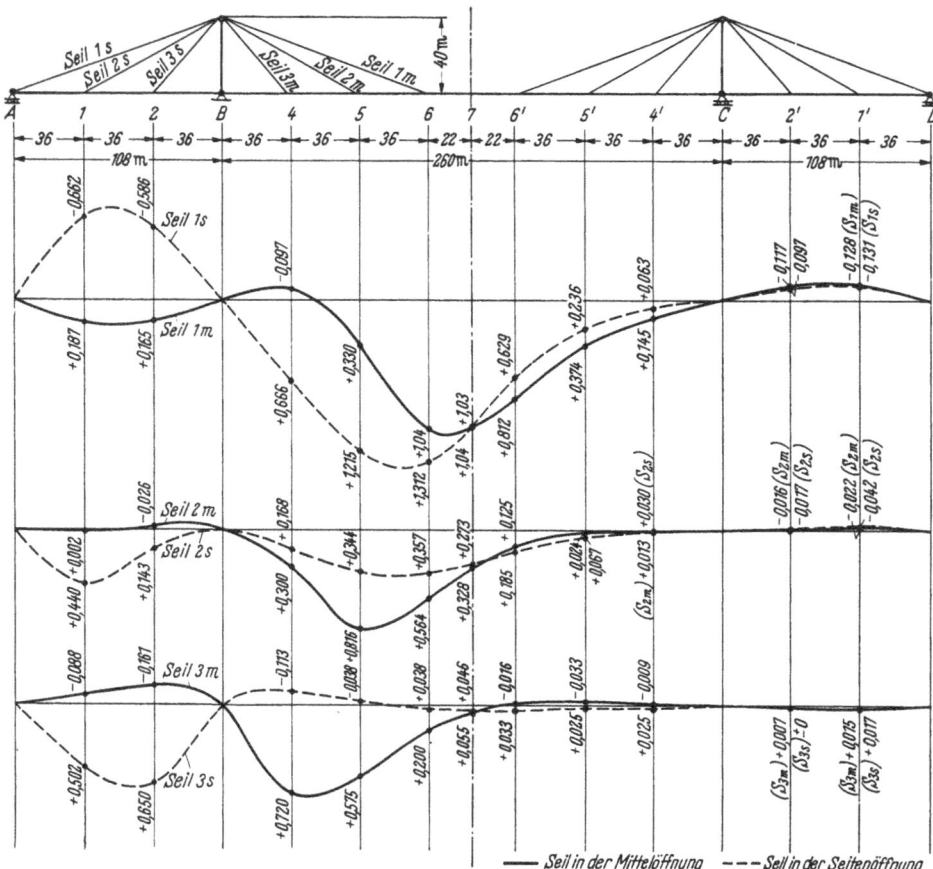

Abb. 9. Einflußlinien der Seilkräfte System II

Aus den Meßergebnissen seien einige Beispiele mit wichtigen Merkmalen der verschiedenen Seillagerungen und Seilanordnungen gezeigt. Die Lasten und Verschiebungen sind dabei jeweils vom Modell auf die wirkliche Größe umgerechnet. Die Bezeichnungen der Seile gehen aus Abb. 4 hervor.

Abb. 7 zeigt die Biegelinien unter einer Gleichlast von 9,65 t/m einmal in der Mittelöffnung und zum anderen in den beiden Seitenöffnungen für die Systeme I, II und III. Nach diesen Linien ist das System II, bei dem alle Seile am Pylonenkopf fest sind, am günstigsten. Die Messungen der Seilkräfte ergaben jedoch bei diesem System ungünstige Werte.

Aufschlußreich sind die Einflußlinien der Seilkräfte (Abb. 8 und 9). Beim System I sind die Einflußordinaten durchschnittlich kleiner als bei System II. Bei Seil 3 haben die Ordinaten für System I in der Mittel- und in der Seitenöffnung dasselbe Vorzeichen, während diese bei System II wechseln. Auch bei Seil 1 ist der Unterschied zwischen den größten positiven und negativen Ordinaten bei System I kleiner als bei System II.

Abb. 10. Einflußlinien der Momente des Hauptträgers für System II

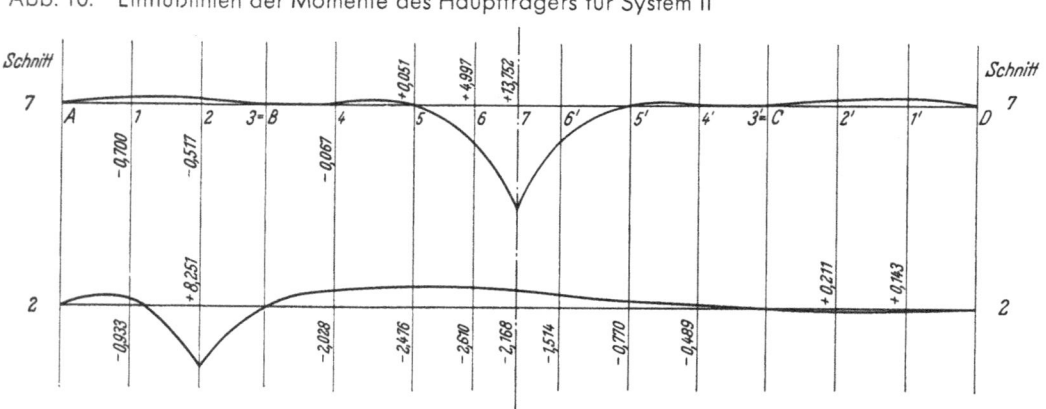

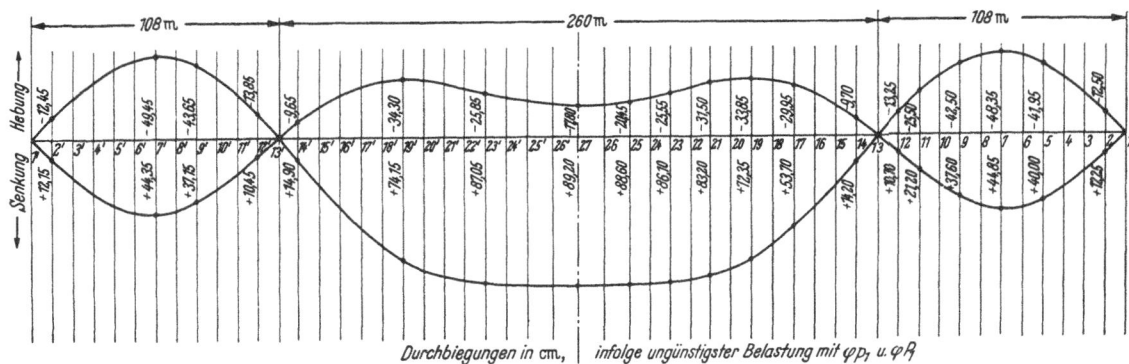

Abb. 11. Linie der maximalen Durchbiegungen für System I

Es zeigt sich also, daß die Grenzwerte der Seilkräfte beim System II mit nur festen Seilen wesentlich weiter auseinander liegen, so daß große Kabelquerschnitte nötig wären, um die größte Schwellbeanspruchung der Seile unter 2 500 kg/cm² zu halten.

Außerdem hat das System II den Nachteil, daß Kräfte des Seiles 1 der Mittelöffnung am Pylonenkopf in Seil 2 und 3 der Seitenöffnung übergeleitet werden müssen. Man müßte also entweder alle Seile am Pylonenkopf zusätzlich festklemmen, um die Kräfte durch Reibung von Seil zu Seil zu übertragen — dabei werden die Seile in unerwünschter Weise quergepreßt — oder die Seile am Pylonenkopf in Seilköpfen endigen lassen. Beides führt zu konstruktiven Schwierigkeiten am Pylonenkopf.

In Abb. 10 sind die Einflußlinien der Momente des Balkens bei System II für 2 Schnitte gezeigt. Die Linie der maximalen Durchbiegungen bei System I gibt Abb. 11 wieder.

Nach sorgfältigem Abwägen der Vor- und Nachteile der verschiedenen Seillagerungen entschloß man sich, das System II mit 3 festen Seilen am Pylonenkopf fallenzulassen und nur ein Seil festzulegen. Dieses System wurde am Modell noch eingehender untersucht, um weitere Unterlagen für die Konstruktion zu schaffen. So wurden die größten Kabelsattelbewegungen gemessen, da die Kabellager auch in ungünstigster Stellung nicht aus dem Pylonenkopf heraustreten sollten. Es ergaben sich z. B. für Volllast der Mittelöffnung die Werte der Tabelle 1. Dabei sind die Drehwinkel in Altgrad angegeben. Drehungen zur Brückenmitte sind mit + bezeichnet. Der Radius der Lagerrollen betrug 16 mm, was am Bauwerk R = 3,2 m entspricht.

Tabelle 1

System	Drehwinkel am Pylonenkopf bei Seil		
	1	2	3
Büschel, Seil 1 fest	0	+ 10,5 °	+ 21,0 °
Büschel, Seil 3 fest	— 19,5 °	— 9,5 °	0
Harfe, Seil 2 fest	— 8,0 °	0	+ 2,5 °

Dank der Modellmessungen lagen die zur Bemessung und Konstruktion nötigen Werte in kurzer Zeit für das gewählte System fest und die wichtigsten Verschiebungen unter Verkehrslast waren bekannt. Rechnerisch ermittelte Schnittkräfte zeigten eine gute Übereinstimmung mit der Modellmessung. Mit diesen Grundlagen wurde die konstruktive Bearbeitung des Entwurfes für die Ausschreibung vorgenommen und die erforderlichen Stahlgewichte ermittelt.

Die Flutbrücke

Nachdem die Spannweiten der Strombrücke festlagen, ergab sich für die Flutbrücke ein durchlaufender Balken mit 6 Öffnungen von je 72 m, der mit einem nur 4 m breiten Gruppenpfeiler von der Strombrücke getrennt wurde. Der Balken sollte das Hauptträgerband der Strombrücke weiterführen, er erhielt daher die gleiche Bauhöhe und etwa die gleiche Weite der überkragenden Rad- und Gehwege. Das Endwiderlager wurde unmittelbar am Deich angeordnet, da die Balkenhöhe von 3,4 m an der Deichstraße eine zu hohe Lage der Fahrbahn bedingt hätte. Die Deichstraße wurde daher mit einem hinter dem Hauptwiderlager liegenden schlankeren Balken aus Spannbeton überbrückt (s. Tafel). Der Fahrbahn konnte so im Bereich der ganzen Flutbrücke ein Gefälle von 0,6 % gegeben werden, das genau dem Gefälle der Rampenbrücke entsprach, so daß für die Strombrücke symmetrische Gefällsverhältnisse entstanden.

Mit Rücksicht auf den Eisgang sollte die Flutbrücke auf massiven mit Granit verkleideten Pfeilern gelagert werden, denen der Architekt eine leichte Schwingung im Grundriß gab.

Da die bauliche Durchbildung einer solchen Balkenbrücke nicht schwierig ist, wurde bei der Ausschreibung den Bietern überlassen, wie sie die Flutbrücke im einzelnen konstruieren wollten. Es war freigestellt, eine reine Stahlkonstruktion oder Stahl im Verbund mit einer Stahlbetonfahrbahnplatte oder eine reine Spannbetonkonstruktion anzubieten. Die Fahrbahn sollte jedoch über die 6 Öffnungen hinweg fugenlos durchlaufen, damit auf jedem Ufer nur ein großer beweglicher Fahrbahnübergang für die Längenänderungen der Brücke genügt. Dies bedingte die Anordnung des festen Lagers am Endwiderlager.

Bei den Angeboten war ein Entwurf mit einer vorgespannten Verbundträgerkonstruktion nur wenig teurer als eine Spannbetonbrücke. Dem stählernen Balken wurde daraufhin der Vorzug gegeben, um die Zusammengehörigkeit mit der Strombrücke zu betonen.

Die Rampenbrücke

Zwischen dem rechtsrheinischen Ende der Strombrücke und der Kaiserswerther Straße blieb noch eine Länge von rund 330 m für die Rampenbrücke, die im Grundriß in einer Kurve von 3000 m Radius liegt. Da diese Brücke niedrig über das Gelände hinwegführt und zudem zwischen angebauten Straßen liegt, war es erwünscht, sie so schlank und licht wie möglich zu gestalten. Sie mußte einen ganz anderen Charakter erhalten als die Strombrücke oder die Flutbrücke. Es war daher angezeigt, am Ende der Strombrücke einen großen Widerlagerklotz als Trennung gegenüber der Rampenbrücke anzuordnen. Dieser wurde 22 m lang geplant, um in seinem Bereich eine Treppe für die Gehwege unterzubringen. Später wurde dieser Pfeiler verkürzt und anstelle der Treppen wurden weit ausschwingende Rampen gebaut, auf denen man mit Kinderwagen und Fahrrädern bequem zur Brücke gelangen kann.

Die Fahrbahn liegt an der Cecilienallee rund 9 m und an der Kaiserswerther Straße noch 7 m über dem Gelände. Bei diesen Höhen führten Spannweiten von etwa 30 m zu einem günstigen Aussehen und zu der gewünschten kleinen Bauhöhe von rund 1,30 m. Es ergaben sich so

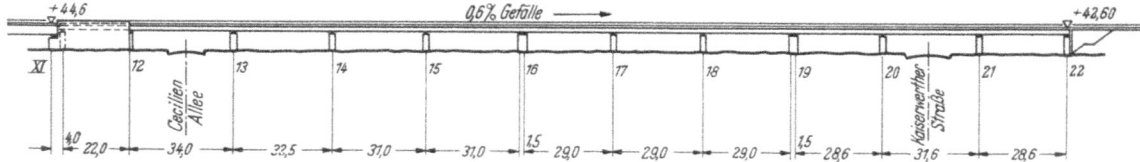

Abb. 12. Rampenbrücke, Ansicht des Ausschreibungsentwurfes

10 Öffnungen mit maximal 34 m an der Cecilienallee und rd 31,6 m Weite an der Kaiserswerther Straße (Abb. 12).

Aus wirtschaftlichen Gründen wurde die Rampenbrücke von vornherein in Spannbeton entworfen. Um auch hier bewegliche Fahrbahnübergänge oder andere Fugen weitgehend zu vermeiden, sah der Ausschreibungsentwurf drei Gruppen jeweils kontinuierlich vorgespannter Balken vor, die nachträglich an den Baufugen zusammengespannt werden sollten, damit zum Schluß zwischen dem Ende der Strombrücke und dem Endwiderlager eine fugenlose Fahrbahn entstand. Die große zusammenhängende Länge bedingte eine bewegliche Lagerung auf im Fundament eingespannten Pfeilern mit stählernen Rollen.

Die Stützung sollte so leicht und durchsichtig wie möglich sein. Die Brücke erhielt daher im Querschnitt zwei kastenförmige Hauptträger, so daß man sich auf zwei schmale Pfeiler beschränken konnte, die im Benehmen mit dem Architekten einen elliptischen Querschnitt und einen leichten Anlauf nach oben erhielten. Die Pfeiler sind zum Teil flach auf gutem Kiesgrund, dem Rhein zu jedoch auf tiefen Brunnen gegründet. Ungleiche Setzungen waren nicht zu befürchten, der Durchlaufbalken war trotzdem für 1 cm unterschiedliche Setzung an jedem beliebigen Pfeiler zu bemessen.

Die Ausbildung des Querschnittes und die Unterstützungsart führte zu einer ruhig und großzügig wirkenden Hochstraße. Die Fläche unter der Brücke kann ganz für Parkzwecke oder dergl. benützt werden. Eine Trennung der beiden Wohnstraßen durch den Brückenzug wurde vermieden.

(1) Klingenberg und Plum: Versuche an Drähten und Seilen der neuen Rheinbrücke in Rodenkirchen bei Köln. Stahlbau 1955, S. 265.
(2) Leonhardt, F. u. a.: Die Autobahnbrücke über den Rhein bei Köln-Rodenkirchen. Bautechnik 1950.
(3) Maier-Leibnitz, H.: Modellmessungen an Hängebrücken. Bautechnik 1942, S. 510.
(4) Wintergerst L.: Modellstatische Untersuchungen für die Autobahnbrücke über den Rhein bei Köln-Rodenkirchen. Bautechnik 1951, S. 242.
(5) Beyer und Tussing: Nordbrücke Düsseldorf, Projektbearbeitung und Wettbewerb für eine weitere Überbrückung des Rheins im Stadtbereich Düsseldorf, Stahlbau 1955, Heft 2

Die Ausführung

Die Strombrücke

Von Dipl.-Ing. Karl Lange, Vorstandsmitglied der Hein, Lehmann & Co. AG,
Düsseldorf

Statik und konstruktive Durchbildung

Das System und die grundsätzliche Ausbildung der Brücke mit allen wesentlichen Abmessungen sind in Abbildung 1 (Ausschlagtafel am Schluß des Buches) dargestellt. Die Strombrücke überspannt den Rhein mit drei Öffnungen von 108—260—108 m Stützweite. Die gesamte Brückenbreite zwischen den Geländern beträgt 26,60 m. Die Fahrbahn hat eine Breite von 15,00 m; getrennt durch einen von den Pylonen und Kabeleinleitungsstellen eingenommenen Blindstreifen von je 1,75 m Breite schließen sich beiderseits die Radfahrwege mit je 1,80 m und die Fußgängerwege mit je 2,25 m Breite an. Die Gradiente verläuft in den 108,00 m langen Seitenfeldern und auf eine Länge von 4,515 m über die Strompfeiler zur Brückenmitte als Gerade mit 0,6 % Steigung. Dazwischen ist in der verbleibenden Mittelöffnung ein Kreisbogen mit 20,915 m eingeschaltet.

Das statische System der Brücke ist ein drillsteifer Balken, welcher symmetrisch zur Brückenmitte und Brückenlängsachse je dreifach überspannt ist. Es ist also ein echter Zügelgurt in Harfenform, dessen Kabel zueinander parallel und zu den Pylonenstielen in gleichem Winkel geneigt angeordnet sind. Die Balkenabschnitte zwischen den Kabeleinführungspunkten weisen hierdurch in Verbindung mit der Gradiente verschiedene Längen auf. Die oberen und unteren Kabel laufen über drehbare Sektorlager in den Pylonenstielen durch, während die mittleren Kabel in den Pylonenstielen unverschieblich gehalten sind.

Die vom Bauherrn gestellte Bedingung, in den Kabeln keinen größeren Spannungsunterschied $\triangle \sigma$ als 2,5 t/cm² auftreten zu lassen, führte zur beweglichen Lagerung der oberen und unteren Kabel in den Pylonen. Unbeweglich gelagerte Kabel wären zwar statisch wirkungsvoller gewesen, hätten jedoch die Erfüllung der $\triangle \sigma$-Forderung mit wirtschaftlichen Kabelquerschnitten unmöglich gemacht. Die für die verschiedenen Lagerungsmöglichkeiten der Kabel durchgeführten Berechnungen wurden durch Modellversuche bestätigt.

Der Brückenbalken läuft über 4 Stützen durch. Er besteht aus 2 Kästen, der mitwirkenden gelenkig aber schubfest zwischen ihnen gelagerten orthotropen Fahrbahnplatte und den Querscheiben, welche die beiden Kästen und die Fahrbahnplatte zu einem drillsteifen Gebilde verbinden. Die Querscheiben befinden sich an den Lager- und Kabeleinleitungspunkten. Rahmenartige Schotte in den Hauptträgerkästen sorgen an den Anschlußstellen der Scheiben für deren biegesteife Verbindung mit den Kästen. Die Pylonenstiele sind in Brückenlängsrichtung biegesteif mit dem Brückenbalken verbunden. Sie bilden zusammen mit der sie verbindenden Querscheibe einen nach oben offenen Halbrahmen. An jedem Brückenende — den Pfeilern VIII und XI — ist jeder Kasten in den 2 Stegblechebenen durch zug- und druckfeste Pendel längsverschieblich gelagert. Da die Pendel nur lotrechte Kräfte aufnehmen, erfolgt die Übertragung horizontaler Kräfte auf die Pfeiler durch in der Mitte der Endquerscheiben angeordnete Lager, die Bewegungen in Brückenlängsrichtung gestatten. Der Brückenbalken ist auf dem Strompfeiler IX durch ein festes Linienkipplager und auf dem Strompfeiler X durch ein längsbewegliches Linienkipplager abgestützt. Für die Belastung aus Seitenwind ist der Balken an den Enden und auf Pfeiler X gelenkig und längsbeweglich gestützt, auf Pfeiler IX dagegen eingespannt.

Da es für die Bemessung orthotroper Platten und Kabel keine einschlägigen Brückenvorschriften in Deutschland gibt, wurden für diese Bauglieder mit dem Bauherrn besondere Vereinbarungen getroffen. Auf den Nachweis der Spannungen im Fahrbahnblech aus örtlicher Belastung wurde verzichtet, weil das Blech durch aufgeschweißte Zickzackeisen ausreichend versteift ist. Die im Fahrbahnblech infolge seiner Mitwirkung als Gurt der Fahrbahnlängsrippen bzw. als Gurt des Haupttragewerkes entstehenden Spannungen aus Hauptkräften durften zusammen die nach den Vorschriften für Haupt- und Zusatzkräfte zugelassenen Werte nicht überschreiten. Bei Berücksichtigung der Spannungen infolge der Mitwirkung als Gurt der Querträger erhöhen sich die vorgenannten zulässigen Spannungswerte um 25 %. Hinsichtlich der Kabel wurde eine

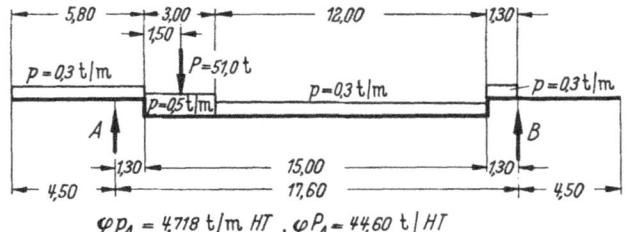

Abb. 2
Haupttägerbelastungen
φP_{A} und φP_{A}

min. 2,2fache Sicherheit gegenüber der rechnerisch ermittelten Bruchlast und im Hinblick auf die Dauerfestigkeit ein größter Spannungsunterschied in den Kabeln von 2,5 t/cm² vereinbart.

Die statische Berechnung des Haupttragwerkes wurde mit folgenden Eigengewichtswerten durchgeführt:

Stahlkonstruktion einschl. Kabel und Stahlguß .... 8,74 t/m Brücke
Vollständige Bestraßung und Geländer in den Seitenfeldern .... 7,62 „ „
in den überspannten Bereichen des Mittelfeldes .... 7,94 „ „
im nicht überspannten Bereich des Mittelfeldes .... 7,46 „ „
Die Brücke genügt der Brückenklasse 60 der DIN 1072 vom Juni 1952.

Für das Haupttragwerk wurde zur Bestimmung des Schwingbeiwertes als Länge l φ die Stützweite der Seitenöffnung mit 108,00 m angenommen. Diese Annahme ist berechtigt, da sich die Brücke am leichtesten zu antimetrischen Transversalschwingungen erregen läßt, was sich unmittelbar aus der statischen Eigenart des Systems ergibt und auch durch Modellversuche bestätigt wurde.

Durch Vorspannung des Brückenbalkens mit Hilfe der Kabel wurde ein gewisser Ausgleich der Momente aus Eigengewicht und Verkehrslasten erreicht. Zum gleichen Zweck wurde auch die Zusammensetzung des Füllbetons in den Blindstreifen variiert von $\gamma = 1{,}5$ t/m³ bis 2,4 t/m³. Diese Veränderlichkeit des Betongewichtes erlaubte auch die Gradiente der Brücke bis zu einem gewissen Grade auszugleichen.

Die Wärmeeinflüsse wurden durch die Berechnung zweier Temperaturfälle erfaßt:
Die Sonne bescheint die Brücke. Es erwärmen sich die Pylonen, Kabel und Fahrbahnplatte um 15° mehr als der Untergurt des Brückenbalkens.

Nach sonnigen Tagen wird am Abend die Brücke durch einen kühleren Wind abgekühlt. Die Pylonen, die Kabel und der Untergurt des Brückenbalkens haben die gleiche Temperatur, während die isolierte Fahrbahnplatte um 15° wärmer ist.

Wird das räumliche System der Brücke durch einen Schnitt in der Brückenlängsachse zerlegt, so ist jedes der beiden entstehenden gleichen ebenen Systeme für lotrechte Lasten 10fach statisch unbestimmt, 2fach äußerlich als Durchlaufträger auf 4 Stützen und 8fach innerlich infolge der Kabelüberspannungen. Die zehn zwischen den Lagerpunkten des Haupttragwerkes an den Kabeleinleitungspunkten gelegenen Querscheiben verursachen weitere 10 unbekannte Biegemomente und 10 unbekannte Querkräfte. Daraus folgt, daß die Brücke als Raumtragwerk 40fach statisch unbestimmt ist.

Das 40fach statisch unbestimmte räumliche System wurde nur für die Bemessung der Querscheiben und ihrer Anschlüsse betrachtet. Hierbei wurde durch symmetrische und antimetrische Anordnung der Belastung die Anzahl der statisch Unbekannten auf 10 reduziert.

Unter Zugrundelegung des 10fach statisch unbestimmten Systems wurden hingegen die Schnittgrößen des Balkens, der Pylonen und Kabel gerechnet. Der Einfluß der Systemverformung auf die Schnittgrößen infolge der Belastung wurde berücksichtigt.

Von der Ermittlung der Schnittgrößen in Kästen und Fahrbahn aus allen Überzähligen des räumlichen Systems wurde abgesehen, da trotz bedeutenden Rechenaufwands das Ergebnis ungenau gewesen wäre, weil bei der Berechnung des drillsteifen Rostes nur der Drillwiderstand der Kästen berücksichtigt würde. Mit noch größerem Rechenaufwand hätte auch der Wölbwiderstand der Kästen erfaßt werden können, während der Wölbwiderstand des ganzen Brückenquerschnittes sich nicht ohne weiteres in die Trägerrostberechnung einbeziehen ließ.

Bei der Berechnung des ebenen Systems denkt man sich dieses in der Systemlinie des Balkens gelagert und auch die Kabel in der Systemlinie angreifend. Die Systemlinie ist die zur Gradiente parallele ungefähr gemittelte Schwerlinie des Balkens.

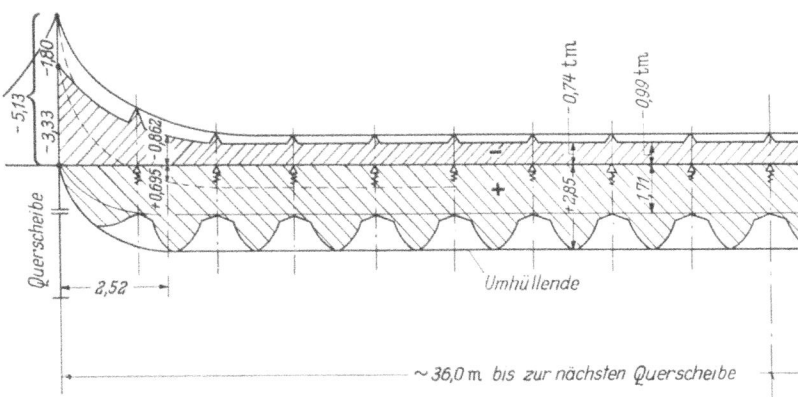

Abb. 3
Die max. Momente
für einen
Längsträger
in Fahrbahnmitte

Der Berechnung des 10fach statisch unbestimmten Systems wurde das 8fach statisch unbestimmte Hauptsystem mit Gelenken in den Punkten 6 und $\bar{6}$ (Abb. 1) zugrunde gelegt. Obwohl es mit Rücksicht auf die Gleichartigkeit aller Überzähligen — die 9. und 10. Überzählige sind Momente in 6 und $\bar{6}$ — geboten wäre, auch die Überzähligen des Hauptsystems als Momente einzuführen, wurden hier wegen der feldweise veränderlichen Schwerelinie des Brückenbalkens und der besseren Anschaulichkeit die Kabelkräfte als Überzählige des Hauptsystems eingeführt. Durch den gedachten Einhängeträger 6—$\bar{6}$ wird das Hauptsystem gewissermaßen in zwei 4fach statisch unbestimmte Teilsysteme entkoppelt. Das statisch bestimmte Hauptsystem ist demnach ein Gerberträger mit Gelenken in 6 und $\bar{6}$ und auskragenden Pylonen.

An sich müßte man das System getrennt auf Biegung infolge mittiger Belastung und auf Torsion infolge äußerer Drillmomente, durch welche die mittige Belastung in ihre tatsächlich vorhandene außermittige Lage verschoben wird, berechnen. Die Berechnung auf mittige Biegung des räum-

Abb. 4. Fahrbahnplatte

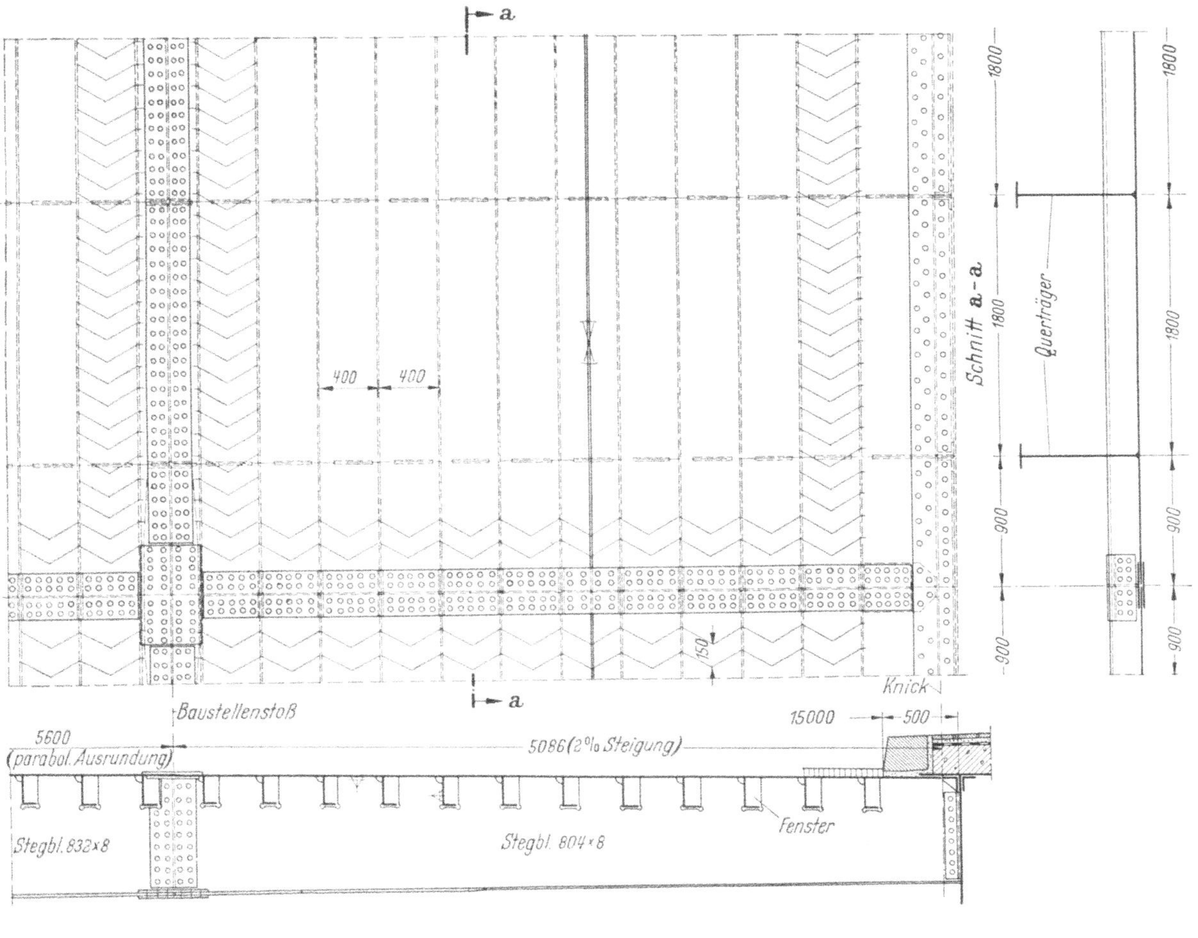

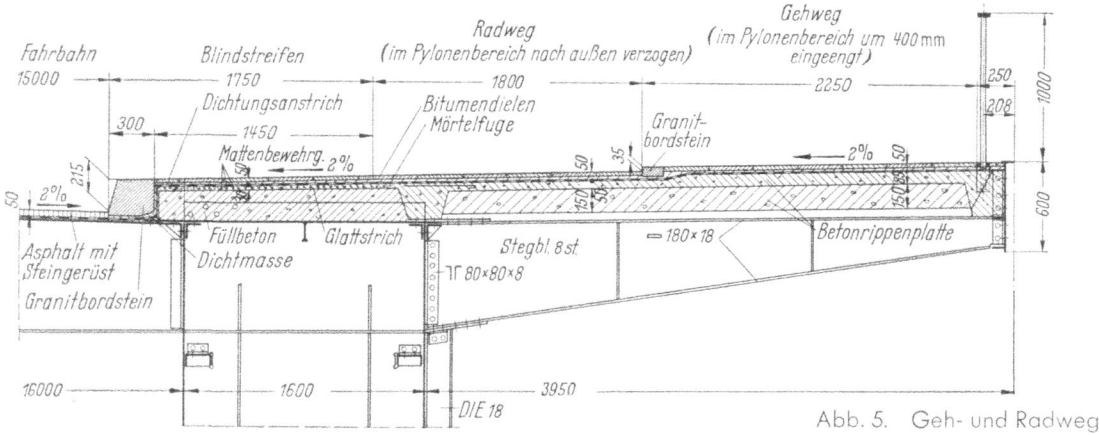

Abb. 5. Geh- und Radweg

lichen Systems ist identisch mit der des ebenen Systems. Die Berechnung auf Verwindung nach der gebräuchlichen Theorie der Wölbkrafttorsion würde die Erhaltung der Querschnittsform des Brückenbalkens durch starre Querscheiben voraussetzen und die gleichzeitige Berechnung der Querscheibenschnittgrößen und ihrer Anschlüsse damit ausschließen. Obwohl die Spannung aus der Verwindung die Biegespannungen aus der mittigen Belastung erheblich vergrößert, sind die äußersten Randspannungen immer noch kleiner als bei Belastung des halben Brückenquerschnitts mit der größten Reaktion der auskragenden Fahrbahn. Man denke sich dazu die gesamte Verkehrsbahn mit schubfesten Scharniergelenken oberhalb der Kastenschubmittelpunkte angeschlossen. Die Belastung eines Hauptträgers ergibt sich dann nach dem Hebelgesetz (Abbildung 2).

Wegen der großen Zahl der Überzähligen wäre die Berechnung nach Theorie II. Ordnung aus der auf plausible Normalkräfte beschränkten Differenzialgleichung der Biegung im Sinne des Hängebrückenproblems außerordentlich aufwendig. Es wurde daher eine ganz allgemein brauchbare Iteration angewendet: schrittweise wird die Zusatzbelastung ermittelt, die zur Verkehrsbelastung hinzugefügt werden muß, damit beim Auswerten der Einflußlinien I. Ordnung mit Verkehrs- und Zusatzbelastung sich die Schnittgrößen und Formänderungen II. Ordnung ergeben. Zu jedem Verkehrslastbild gehört eine bestimmte charakteristische Zusatzbelastung. Diese „Methode der Zusatzbelastung" wurde nach Kenntnis des Verfassers dieses Artikels erstmalig verwendet und wird zur gegebenen Zeit an anderer Stelle von ihrem Urheber veröffentlicht werden. Die Theorie II. Ordnung brachte für den Balkenträger eine Vergrößerung der Spannungen aus Verkehrslast um etwa max. 10 % der Spannungen aus Theorie I. Ordnung; für die Kabel war sie praktisch ohne Einfluß.

Die Fahrbahn ist eine orthotrope Platte. Sie wurde berechnet als beiderseits gelenkig gelagerter Plattenstreifen, der an den Querscheiben unverschieblich, aber frei drehbar, gestützt ist. Diese Annahmen entsprechen gut der wirklichen konstruktiven Ausbildung. Die gelenkige Lagerung an den Streifenrändern wird nur durch die alle 7,2 m vorhandenen Kastenschotte leicht gestört. Ausgehend von der Huberschen Differenzialgleichung der Biegefläche einer orthogonal-anisotropen Platte, wurden mit der üblichen vereinfachenden Annahme $\mu_x = \mu_y = 0$ die Gleichungen aller benötigten Einflußflächen abgeleitet und zahlenmäßig für den isotropen Sonderfall $K_x = K_y = K$ berechnet; bei der Auswertung der Flächen wurde durch Transformation des Aufpunktes und der Laststellungen die wirkliche Orthotropie wiederhergestellt. Als Drillsteifigkeit $2H = 2 \times \sqrt{K_x \cdot K_y}$ wurde $2H = 0,8 \sqrt{K_x \cdot K_y}$ angenommen. Der Gebrauch der Plattengleichung setzt eine homogene isotrope oder orthotrope Platte voraus: das tatsächlich inhomogene Kreuzwerk müßte sich also wenigstens an den Kreuzungspunkten der Quer- und Längsträger wie die Platte verhalten, was trotz der unterschiedlichen Höhenlage der Schwerlinien von Quer- und Längsträgern des Kreuzwerkes und der Schwerefläche der Platte hinreichend gesichert erscheint. Lasten, die nicht über einem Kreuzungspunkt stehen, erzeugen besonders in den durchlaufenden Längsträgern zusätzliche Schnittgrößen.

Die größten Längsträgermomente sind in Abbildung 3 dargestellt. Aus dieser Abbildung geht auch hervor, daß die starre Querscheibe nur ein verhältnismäßig kleines Gebiet der Platte in ihrer unmittelbaren Nähe beeinflußt. Die Längsrippen aus $\angle$ 100 × 200 × 10 brauchten daher nur auf 4,0 m Länge ihres Untergurtes verstärkt zu werden.

Die konstruktive Durchbildung der Fahrbahnplatte geht mit allen wichtigen Einzelheiten und Abmessungen aus Abbildung 4 hervor. Die Längsträger durchdringen die Querträgerstege. Durch den einseitigen Anschluß der Längsträgerstege an den Querträgersteg werden die großen räumlichen Zugspannungszustände, wie sie an den Anschlußstellen von Wulst- oder T-förmigen

Längsträgern, die den Querträgersteg in schmalen Schlitzen durchdringen, vermieden. Das Deckblech hat auf der ganzen Brückenlänge eine Stärke von 14 mm. Die darauf in Abstand von 15 cm gehefteten Zickzackeisen sollen den Asphaltbelag sichern. Sie vergrößern aber auch in gewünschter Weise die Biegesteifigkeit des Deckbleches, so daß dieses unter örtlicher Belastung überall als Biegeblech wirkt. Blech und Zickzackeisen wurden vor der Asphaltierung mit Okta-haftmasse dünn überzogen. Der Asphaltbelag hat eine Stärke von 5 cm. Das Deckblech wurde durch zwei genietete Längsstöße in einen 5,60 m breiten Mittelstreifen und zwei 5,20 m breite Randstreifen aufgeteilt. Jeder dieser 16,20 m bis 21,60 m langen Streifen wurde in der Werkstatt aus 4 Einzelblechen stumpf zusammengeschweißt. Deckblech und Längsrippen sind je nach Beanspruchung aus St 37 oder St 52, alle Querträger aus St 52 gefertigt. In Höhe des Quer-trägeruntergurtes befindet sich an den Innenwänden der Kästen eine durchlaufende Längssteife. Unter den Querträgeranschlüssen brauchten daher die Kasteninnenwände nicht querversteift zu werden. Die Drehung der Querträgerenden infolge Verkehrsbelastung der Platte wird von der weichen Stützwand kaum behindert und geschieht daher praktisch spannungslos. An den 7,2 m voneinander entfernten Schotten der Balkenkästen ist der Querträgeruntergurt ohne Verbindung mit den Kästen, so daß auch hier die Drehung der Querträgerenden nur schwach behindert wird. Die Annahme gelenkiger Lagerung an den Plattenenden ist also insgesamt hinreichend gerechtfertigt.

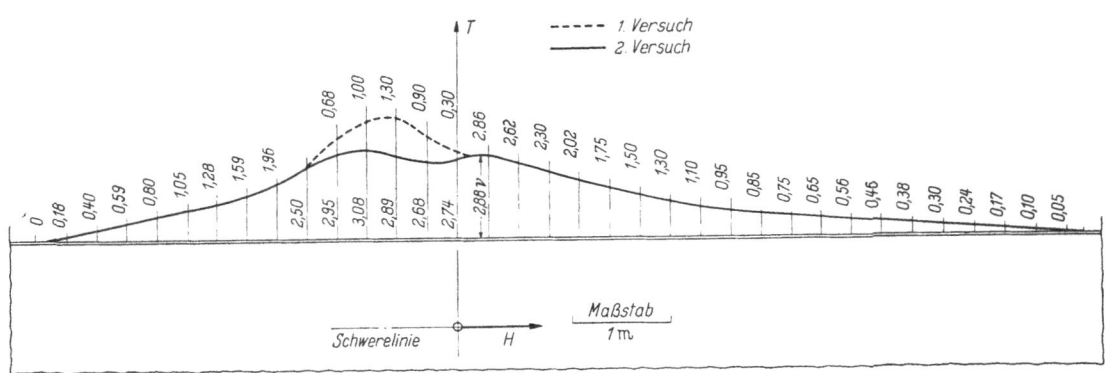

Abb. 6. Die Verteilung des Schubflusses am Übergang Stegblech—Obergurt nach den spannungs-optischen Versuchen bei der GHH

Die Geh- und Radwege werden durch eine Betonrippenplatte gebildet, die auf der äußeren Kastenwand und dem Randträger gelagert ist. Der Randträger wird von Konsolen im Abstand von 7,20 m bzw. 7,22 m unterstützt. Der Randträger besteht aus St 37, ist an jeder Konsole gestoßen und mit der Betonplatte schwach verdübelt. Die Konsolen sind aus St 52 hergestellt. Aus der Abbildung 5 gehen Einzelheiten und Abmessungen der Gehwegkonstruktion hervor.

Die Verformung der Randträger und Konsolen infolge Eigengewichts wurde durch Überhöhung bei der Fertigung ausgeglichen. Das Brückengeländer ist nicht mit der Stahlkonstruktion verbunden; die Pfosten sind in die Betonrippenplatte eingelassen. Die untere Begrenzungsleiste der Zwischenpfosten liegt in einer mit Bitumen ausgegossenen Aussparung des Belages.

Einer gründlichen Untersuchung bedurfte das Problem der Einleitung der Kabelkräfte in den Balken, vor allem die Untersuchung der Überleitung ihrer horizontalen Komponenten aus den Kästen in das Fahrbahndeckblech.

Bei der Berechnung wurde angenommen, daß die Kabelkraft im Schnittpunkt der Systemlinie von Kabel und Brückenbalken punktförmig eingeleitet wird. Ihre Komponente normal zur Trägerachse erzeugt dann einen Querkraftsprung, ihre Tangentialkomponente einen Normal-kraft- und Momentensprung, weil Schwerlinie und Systemlinie hier nicht übereinstimmen.

Bei der Berechnung des Brückensystems wurden der Sprung in der Querkraftfläche, der Sprung in der Momentenfläche und der Sprung in der Normalkraftfläche berücksichtigt. In Wirklichkeit werden die Kabelkräfte jedoch außerhalb des angenommenen statischen Angriffspunktes in Verlängerung der Kabelsehne durch hohe scheibenförmige Verankerungsträger flächig an die Kastenstegbleche angeschlossen. Die Verschiebung des Angriffspunktes hat keinen Einfluß auf die Biegeverformung des Systems, weil die Momentenfläche nur in einem verhältnismäßig kurzen Bereich an den Angriffspunkten vergrößert wird. Durch den flächigen Anschluß der Kabelkräfte werden dagegen die Sprünge in der Querkraft-, Momenten- und Normalkraftfläche auf die Länge des Anschlusses ausgerundet. Die Annahme eines Sprunges gegenüber der wirk-lich vorhandenen Ausrundung gibt mithin größere Sicherheit.

Abb. 9 u. 10
Pylonen-Übersicht

oberes Sektorlager

oberes Kabel

1000

12 667

mittleres Sektorlager

mittleres Kabel

41 000

12 667

unteres Sektorlager

unteres Kabel

14 666

Abb. 9a

1900

Universal-Stoß

Querschott

Querschott

Querscheibe

89,5°

Universal-Stoß

Hauptträger
Systemlinie

900   7200   7187   4528

19815

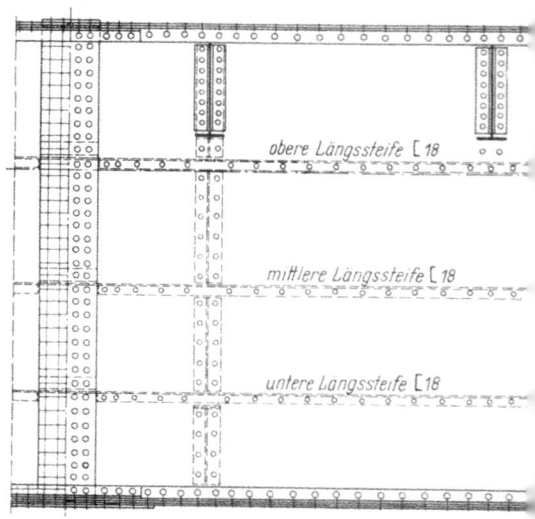

obere Längssteife [18

mittlere Längssteife [18

untere Längssteife [18

44

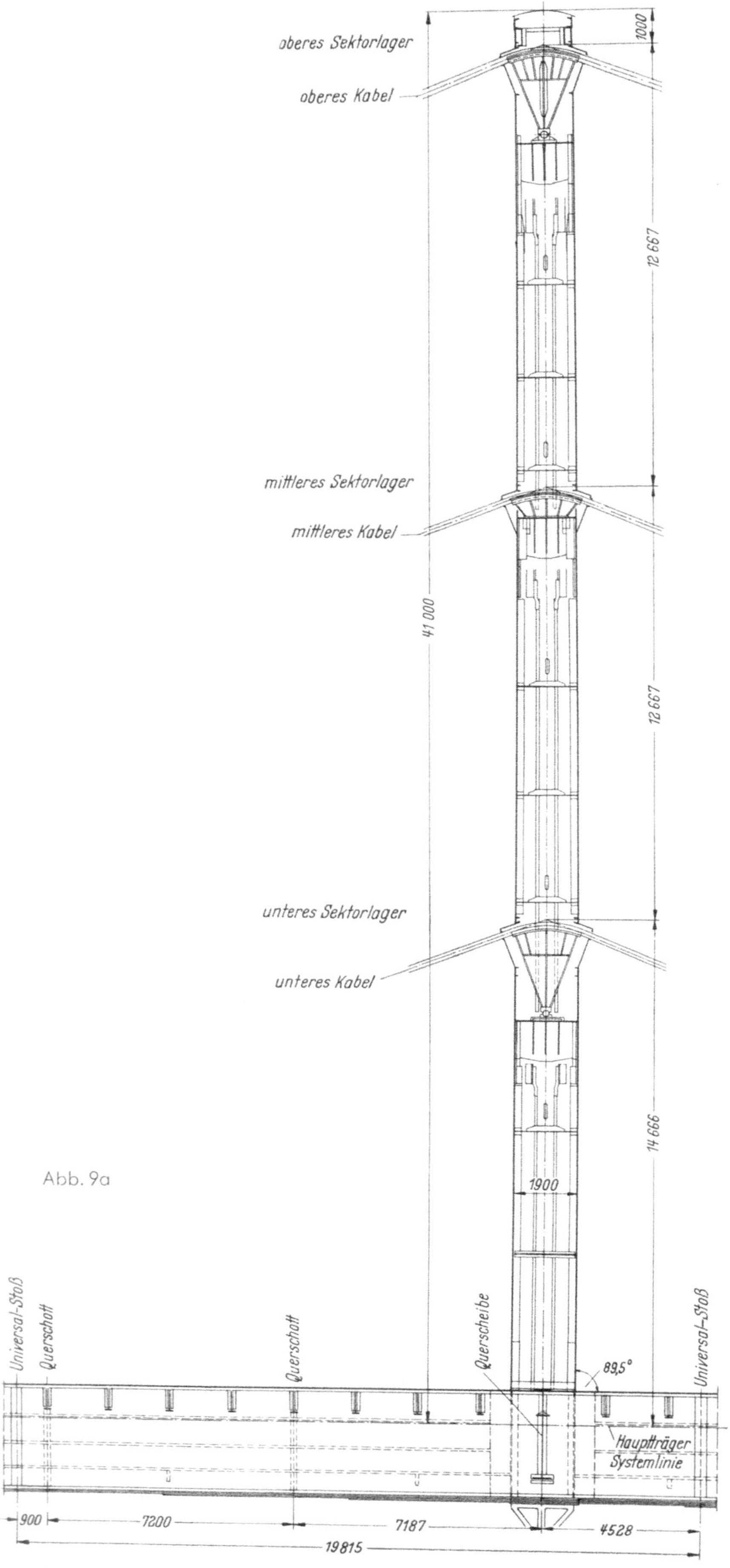

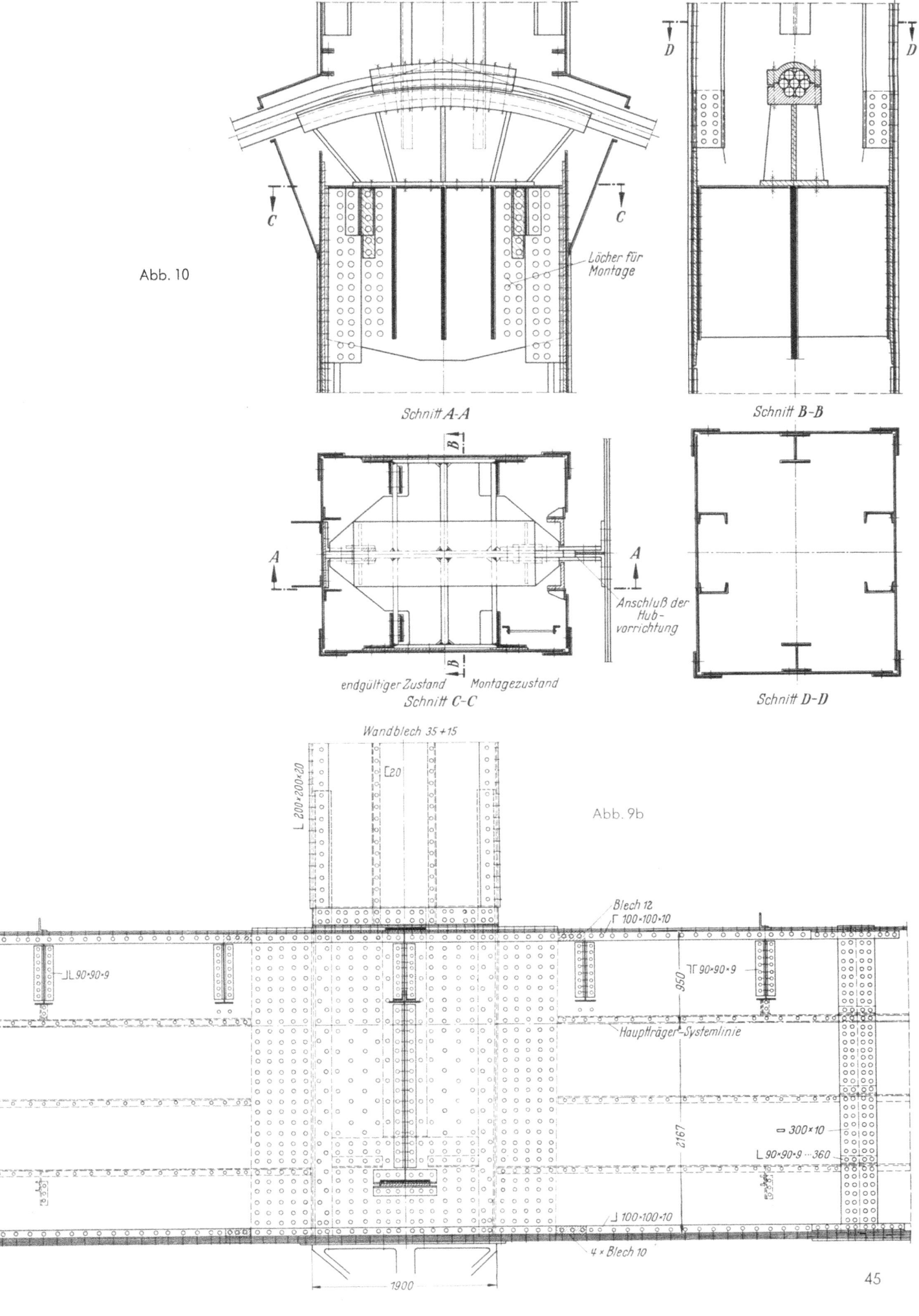

Abb. 10

Schnitt A-A

Schnitt B-B

Löcher für
Montage

A

Anschluß der
Hub-
vorrichtung

endgültiger Zustand   Montagezustand
Schnitt C-C

Schnitt D-D

Wandblech 35 + 15

L 200·200·20

[20

Abb. 9b

Blech 12
Γ 100·100·10

JL 90·90·9

Γ 90·90·9

950

Hauptträger-Systemlinie

2167

⊏ 300·10

L 90·90·9 ··· 360

L 100·100·10

4 × Blech 10

1900

45

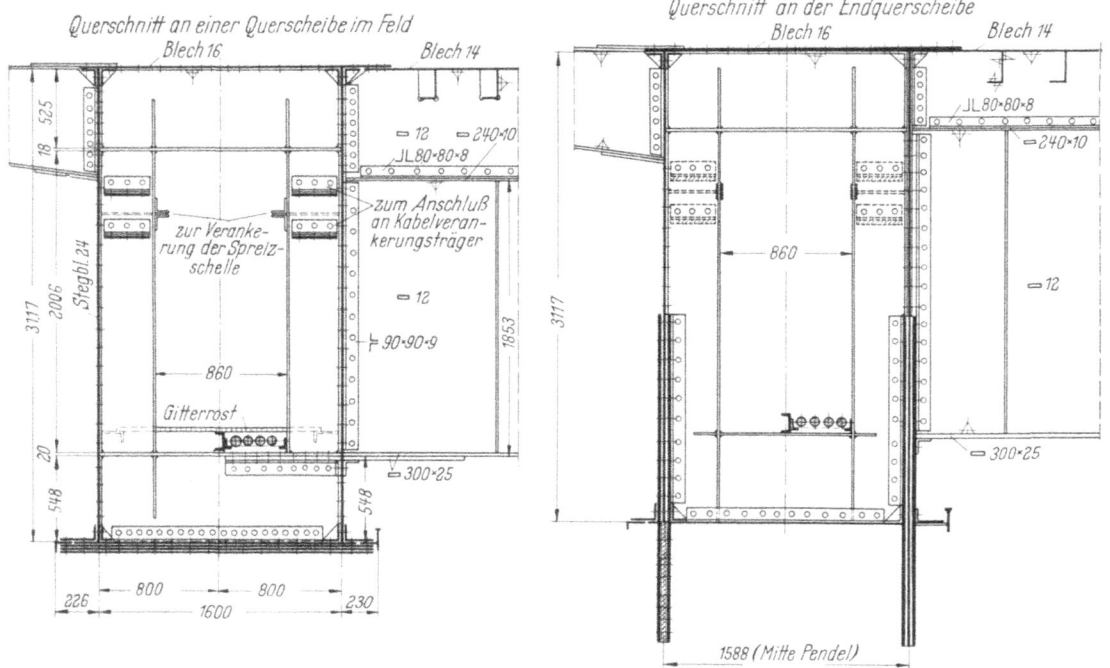

Abb. 7. Querschnitte der Hauptträgerkästen

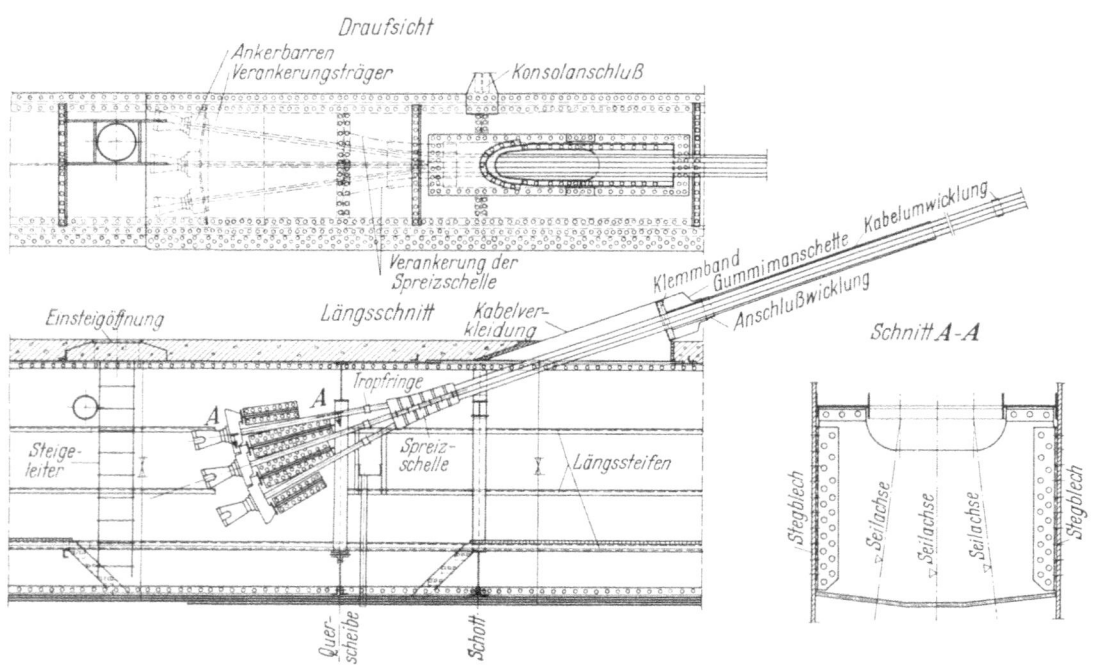

Abb. 8. Kabeleinleitung

Die Kabelkräfte werden zunächst nur an die Kastenstegbleche abgegeben, ihre Tangential-komponente muß von dort aus anteilmäßig in den Untergurt und Obergurt des Brückenbalkens abfließen. Der Untergurtanteil ist verhältnismäßig klein. Auf den Obergurt, der aus halber Fahr-bahn und Kastenobergurt besteht, entfällt dagegen an den ungünstigsten Stellen 0 und 6 etwa die Hälfte der Tangentialkraft. Da die Fahrbahn nur einseitig am Kastenobergurt angeschlossen ist, muß der Fahrbahnanteil der Kraft aus dem äußeren Stegblech durch das Kastendeckblech in die Fahrbahn übertragen werden. Das Kastendeckblech ist daher an dieser Stelle verstärkt.

Durch spannungsoptische Versuche, die in der Forschungsanstalt der GHH durchgeführt wurden, wurde festgestellt, daß beim flächigen Anschluß der Kabelkraft in den Stegblechen eine örtliche Überbeanspruchung nicht zu befürchten ist, da nach diesen Untersuchungen im gefähr-deten Querschnitt schon das Stegblech in ganzer Höhe mitwirkt. Für die Verteilung der Schubflüsse, die aus der Überleitung der Tangentialkraft in den Obergurt des Brückenbalkens sich ergeben, wurde die in Abbildung 6 skizzierte Verteilung ermittelt.

Die konstruktive Ausbildung der Hauptträgerkästen geht mit ihren Einzelheiten aus Abbildung 7 hervor.

Die konstruktive Durchbildung des Balkens an den Kabeleinleitungspunkten ist in Abbildung 8 dargestellt. An den Querträgern, die den theoretischen Kabelanschlußpunkten, also den Schnittpunkten der Kabelsehne mit der Systemlinie des Balkens am nächsten liegen, sind Querscheiben vorhanden. In den Kästen sind an diesen Stellen steife rahmenartige Schotte angeordnet. Die Längssteifen der Stege mit Ausnahme des unteren Steifenpaares enden vor den an den Querscheiben befindlichen Schotten. Die Stege und Deckbleche des Kastens in den Kabelanschlußbereichen sind verstärkt; die Stege auf 24 mm, das Deckblech auf 16 mm. Das verstärkte Deckblech ist um 50 mm breiter als in den anderen Bereichen, um an Stelle von zwei hier drei Nietreihen unterbringen zu können. Die Kabelverankerungsträger — 4 fächerförmig zur Endtangente des Kabels angeordnete Querscheiben — sind an die verstärkten Stege angeschlossen. Diese Querscheiben bilden an den Kabelbefestigungsstellen ein Polygon, dessen Seiten normal zur Richtung der gespreizten Seile liegen. Die Ausklinkungen am oberen Rand der beiden höheren mittleren Scheiben ermöglichen das Einziehen der Seilköpfe zwischen die Träger.

Je zwei geteilte Bleche decken nach der Kabelmontage die 3,00 × 0,60 m großen Öffnungen im verstärkten Deckblech ab. Die Bleche sind nur so weit ausgeschnitten, daß alle Bewegungen der Kabel ermöglicht werden. Auf diesen Blechen sind die Kabelverkleidungen angebracht. Eine Gummiglocke sorgt für die Abdichtung zwischen Kabel und Verkleidung und verhindert das Eindringen des an dem Kabel entlanglaufenden Wassers in die Kästen. Die Kästen sind begehbar. Um die Kabelverankerungen leicht besichtigen zu können, kann auch von oben in die Kästen eingestiegen werden.

Die Pylonen bilden in Verbindung mit dem zwischen ihnen liegenden Querriegel und den Linienkipplagern einen unten eingespannten, nach oben offenen Halbrahmen. Das obere und untere Kabel jeder Überspannung wird durch ein drehbares Sektorlager, das mittlere durch ein festes Sattellager im Pylonenstiel gestützt.

Die Belastung der Pylonen setzt sich aus den Lagerkräften der Kabel, den horizontalen Windkräften und dem Pyloneneigengewicht zusammen. Bei der Belastung durch ständige Last und Vorspannung der Kabel sollen die Pylonen nur axial gedrückt werden. Auf Biegung werden die Pylonen in der Systemebene des Brückenbalkens vor allem durch die Lagerkraft aus dem mittleren festgemachten Kabel, in der Rahmenebene hauptsächlich durch ungleichmäßige Temperaturänderungen des Stiels sowie Seitenwind beansprucht. Die Pylonen wurden nach dem Tragsicherheitsnachweis mit erhöhten Lasten gegen Fließen bemessen.

Nicht planmäßige Exzentrizitäten infolge von Fertigungs- und Montagefehlern wurden in der Berechnung berücksichtigt, indem angenommen wurde, daß alle Sattellager außermittig in den Stielen sitzen und außerdem die Stiele in beiden Richtungen schief stehen. Der Tragsicherheitsnachweis wurde für den Lastfall Hauptkräfte mit den 1,71fachen Lasten und für den Lastfall Haupt- und Zusatzkräfte mit den 1,5fachen Lasten geführt. Nach dieser Bemessung besteht also 1,71- bzw. 1,5fache theoretische Sicherheit gegen Fließen. Die Abb. 9 u. 10 enthalten Abmessungen und Einzelheiten der konstruktiven Ausbildung des Pylonenrahmens.

Die Pylonen haben einen kastenförmigen Querschnitt. Am Fuß ist er 1,90 m lang und 1,55 m breit. Nach dem Austritt aus dem Kasten verjüngt sich der Stiel bis auf 1,60 × 1,30 m am Pylonenkopf. Die Pylonenstiele bestehen aus stumpf zusammengeschweißten, in ihrer Stärke veränderlichen Blechwandungen mit außenliegenden Eckwinkeln. Die Blechwände der Pylonen werden durch Längssteifen, den in Abständen von etwa 6,5 m vorhandenen rahmenartigen Schotten und durch die Stützroste der Sattellager ausgesteift. In den Längswänden der Pylonen sind je 6 vertikale rechteckige Beleuchtungsschlitze angeordnet. Der Pylonenkopf ist mit einer Haube abgedeckt. Unter dem überstehenden Haubenblech sind regengeschützte Entlüftungsschlitze vorhanden. Der Pylonenfuß steckt ohne Spiel zwischen den dort verstärkten Stegblechen des Hauptträgerkastens. Die äußeren Eckwinkel sind in diesem Bereich durch innere ersetzt. Der Fuß wird durch ein kräftiges, rahmenartiges Schott, das in der Verlängerung des Querriegels liegt, versteift. Der Untergurt des Riegels ist durch eine Lasche an dieses Schott angeschlossen, wodurch die volle biegesteife Verbindung zwischen Querriegel und Stiel erreicht wird. Die festen und drehbaren Kabellager sind mittels Stützrosten an die Pylonenwände angeschlossen. Während des Bauzustandes waren diese Roste beweglich eingerichtet; sie wurden nach dem Einlegen der Kabel, geführt durch Winkel und Keilfutter, um den Anzug der Pylonenwände auszugleichen, mittels einer hydraulischen Vorrichtung hochgezogen. Die Hubvorrichtung war

Abb. 11.
Anordnung
der Seile:

Seil 73 ⌀

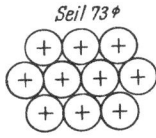

oberes Kabel

Seil 68 ⌀

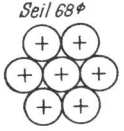

mittleres Kabel

Seil 64 ⌀

unteres Kabel

47

auf dem Pylonenkopf montiert. Über Zugbänder, die außen an den schmalen Wänden beiderseits der Kabel verliefen und mit den Trägerrosten und Pressen in Verbindung standen, wurden die Seile in ihre endgültige Lage gebracht. Dann erst erfolgte die Vernietung der Lagerroste mit den Pylonen. Alle tragenden Teile der Pylonenstiele sind aus St 52, für die Querscheiben wurde St 37 verwendet.

Die Kabel bestehen aus potentverschlossenen Seilen, die unteren Kabel aus je 7 Seilen ϕ 64, die mittleren aus je 7 Seilen ϕ 68 und die oberen aus je 10 Seilen ϕ 73 in Anordnung nach Abbildung 11. Tabelle 1 gibt Auskunft über die Beanspruchung der Kabel und Seile, die garantierte Mindestbruchlast, die Sicherheit und die größten Spannungsdifferenzen. Δ K ist der Zuwachs aus Theorie II. Ordnung.

Die Sicherheit gegenüber der garantierten Mindestbruchlast war mit mindestens 2,2 gefordert. Der größte Spannungsunterschied in den Seilen war — wie bereits früher erwähnt — mit max. 2,5 t/cm² festgesetzt. Als Werkstoff für die Seilköpfe wurde GS 52 verwendet. An den Seilköpfen waren Ansätze vorgesehen.

Die oberen und unteren Kabelsattellager sind Sektorlager, die sich entsprechend den Verschiebungen und Längenänderungen der Kabel drehen können. Die in der Pylonenmitte befindlichen festen Lager sind mit den Kabeln zusätzlich verklemmt, obwohl die größte Differenz der Kabelkräfte auch ohne Klemmung bei dem ungünstig angenommenen Reibungswert 0,1 gerade noch hätte aufgenommen werden können. Die Umlenkung der Kabel erfordert einen Mindestradius, der vom Durchmesser und Aufbau der Seile und ihrer Linienpressung in der Kabelwanne abhängt. Mit der Größe der Krümmung hängt die Linienpressung der Seile zusammen, die 2,5 t/cm nicht überschreiten soll. Beim oberen Kabel beträgt in der unteren Seillage die größte Pressung 2,14 t/cm, beim unteren Kabel 1,93 t/cm.

Die Zwischenräume in den Kabeln sind an den Lagerstellen mit profilierten Hartbleieinlagen ausgefüllt.

Nach Einführung der Kabel in die Kästen werden die Seile büschelförmig in Spreizschellen auseinander geführt und mit Hilfe von Seilköpfen über zweigeteilte Ankerbarren an die Brückenträger angeschlossen (Abb. 8). Die Spreizschellen bestehen aus je 2 Stahlgußschalen. Diese sind so geformt, daß sie die Seile in stetigen bearbeiteten Übergangsbögen in ihre Verankerungsrichtung umlenken. Zum Ausgleich von Unebenheiten und als Schmiermittel wurden die Innenflächen der Schalen außerdem mit einer 2 mm dicken Hartbleischicht versehen. Die Schalen sind miteinander schwach verzahnt und werden durch hochzugfeste Schrauben zusammengehalten. Die Spreizschellen sind gelenkig mit den Querscheiben der Balkenkästen verbunden. Die Bewegung der Seile wird durch diese Verankerung der Schellen nicht behindert. Die Spreizschellen sind aus GS 52.

Je Kabel sind 4 Verankerungsträger vorhanden. Es sind scheibenförmige Gebilde, deren Schnittgrößen rechnerisch sowie durch Versuch nachgewiesen wurden. Dabei ergab sich, daß — offenbar infolge der langen Stützränder der Scheibe — die Biegespannung in Scheibenmitte im gefährdeten Bereich des unteren Randes nur wenig von dem Navier'schen Spannungswert abweicht. Die Verankerungsträger sind aus St 52.

Die Kabel sind vom Austritt aus den Kästen bis zu einer Höhe von etwa 1,50 m über dem Blindstreifen mit verzinktem 3,6 mm starken Eisendraht umwickelt, um die empfindlichen Seile gegen Beschädigungen zu schützen. Außerdem sind die Kabel alle 3,6 m auf je 8 cm Länge umwickelt, um sie in einen festen Verband zu bringen. Die Hohlräume zwischen den Umwicklungsdrähten und den Seilen sind ausgekittet. In den nicht umwickelten Kabelstücken sind die Zwickel zwischen den Seilen mit Kitt ausgefüllt.

Zwischen den Balkenträgern läuft der Besichtigungswagen auf 4 zylindrischen Rädern ohne Spurkranz. Beiderseits je 2 Abweisräder verhindern ein Verkanten. In Ruhelage hängt der Besichtigungswagen hochgezogen zwischen den Kästen, von denen er in der Seitenansicht der Brücke verdeckt wird. Die Betätigung der Zugvorrichtung und das Besteigen des herabgelassenen Wagens geschieht von der Auflagerbank des Endpfeilers.

Als Übergänge zu der linksrheinischen Flutbrücke und dem rechtsrheinischen „Tausendfüßler" sind für die Fahrbahn DEMAG-Übergänge und für die Geh- und Radwege Gleitbleche vorhanden. Die Unterkonstruktion der Übergänge besteht vorwiegend aus St 37, während die Gleitplatten aus GS 52 hergestellt sind.

Die Brücke wird durch Einlaufkästen mit Fallrohren unmittelbar in den Strom und das Vorgelände entwässert.

Die max. rechnerische Durchbiegung der Brücke infolge größter Verkehrsbelastung einschließlich Temperatureinflüsse beträgt

in Mitte Seitenfeld .... 0,479 m = $^1/_{225}$ d. Stützweite
in Mitte Mittelfeld .... 0,978 m = $^1/_{265}$ d. Stützweite

Es ist zu beachten, daß die Durchbiegungen infolge größter Verkehrsbelastung eines Hauptträgers ohne Berücksichtigung der Drillsteifigkeit berechnet wurden und daher etwas zu groß sind.

Infolge halbseitiger und nach dem Vorzeichen der v_m-Einflußlinie schachbrettartig verteilter Verkehrsbelastung würde sich die drillschlaffe Brücke in Mitte Mittelfeld um $v_m = 0,80$ m schiefstellen. Die wirkliche Verwindungssteifigkeit dürfte namentlich im Hinblick auf den Wölbwiderstand des ganzen Querschnittes diesen Wert um etwa 30 % auf ungefähr 0,55 m verringern.

Tabelle 1

	Oberes Kabel	Mittleres Kabel	Mittleres Kabel	Unteres Kabel
	0, 6	1	5	2, 4
Kabelkraft infolge ständiger Last (t)	+ 915	+ 820	+ 820	+ 850
Kabelkraft infolge Verkehrslast (t)	+ 758, — 182	+ 418, — 11	+ 412, — 1	+ 312, — 8
Zuwachs aus Theorie II. Ordnung ΔK (t)	+ 17	+ 4	+ 5	+ 2
Kabelkraft infolge Temperaturänderung (t)	+ 21	+ 7	+ 10	+ 19
Größte Kabelkraft (t)	1711	1249	1247	1183
Größte Seilkraft (t)	171,1	178,4		169,0
Garantierte Mindestbruchlast (t)	434	410		395
Sicherheit gegenüber der garantierten Mindestbruchlast ν	2,53	2,30		2,34
Differenz zwischen der größten und kleinsten Seilkraft ΔS_p (t)	94,1	61,3	59,0	45,7
Seilquerschnitt (cm²)	37,00	31,00	31,0	27,80
Differenz zwischen der größten und kleinsten Seilspannung $\Delta \sigma$ (t/cm²)	2,54	1,98	1,90	1,65

In Tabelle 2 sind die Gewichte der Stahlkonstruktion der einzelnen Bauteile der Brücke zuzüglich eines Zuschlages von 2 % für Nietköpfe und Schweißnähte zusammengestellt. Das Gesamtgewicht der Brücke von 4 774,20 t ergibt bei einer Brückenfläche von 12 978 qm einschließlich Übergänge ein Gewicht von 367,90 kg/m² Brücke.

Die statische Berechnung und die Untersuchung des statischen und dynamischen Verhaltens der Brücke wurden durch Versuche an einem Brückenmodell in der Forschungsanstalt der GHH, Sterkrade, bestätigt.

Aufgabe der statischen Versuche war die Feststellung der Einflußlinien einiger Kabelkräfte, Balkenmomente und Durchbiegungen sowie die Bestimmung dieser Schnittgrößen und Verformungen infolge der Verkehrsbelastung des Mittelfeldes.

Bei den dynamischen Untersuchungen sollten die ersten 5 Eigenfrequenzen ermittelt werden.

Fertigung der Stahlkonstruktion in der Werkstatt

Die im deutschen Brückenbau verwendeten Baustähle St 37 und St 52 waren zur Zeit der Auftragserteilung für die Nordbrücke in ihren Lieferbedingungen in erster Linie durch ihre Festigkeitseigenschaften, also Zerreißfestigkeit 37 kg/cm² bzw. 52 kg/cm² und Streckgrenze ca. 24 kg/cm² bzw. 36 kg/cm² gekennzeichnet. Seit langem war jedoch schon erkannt worden, daß die Sicherheit der Bauwerke auch Anforderungen insbesondere an die Sprödbruchunempfindlichkeit des Stahls stellen mußte. Gemessen wird diese Eigenschaft des Stahls u. a. im Kerb-

Abb. 12
Prüfung der Sprödbruchunempfindlichkeit
durch Kerbschlagprobe

schlagbiegeversuch, bei dem durch einen Pendelhammer eine gekerbte Probe zerschlagen wird.
(Abb. 12). Die Weite des Ausschlages des Pendelhammers nach dem Zerschlagen der Probe
gibt einen Maßstab zur Messung der Sprödbruchunempfindlichkeit in kgm/cm² (Kerbschlagzähigkeit).

Bei Beginn der Arbeiten für die Nordbrücke waren die Versuche und die Verhandlungen
zwischen Stahlerzeugern und Stahlverbrauchern noch nicht soweit abgeschlossen, daß ein
Mindestwert für die für einen besten Baustahl zu fordernde Kerbschlagzähigkeit hätte festgelegt
werden können. Erst im Oktober 1957 sind in den DIN 17 100 die neuen Gütevorschriften für
allgemeine Baustähle neu festgelegt worden. Danach werden für Stähle der höchsten Güte-
gruppe 3, d. s. Stähle, an die auf Grund hoher Beanspruchung Sonderanforderungen gestellt
werden müssen, zur Sicherstellung ausreichender Sprödbruchunempfindlichkeit Kerbschlag-
zähigkeitswerte von mindestens 7 kgm/cm² gewährleistet. Der Versuch ist hierbei an DVM-Längs-
proben im Lieferzustand bei 0° C durchzuführen.

Wie schon gesagt, bestand zu Beginn der Arbeiten für die Nordbrücke zunächst keine Klarheit
darüber, welche Mindestanforderungen bezüglich der Sprödbruchunempfindlichkeit an den Stahl
gestellt werden sollten. Auf der anderen Seite wurde der Stahl 52, der für die hochbeanspruch-
ten Konstruktionen verwendet werden sollte, von einigen Stahlwerken als sogenannte Hausmarke
mit besonders guten Eigenschaften, was Sprödbruchunempfindlichkeit und Schweißeignung an-
belangt, angeboten; so von Phoenix-Rheinrohr in Mülheim der **HSB 50** und von Mannesmann-
Hüttenwerke AG in Duisburg-Huckingen der **FB 50**. In einer im Festigkeitslaboratorium der Firma
Hein, Lehmann & Co. AG durchgeführten umfangreichen Versuchsreihe wurden die Eigenschaften
dieser Stähle untersucht, wobei auch ein normaler St 52 und ein St 37 in die Versuchsreihe aufgenommen wurden.

Tabelle der untersuchten Bleche:

Materialgüte:	Lieferwerke
St 37 (SM)	Phoenix-Rheinrohr, Mülheim
St 52	Phoenix-Rheinrohr, Mülheim
HSB 50	Phoenix-Rheinrohr, Mülheim
FB 50	Mannesmann-Hüttenwerke AG, Duisburg-Huckingen

Die Eigenschaften der in der obigen Tabelle zusammengestellten Bleche wurden zunächst untersucht, und zwar durch:

Chemische Analyse   (Schmelzanalyse der Lieferwerke und Stückanalyse),

Zugversuch   (nach DIN 50 146 und DIN 50 125 7.5),

Faltversuch   (nach DIN 1 605, Bl. 4),

Kerbschlag-Biegeversuch
     DVM-Probe   (nach DIN 50 115) im ungealterten und gealterten Zustand bei Prüftemperaturen von — 40, — 20, 0, + 20° C,

     Schnadt-Probe   im ungealterten und gealterten Zustand bei einer Prüftemperatur von + 20° C.*

Dann wurden die Bleche durch Stumpfstöße verschweißt und die Eigenschaften der Schweißnähte untersucht durch:

Zugversuch   (für Stumpfnähte nach DIN 50 146 und 50 120, für Kreuzstöße nach DIN 50 126),

Faltversuch   (nach DIN 50 121),

Kerbschlag-Biegeversuch
     DVM-Probe   (nach DIN 50 115 und 50 122) im ungealterten Zustand bei Prüftemperaturen von — 40, — 20, 0, + 20° C,

     Schnadt-Probe   im ungealterten Zustand bei einer Prüftemperatur von + 20° C,

     Brinell-Härteprüfung   (nach DIN 50 351).

Tabelle 2

B a u t e i l	St 37	St 52	zusammen
Fahrbahnplatte	478,6 t	1201,2 t	1679,8 t
Balkenkästen	312,1 t	1510,9 t	1823,0 t
Pylonenstiele	18,4	330,9	349,3
Kabelsattellager		28,7	28,7
Pylonenriegel	11,9		11,9
Pylonenrahmen	30,3 t	359,6 t	389,9 t
Endquerscheiben	10,3		10,3
Querscheiben	44,9	1,6	46,5
Querscheiben	55,2 t	1,6 t	56,8 t
Konsolen	4,4	44,9	49,3
Randträger	68,1		68,1
Geh- und Radwegkonstruktion	72,5 t	44,9 t	117,4 t
Pendellager VIII	6,3	8,5	14,8
Pendellager XI	5,7	7,4	13,1
Windlager	0,1	1,1	1,2
Endlager	12,1 t	17,0 t	29,1 t
Unterkonstruktion der Übergänge	28,6 t	6,0 t	34,6 t
	989,4 t	3141,2 t	4130,6 t
Pylonenfußlager			82,5
Ankerbarren			36,2
Spreizschellen			8,8
Seilköpfe			11,5
Kabelklemmen			0,8
Gleitplatten der Übergänge			40,6
Stahlguß			180,4 t
Kabel			463,2 t
			4774,2 t

* Dr. Weck, Manuskriptnachschrift über Vortrag Henri M. Schnadt „Neue Prüfmethoden von Stählen und Schweißwerkstoffen für große Schweißkonstruktionen" vom Nov. 1949, veröffentlicht in „Transactions of the Ind. of Welding", April 1950.

In den Abbildungen 13—18 sind die wichtigsten Ergebnisse dieser Prüfungen zusammengestellt. Es hat sich gezeigt, daß die Werte für St 52, FB 50 und HSB 50 sehr dicht beieinander liegen, so daß ein merklicher Qualitätsunterschied zwischen diesen drei Stählen nicht besteht.

Abbildung 17 zeigt deutlich, daß von diesen drei Stählen auch der heute in den DIN 17 100 geforderte Kerbschlagzähigkeits-Mindestwert von 7 kgm/cm² bei 0° C weit überschritten wird, sogar noch bei Temperaturen, die weit unter dem Gefrierpunkt liegen.

Wie gezeigt wird, wurde der normale St 52 wie der HSB 50 von Phoenix-Rheinrohr geliefert. Es mußte daher geschlossen werden, daß dieser normale St 52 nach der gleichen Methode wie der HSB 50 erschmolzen worden ist und daher auch die gleichen Eigenschaften des HSB 50 zeigt. Die Versuche sagen daher nichts darüber aus, ob nicht ein von anderen Werken erschmolzener St 52 ebenfalls die Werte der gezeigten Versuche erreichen würde. Da die Versuche jedoch gezeigt hatten, daß der HSB 50 und der FB 50 mit Sicherheit sehr günstige Sprödbruchunempfindlichkeitswerte erreicht, wurde vom Besteller angeordnet, daß alle im Bauwerk verwendeten St 52-Bleche als HSB 50 bei Phoenix-Rheinrohr oder als FB 50 bei Mannesmann-Hüttenwerke Huckingen bestellt werden sollten. Die Prüfung der Werkstoffe wurde der Deutschen Bundesbahn übertragen, die diese Prüfung nach den bekannten Methoden sorgfältigst bei den Lieferwerken durchführte.

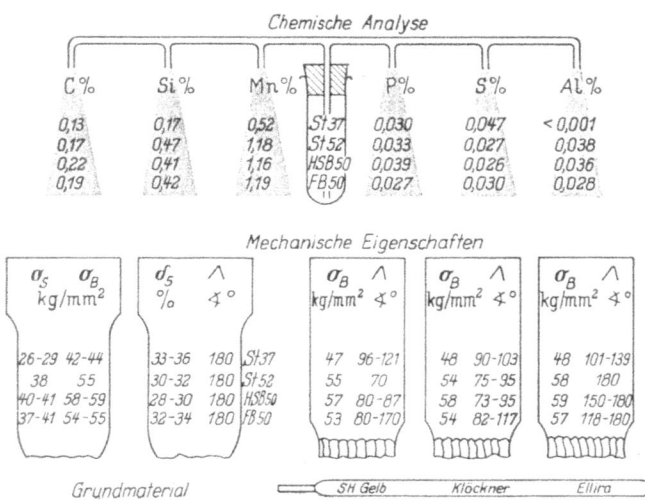

Abb. 13. Chemische Analyse und Festigkeitswerte der Bleche

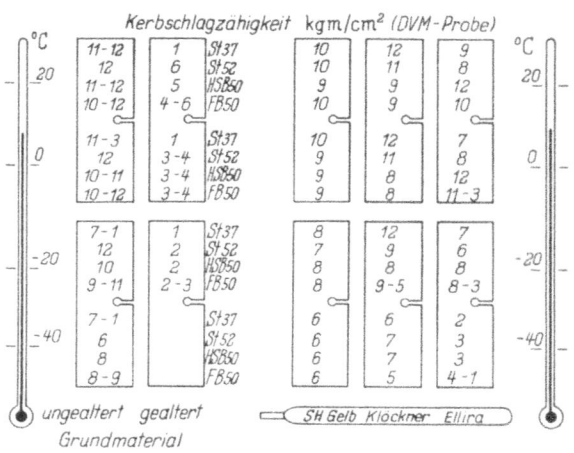

Abb. 14. Kerbschlagzähigkeit der Bleche (DVM-Probe)

Die Seilköpfe sind an ihren Enden mit Nocken versehen, die es ermöglichen, eine Presse einzubauen, mit der jedes Einzelseil, wenn notwendig, unter voller Last nachgestellt werden kann. Der Kräfteverlauf innerhalb dieser Nocken ist recht unübersichtlich, so daß er exakt kaum berechnet werden kann. Hinzukommt, daß sich beim Stahlguß, im Bereich größerer Materialsammlungen, wie sie durch die Nocken hervorgerufen werden, gerne Lunker festsetzen, die natürlich die Sicherheit der Nocken gegen Abreißen sehr stark gefährden. Es wurde daher zunächst versucht, schädliche Lunker an diesen Stellen durch eine Strahlung der Köpfe mit Röntgenstrahlen, und als das keinen Erfolg brachte, durch eine Strahlung mit Kobalt 60 festzustellen. Tatsächlich wurden auch bei diesen Durchstrahlungen kleine Poren, Gasblasen und zum Teil angehäufte Fadenlunker erkannt. Es konnte jedoch nicht die Frage beantwortet werden, ob durch diese Fehler eine nennenswerte Festigkeitseinbuße zu befürchten war, so daß also die Beantwortung der Frage, welche Köpfe gerade noch brauchbar sind, allein nach dem röntgenologischen Befund sehr unsicher war. Um daher jedes Risiko zu vermeiden, wurden alle Köpfe mechanisch geprüft. In einer einfachen Vorrichtung — Abbildung 19 zeigt im Prinzip die Arbeitsweise dieser Vorrichtung — wurden sie dabei genauso beansprucht, wie beim Nachstellen in der Brücke. Der Vergußkegel des Seilendes wurde durch einen Stahlkegel ersetzt, der im Bereich der Nocken nicht an der Innenwand des Kopfes anlag, um die mögliche Biegeverformung nicht mehr als durch den späteren Verguß zu behindern. Abgedrückt wurden die vorgedrehten Köpfe mit 180 t. Vor und nach dem Versuch wurde auch die verbleibende Unrundung des Kegeldurchmessers bestimmt und Köpfe, die mit einem Durchmesserunterschied von mehr als 1,5 mm nach dem Versuch plastisch verformt waren, ausgeschieden. Erst nach dem Versuch wurden die Köpfe fertig bearbeitet, um eine kreisrunde, maßgerechte Bohrung zu erreichen. Ein Zehntel aller Köpfe wurde zusätzlich mit Kobalt 60 durchleuchtet.

Für die Seile wurden sehr umfangreiche Versuche durchgeführt, die in einem Aufsatz dieser Schrift gesondert behandelt werden.

Vergleichende Rechnungen der Statiker hatten ergeben, daß das gewählte Tragsystem außerordentlich gegen Längendifferenzen empfindlich ist, die gegebenenfalls dadurch hätten entstehen können, daß gleiche Bauteile in verschiedenen Werkstätten angefertigt wurden. Wenn ein 200 m langer Balkenabschnitt eine Längendifferenz gegenüber den Kabeln von nur 1 cm hat, ändert sich dadurch die Gradiente der Brücke um mehrere Zentimeter gegenüber der Soll-Lage.

Um daher Längendifferenzen der von verschiedenen Werken angelieferten Konstruktionsteile nach Möglichkeit auszuschalten, wurden zunächst die Werkstattmaßstäbe derjenigen Firmen, die Haupttragwerksteile lieferten, miteinander verglichen. Interessant ist das Ergebnis, das in Abbildung 20 zusammengestellt worden ist.

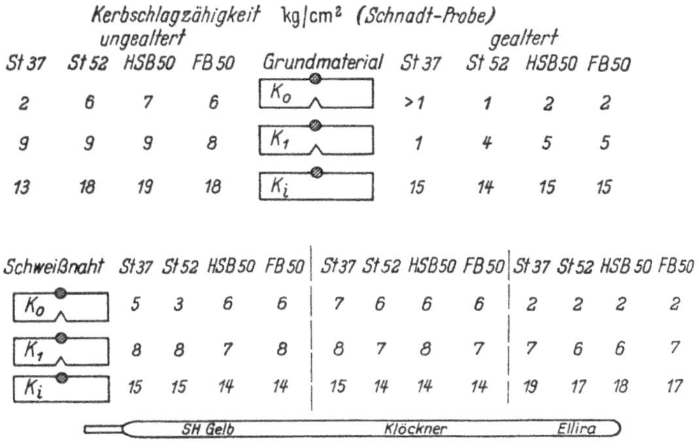

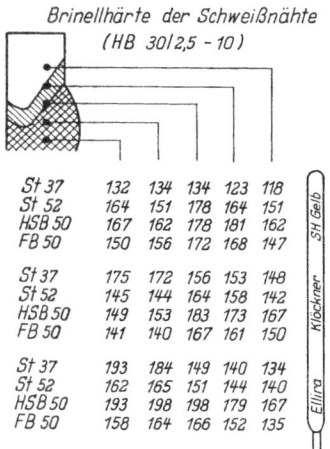

Abb. 16. Brinellhärte der Schweißnähte (Bleche durch Stumpfnaht geschweißt)

Abb. 15. Kerbschlagzähigkeit der Bleche (Schnadt-Probe)

Zur Nachprüfung der fertigen Bauteile in den einzelnen Werkstätten wurden dort einheitlich geprüfte Meßstrecken (Komparatoren) von 15 000 mm Länge festgelegt und in den Seilwerken entsprechende Ablängbahnen eingerichtet. Komparatoren und Ablängbahnen wurden von dem gleichen Geometer vermessen und von dem Geometer der Stadt Düsseldorf überprüft, so daß die Gewähr großer Präzision gegeben war. Das Ergebnis dieser sorgfältigen Planung war, daß sich bei der Montage keine meßbaren Abweichungen innerhalb der Lieferungen der einzelnen Firmen ergaben und die Gradiente beim Freivorbau mit sehr großer Annäherung mit der theoretisch verlangten Gradiente übereinstimmte.

Schon bei der Anfertigung der ersten Skizzen für Konstruktionseinzelheiten wurden die Leiter der Werkstätten befragt, um von vornherein die Berücksichtigung der Werkstättenbelange bei der Konstruktion sicherzustellen und möglichst einfache Konstruktionen zu wählen, die ein großes Maß von Genauigkeit gewährleisten. In gemeinsamer Arbeit wurden von den Werkstättenleitern danach Zusammenbau- und Schweißpläne für die Konstruktionen aufgestellt, nach denen zu arbeiten jede Werkstatt verpflichtet wurde. Auch dadurch sollte wiederum sichergestellt werden, daß die gleichen Konstruktionsteile, obwohl in verschiedenen Werkstätten gefertigt, in der gleichen Güte und Genauigkeit hergestellt würden.

In der nachstehenden Bildfolge werden die interessantesten Phasen der Fertigung der wichtigsten Konstruktionsteile, der orthotropen Fahrbahnplatte, der Hauptträgerkästen und der Pylonen gezeigt.

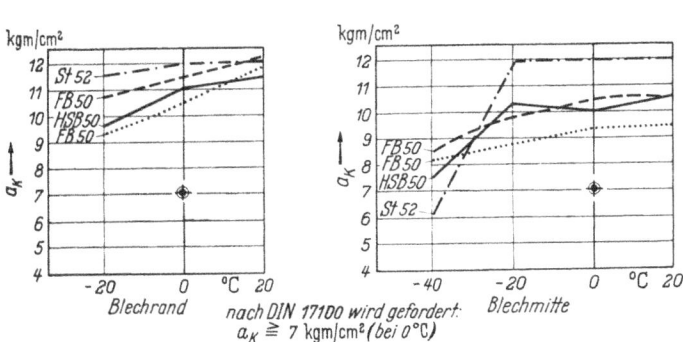

Abb. 17
Kerbschlagzähigkeit a_K (kgm/cm²) in Abhängigkeit von der Prüftemperatur T (°C).
a) Für Proben aus dem Blechrand (ungealtert).
b) Für Proben aus Blechmitte (ungealtert).

— · — · — St 52
— — — FB 50
———— HSB 50
· · · · · · · FB 50

53

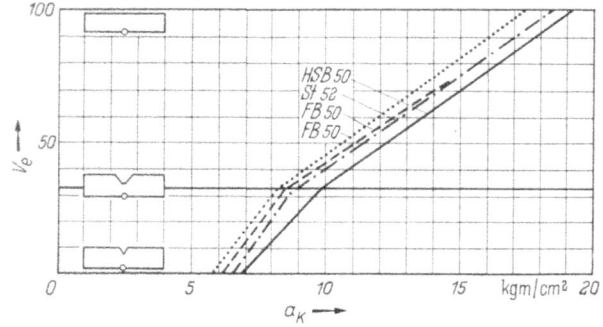

Abb. 18

Schnadt-Probe
Kerbschlagzähigkeit a_K (kgm/cm²)
in Abhängigkeit von der Proben-
form. (Prüftemperatur +20° C)

— · — · — St 52

— — — — FB 50

—————— HSB 50

· · · · · · · · · · FB 50

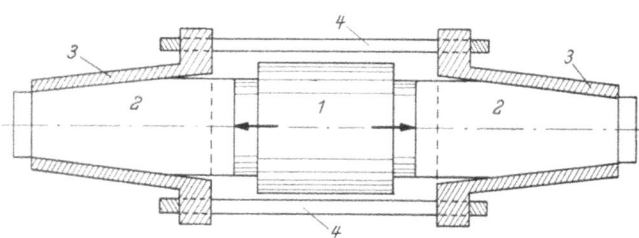

Abb. 19

Vorrichtung zur Prüfung der Seilköpfe

1 Hydraulische Presse 200 t
2 Kerne für Seilköpfe
3 Stahlguß-Seilköpfe mit
  angegossenen Nacken
4 Klammern zum Festhalten der
  Seilköpfe beim Einpressen
  der Kerne

Stab-Firmen	3 m ± [mm]	Mittl. Unsicherheit der Maßangabe [mm]		Bemerkungen
Demag	+ 0,35	± 0,05	—	
Eikomag	+ 0,05	± 0,05	—	
D. S. T. Steffens & Nölle	+ 0,05	± 0,05	—	Die nebenstehenden
No. 52 Steffens & Nölle	− 0,05	± 0,05	—	Maßangaben definieren
Gutehoffnungshütte	+ 0,20	± 0,05	—	eine Entfernung auf den
Peiner Stahlbau	− 0,10	± 0,05	—	Meßstab. Die Bestimmung
Bleichert-Neuss	+ 0,25	± 0,05	—	dieser Entfernung wurde
MAN	+ 0,15	± 0,05	—	2 bzw. 5 mm (siehe Skizze)
Dortmunder Union	− 0,10	—	± 0,1	von der messenden Kante
Hein-Lehmann	± 0,00	—	± 0,1	entfernt vorgenommen

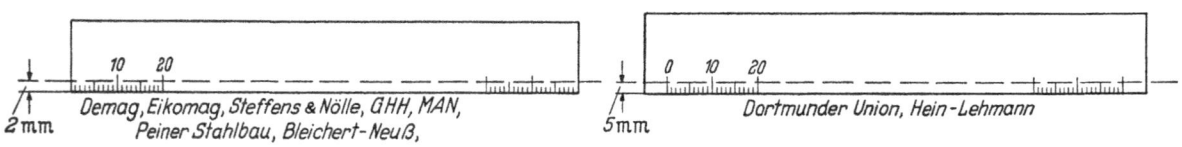

Abb. 20
Kontrolle der Maßstabgenauigkeiten

Abb. 21
Zusammenbau
der Fahrbahn-
platte

Abb. 22
Fahrbahnplatte
Schweißen der
Querträger und
Längsträger

Abb. 23
Fertiges
Fahrbahn-
plattenstück

Abb. 24
Zusammen-
setzen der
Hauptträger-
kästen

Abb. 25. Hauptträgerkasten vor Aufsetzen des Deckbleches

Abb. 26. Schablonenschott für Hauptträgerkästen

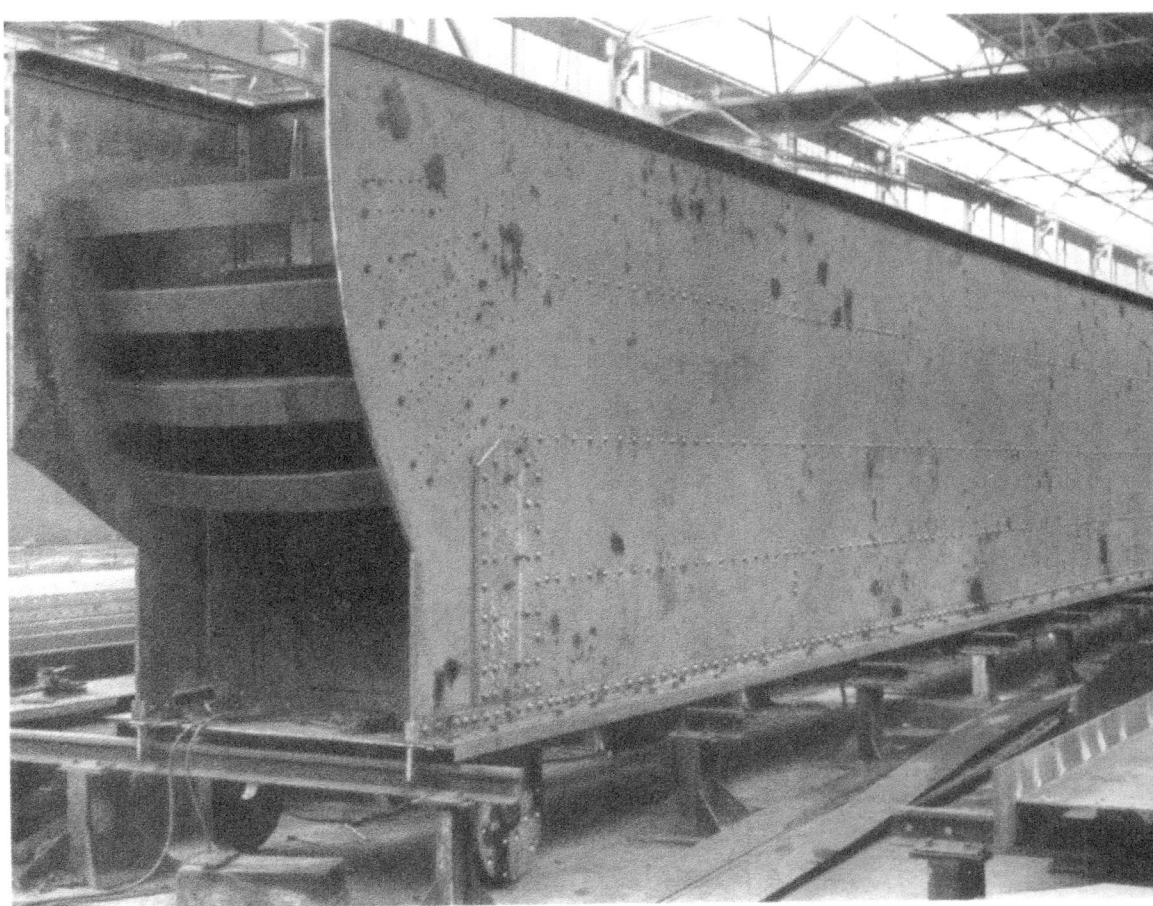

Abb. 28
Zusammenbau
eines Pylonen

Abb. 27. Geschweißter Stützrost für Lager der Tragseile im Pylon

Abb. 30. Blick auf ein Sektorlager im Pylon

Abb. 29. Im Pylon eingebauter Stützrost

Abb. 31.   Pylon und Hauptträgerkasten im zusammengebauten Zustand

Abb. 32.   Pylon auf dem Weg zur Baustelle

Montage

Bei der Planung der Montage war vor allem die Forderung zu beachten, daß die Schiffahrt auf dem Rhein durch den Brückenschlag nicht merklich behindert werden durfte. Daher durften im Strom keinerlei Gerüsteinbauten erstellt werden. Vergleichende Untersuchungen bewiesen die Überlegenheit einer Montage mit Schwimmkränen, welche den Einbau von spannungslos zusammengesetzten Brückenbalken, bestehend aus Kästen, Fahrbahnplatte und Querscheiben ermöglichte.

Dieser Montagevorgang (Abb. 33) machte die Einrichtung eines Vormontageplatzes erforderlich, welcher aus wirtschaftlichen Gründen nahe der Baustelle am rechtsrheinischen Ufer eingerichtet wurde. Auf dem Vormontageplatz konnten die von den verschiedenen Stahlbauwerkstätten in unverformten Zustand gelieferten Einbauglieder wie Kästen, Fahrbahnplatten, Querscheiben usw. spannungsfrei zusammengebaut werden. Die zusammenzubauenden Montageeinheiten bestanden aus je 2 Balkenfeldern, welche mit den benachbarten Einheiten in der Weise verpaßt wurden, daß das anstoßende Feld der folgenden Einheit mitvormontiert wurde. Für den Aufbau der Einheiten auf dem Vormontageplatz dienten 2 Längsverschubbahnen, von welchen die Bahn für den linken Brückenabschnitt unmittelbar auf ein Übergabegerüst führte. Zwischen den Bahnen befand sich noch eine Querverschubbahn, welche die Verschiebung der Einheiten für den rechten Abschnitt in die Bahn zum Übergabegerüst ermöglichte. Der Zusammenbau der Einheiten wurde mit 2 Portalkranen durchgeführt. Auf dem Übergabegerüst, das von der Uferberme etwa 30 m in den Rhein ragte, wurden die Einheiten von den Schwimmkränen übernommen. Späterhin machte ein Montageunfall eine Erweiterung des Platzes erforderlich. Es mußte eine Querstichbahn ausgelegt werden, auf welcher vorübergehend bis 6 Einheiten abgestellt waren.

In der rechtsrheinischen Öffnung von 108 m Länge wurden die Kastenstränge 1—5 mit Querscheiben und Fahrbahnplatten mit Hilfe eines Portalkrans unmittelbar auf Jochen von je 18 m Abstand vom Brückenende beginnend wie die Einheiten auf dem Vormontageplatz montiert. Das Balkenstück 6 wurde auf dem Vormontageplatz zusammengesetzt und mit dem Feld 7 verpaßt, um den Anschluß an die Mittelöffnung herzustellen. Nach Zerlegung wurden Kästen, Pylonenquerscheibe und Fahrbahnstücke zur Einbaustelle gefahren und dort mit Hilfe des Mastes für die Pylonenmontage montiert.

Für die linksrheinische Öffnung von 108 m Länge wurden Balkenstücke auf dem Vormontageplatz aus Kästen, Querscheiben und Fahrbahnplatten zu Einheiten bis 42 m Länge und 340 t Gewicht zusammengestellt und mit Hilfe zweier Schwimmkräne montiert. Die Einheit 1 + 2 wurde eingeschwommen und auf Rollensätze des Pfeiler IX und der Hilfsstütze 1 aufgelegt. Vor Montage der nächsten Einheit 3 + 4 wurde die Einheit 1 + 2 mit den Pylonen belastet, um ausreichende Sicherheit gegen Kippen zu haben. Nach Vorbau der Einheit 3 + 4 wurde der Balkenstrang waagerecht landwärts über Rollen gezogen und etwa gleichzeitig die Pylonen auf die Einheit 3 + 4 verschoben. In gleicher Weise wurde nach dem Vorbau der Einheit 5 + 6 verfahren. Vor dem Einsetzen der Pylonen mußte noch die Einheit 7 + 8 des Mittelfeldes angebaut werden, um das Gerüst für die Pylonenmontage auch in Längsrichtung abspannen zu können.

Die 43 m langen Pylonen wurden samt den Kabelsattellagern in je einem Werkstück von 110 t Gewicht angeliefert und rechtsrheinisch nach Montage der Seitenfelder, linksrheinisch nach Vorbau der Einheit 7 + 8 in die Balkenkästen eingesetzt. Die Montage erfolgte auf der rechten Seite mit Hilfe eines 70 m hohen Gittermastes, auf der linken Seite mittels eines 54 m hohen Montagegerüstes.

Das 260 m lange Mittelfeld wurde mit Hilfe von Schwimmkränen aus Balkeneinheiten montiert, die auf dem Vormontageplatz — ähnlich wie für die linke Seitenöffnung — zusammengebaut worden waren. Der Einbau der unteren Kabel erfolgte auf Sattellagern, die um 72 cm unter Sollhöhe lagen und nachträglich mit Hilfe einer Hubkonstruktion auf den Pylonenköpfen in die vorgeschriebene Höhe gebracht wurden. In gleicher Weise wurde nach dem Vorbau der folgenden Einheiten die mittleren Kabel und schließlich die oberen Kabel eingebaut und verspannt. Die Seile für die Kabel wurden in Rollen geliefert, mit Hilfe von Derricks auf die Fahrbahn gehoben, über Kabelhilfsstege gezogen und an den Kabeleinführungsstellen eingeführt und verankert. Nach Feststellung der genauen Länge des Paßfeldes 13 unter Berücksichtigung aller in Betracht kommenden Einflüsse wurde das Balkenfeld 13 auf dem Vormontageplatz abgelängt und mit Feld 13 verbunden, nachdem vorher diese Felder mit den Feldern 12 bzw. 12 verpaßt worden waren. Hierauf wurde das Paßstück von den Schwimmkränen unter die etwa 10 cm größere Schlußöffnung gebracht, hochgezogen und im Stoß 12 in üblicher Weise vorgebaut. Nach durchgeführtem Vorbau wurde die Lücke mit Hilfe einer hydraulischen Vorrichtung durch Herandrücken des rechtsrheinischen Brückenabschnittes geschlossen.

Das Einschwimmen der Brückenteile erfolgte im allgemeinen ohne Störung des Schiffahrtverkehrs,

Abb. 33. Montage-Übersichtsplan

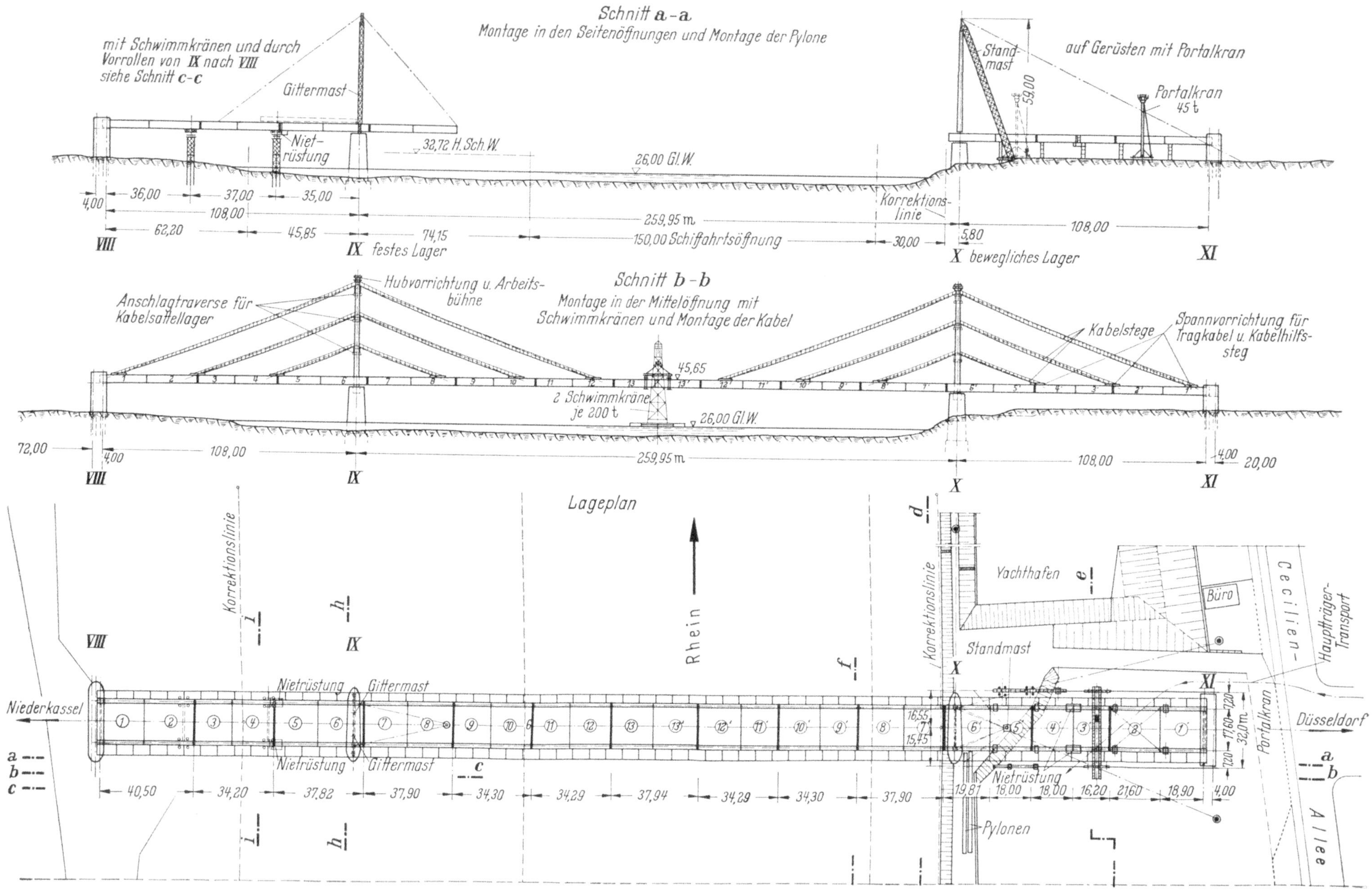

62

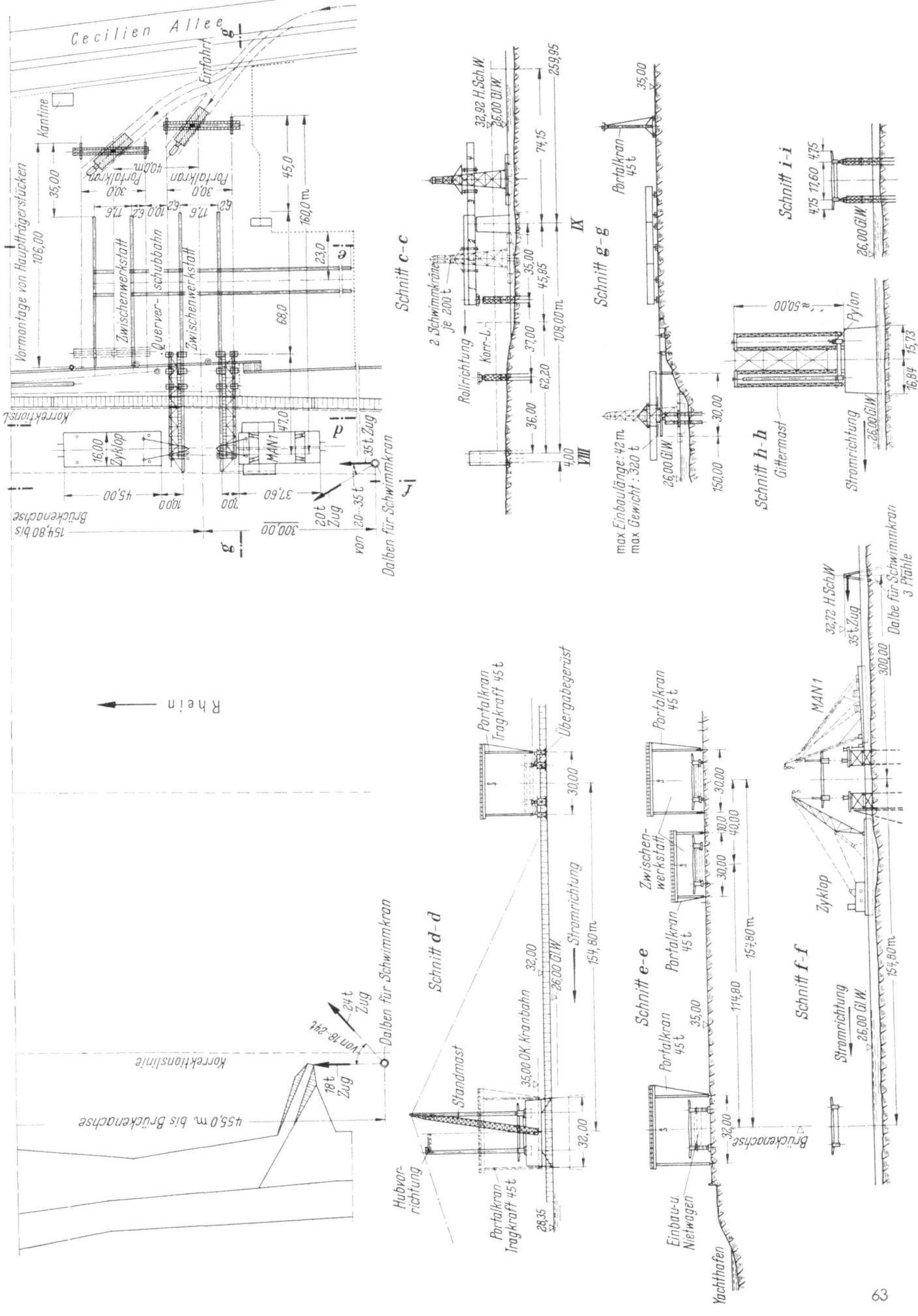

Cecilien Allee

Einfahrt g

Kantine

Vormontage von Hauptträgerstücken   106.00

Zwischenwerkstatt

Quer-schubbahn

Zwischenwerkstatt

35.00

3.0 Portalkran 40,0m   3.0 Portalkran

7.6   6.2   6.2   100.00   6.2

45.0

160.0 m

23.0

68.0

Korrektionsl.

Zyklop   16.00

MAN1   47.0

45.00   100.0   7.00   37.60

300.00

154,80 bis Brückenachse

von 20...35 t   20 t Zug   35 t Zug

Dalben für Schwimmkran

Rhein

Korrektionslinie

18 t Zug   24 t Zug   von 18...24 t

Dalben für Schwimmkran

±55.0 m bis Brückenachse

Standmast   35.00 OK Kranbahn

Hubvor-richtung

Portalkran Tragkraft 45 t   28.35   32.00

32.00   32.00

▽ 26.00 GlW.

Stromrichtung

154,80 m

Portalkran Tragkraft 45 t

Übergaberüst

30.00

Schnitt d-d

Schnitt e-e

Portalkran 45 t   Zwischen-werkstatt   Portalkran 45 t

30.00   10.0   30.00   40.00

Portalkran 45 t   35.00   32.00

114,80   154,80 m

Bruckenachse

▽ 26.00 GlW.

Einbau-u. Nietwagen

Yachthafen

Schnitt f-f

MAN 1   32,72 H.Sch.W   35 t Zug

Zyklop

Stromrichtung   ▽ 26.00 GlW.

154,80 m

300.00   Dalbe für Schwimmkran 3 Pfähle

Schnitt c-c

2 Schwimmkräne je 200 t   32,92 H.Sch.W   26.00 GlW.   259,95

Rollrichtung   Korr.-L.   35.00   45,85   74,15

62.20   37.00   108,00 m

36.00

4.00

VIII   IX

Schnitt g-g

Portalkran 45 t   35.00

max Einbaulänge: 42 m
max Gewicht: 320 t

Gittermast   ≈ 50.00

150.00   30.00

▽ 26.00 GlW.

Schnitt h-h

Pylon

Stromrichtung   ▽ 26.00 GlW.   76,84   15,73

Schnitt i-i

4,75 17,60 4,75

▽ 26.00 GlW.

63

welcher während der Einschwimmvorgänge von der Wasserschutzpolizei lediglich geregelt wurde. Nur beim Einschwimmen der Einheiten 11 + 12, $\overline{11}$ + $\overline{12}$ und 13 + $\overline{13}$, welche in der Nacht erfolgten, war die Schiffahrt gesperrt. Es sei noch erwähnt, daß die linksrheinischen Pylonen nach dem Einschwimmen der Einheit 1 + 2 mit Hilfe nur eines Schwimmkrans in einem Stück über den Rhein befördert wurden.

Die geplante Gleichzeitigkeit der Montagevorgänge im rechten und linken Abschnitt wurde durch einen Montageunfall gestört. Beim Einschwimmen der ersten Einheit 1 + 2 des linksrheinischen Seitenfeldes am 19. 9. 1956 kippte kurz vor dem Auflegen auf Pfeiler IX und die stromseitige Hilfsstütze der Schwimmkran um, der Ausleger brach und das angehängte Brückenstück stürzte ins Wasser. Die Einheit mußte neu gefertigt und der Schwimmkran instand gesetzt werden. Dadurch wurde die Montage des linken Abschnittes und hiermit die Fertigstellung des gesamten Stahlüberbaues um 5 Monate verzögert. Auf dem Vormontageplatz mußte notgedrungen — bis auf die Paßeinheit — der ganze Brückenbalken vormontiert werden. Beim Einschwimmen der neu gefertigten Einheit 1 + 2 am 27. 3. 1957 waren inzwischen rechtsrheinisch bereits die Pylonen, die Einheit 7 + 8 sowie die unteren Kabel montiert, obwohl die rechtsrheinische Montage etwas langsamer durchgeführt wurde. Zum Zeitpunkt des Einsetzens der linksrheinischen Pylonen Anfang Juni 1957 war der rechtsrheinische Abschnitt bis zum Stoß 12 vorgebaut. Die weitere Montage des linken Abschnitts wurde durch Arbeit in 2 Schichten derart beschleunigt, daß die Brücke am 8. 8. 1957 geschlossen werden konnte.

Die Konsolen und Randträger wurden in den Feldern 1—5 mit Hilfe eines Portalkrans, im übrigen Brückenbereich durch einen Autokran von der Brückenfahrbahn aus montiert.

Die folgende Tabelle (Tab. 3) enthält die wichtigsten Daten über den Verlauf der Montage, welche sonst ohne bedeutsamere Zwischenfälle und vor allem ohne Verluste an Menschenleben oder Schwerverletzten verlief.

Tabelle 3

Montagevorgang	Datum
Beginn der Arbeiten auf dem Vormontageplatz	5. 7. 1956
Einbau der Kästen $\overline{1}$	5. 7. 1956
Einbau der Kästen $\overline{2}$–$\overline{5}$	Mitte Juli bis Mitte September
Einbau der Unterteile der festen Kipplager auf Pfeiler IX	10. und 11. 9. 1956
Einbau der Unterteile der beweglichen Kipplager auf Pfeiler X	18. und 19. 9. 1956
Einschwimmen der Einheit 1+2, Montageunfall	19. 9. 1956
Einbau des Balkenfelds $\overline{6}$	Anfang Oktober
Einbau der Platten $\overline{4}$, $\overline{3}$, $\overline{2}$	Ende Oktober bis Mitte November
Einsetzen der Pylonen X	22. und 24. 11. 1956
Einbau der Platten $\overline{1}$, $\overline{5}$	Mitte Dez. bis Mitte Januar 1957
Einschwimmen der Einheit $\overline{7}$+$\overline{8}$	7. 3. 1957
Einschwimmen der Einheit 1+2	27. 3. 1957
Auflegen der Pylonen IX auf Einheit 1+2	28. 3. 1957
Einschwimmen der Einheit 3+ 4	30. 3. 1957
Einschwimmen der Einheit 5+ 6	11. 4. 1957
Einschwimmen der Einheit $\overline{9}$+$\overline{10}$	12. 4. 1957
Einschwimmen der Einheit 7+ 8	3. 5. 1957
Einschwimmen der Einheit $\overline{11}$+$\overline{12}$	10. 5. 1957
Einsetzen der Pylonen IX	11. und 13. 6. 1957
Einschwimmen der Einheit 9+10	4. 7. 1957
Einschwimmen der Einheit 11+12	17. 7. 1957
Einschwimmen der Paßeinheit 13+$\overline{13}$	8. 8. 1957
Betonierungsarbeiten (Blindstreifen, Geh- und Radwegplatten)	15. 8. bis 25. 9. 1957

Außer der üblichen Einrichtung war die Baustelle mit nachstehenden Großgeräten ausgestattet:

zwei Portalkräne auf dem Vormontageplatz,
ein Portalkran über der rechtsrheinischen Seitenöffnung,
ein abgespannter Gittermast,

ein Montagegerüst,
zwei Schwimmkräne,
zwei Derricks,
Autokräne.

Die Berechnung der Brücke während der Montagezustände wurde in sorgfältiger Berücksichtigung aller in Betracht kommender Möglichkeiten durchgeführt. Die in der Berechnung angenommenen Elastizitätskoeffizienten waren mit den späterhin bei der Fertigung durchgeführten Seilversuchen in guter Übereinstimmung. Es erscheint erwähnenswert, daß die Seile während der Montage mitunter höhere Beanspruchungen erfuhren als späterhin während des Betriebes der Brücke bei größter Belastung zu erwarten ist.

Die festgestellten Messungsergebnisse über das elastische Verhalten der Brücke während der Belastungsprobe stimmten mit den theoretisch ermittelten Werten gut überein.

Die geschilderten Einrichtungen und Montagevorgänge sind in den Abbildungen 34—50 dargestellt.

Abb. 34.   Montage einer Brückeneinheit

Abb. 35.   Brückeneinheit auf dem Übergabegerüst

Abb. 36.　Abheben durch zwei 200-t-Schwimmkräne

Abb. 37.　Ausfahren der Brückeneinheit in den Strom. Das Brückenstück 320 t ist an drei Punkten aufgehängt

Abb. 38. Überqueren des Stroms

Abb. 39. Einfahren in Brückenachse

Abb. 40. Zwei Einheiten sind landwärts verschoben und durch die Pylonen belastet, die dritte im Vorbau

Abb. 41. Die rechte Seitenöffnung ist auf Hilfsjochen montiert,
der erste Pylon wird eingesetzt

Abb. 43. Pylonenmontage
mit Hubgerüst linksrheinisch

Abb. 42. Kurz vor dem Einsetzen
des Pylons in den Kastenträger

Abb. 44.   Beginn der Montage in der Mittelöffnung

Abb. 46.   Durchziehen eines Kabels über das Sattellager im Pylonen

Abb. 45.   Abziehen der Kabel von der Trommel

Abb. 47.   Die Brücke wächst

Abb. 48.   Das Paßstück wird eingeschwommen

Abb. 50.   Brücke vor dem Einschwimmen des Paßstückes

Abb. 49.   Die Brücke ist geschlossen

Abb. 1. Die Flutbrücke linksrheinisch

Die Flutbrücke

**Von Dipl.-Ing. G. Dittmann, Ing.-Büro Grassl, Düsseldorf,
und H. Otten, Oberingenieur in der Firma Neußer Eisenbau, Neuß**

1. Allgemeines

Ein Teil des Brückenzuges der Nordbrücke ist linksrheinisch die Flutbrücke (Abb. 1).

Sie überspannt das Flutgelände mit einer Gesamtlänge von 432 m, unterteilt in sechs Felder. Das Längsgefälle ist 0,6 %. Die Brücke beginnt am linksrheinischen Deich bei Pfeiler II und schließt bei Pfeiler VIII an die Strombrücke an. Die Pfeilerentfernung beträgt 72 m. Die Stützweiten wurden auf Grund von Vorbesprechungen mit den zuständigen Wasserbehörden festgelegt, um den Anforderungen an das Flutgelände bei Hochwasser und Eisgang voll zu entsprechen. Die Bauhöhe der Brücke wurde bei der generellen Planung des Brückenzuges so festgelegt, daß sich das Band der Strombrücke in gleicher Höhe über den Flutbereich hin fortsetzt. Sie beträgt 3,40 m.

2. Wahl der Konstruktion

2.1 — Das Querprofil der Fahrbahnoberfläche ist durch die Gesamtplanung des Brückenzuges vorgegeben. Es ist aus Abbildung 2 zu ersehen.

2.2 — Eine Voruntersuchung ergab, daß für die Ausbildung des Brückenquerschnittes aus wirtschaftlichen Gründen nur ein Verbundquerschnitt in Frage kam. Eine stählerne Fahrbahn in Form einer Stahlzellendecke oder in einer ähnlichen Konstruktion schied daher aus.

Der Querschnitt wurde so gewählt, daß die Fahrbahnplatte gleichzeitig Obergurt der darunter liegenden Hauptträger ist. Für die Wahl der Hauptträgerzahl und ihrer Abstände war folgende Überlegung maßgebend:

2.21 — Die Lage der Randhauptträger war durch den Wunsch, dem Gesamtbrückenzug ein bestimmtes formales Bild zu geben, festgelegt.

Es war zu prüfen, wieviel weitere Hauptträger noch anzuordnen waren.

Diese Frage wurde vom Gesichtspunkt der Ausführungsmöglichkeit und der Wirtschaftlichkeit untersucht.

Die Anzahl der Hauptträger und damit die Stützweiten der Fahrbahnplatte in Querrichtung mußten so gewählt werden, daß eine möglichst dünne und damit leichte Fahrbahnplatte in

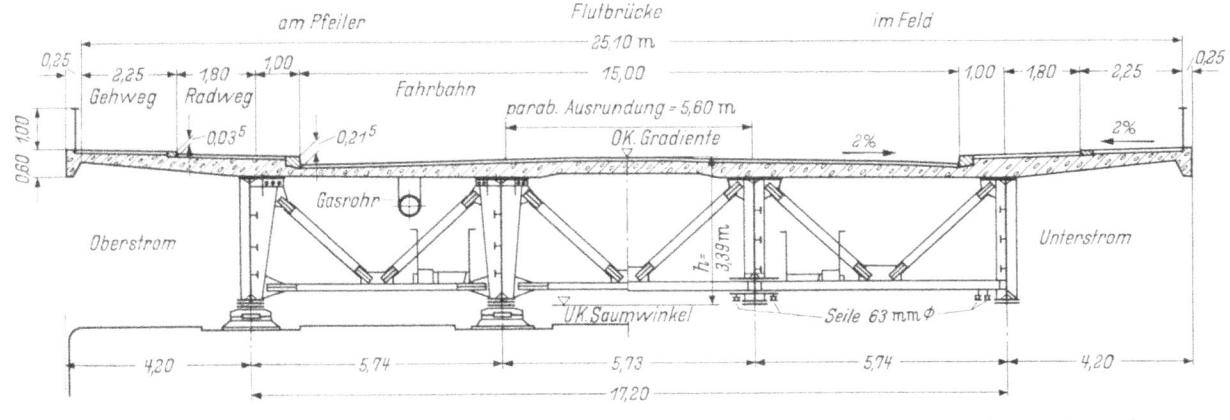

am Pfeiler   Flutbrücke   im Feld

25,10 m

0,25   2,25   1,80   1,00   15,00   1,00   1,80   2,25   0,25

Gehweg   Radweg   Fahrbahn

0,03⁵   0,21⁵   parab. Ausrundung = 5,60 m

OK. Gradiente   2%   2%

Oberstrom   Gasrohr   h = 3,39 m   Unterstrom

UK Saumwinkel   Seile 63 mm ⌀

4,20   5,74   5,73   5,74   4,20

17,20

Abb. 2. Querschnitt

Querrichtung ausreichte, um die Einzellasten auf die Hauptträgerstege zu übertragen. Zusätzlich mußte die Fahrbahnplatte auch gleichzeitig Obergurt der Hauptträger sein.

Eine Reihe von Voruntersuchungen und Vergleichsrechnungen ergab, daß die Wahl von 4 Hauptträgern in drei gleichen Abständen die günstigste und wirtschaftlichste Lösung darstellt.

2.22 — Eine weitere Frage war, ob Eigengewicht- u n d Verkehrslastverbund oder ob allein Verkehrslastverbund günstiger wäre.

Diese Frage war schwer zu entscheiden, da die ersten überschlägigen Berechnungen ergaben, daß bei vollem Eigengewichtsverbund zu hohe Betondruckspannungen in den Feldmitten, besonders in den Randfeldern, entstanden, welche zusammen mit den Spannungen aus den übrigen Aufgaben der Fahrbahnplatte die zulässigen Grenzen überschritten hätten.

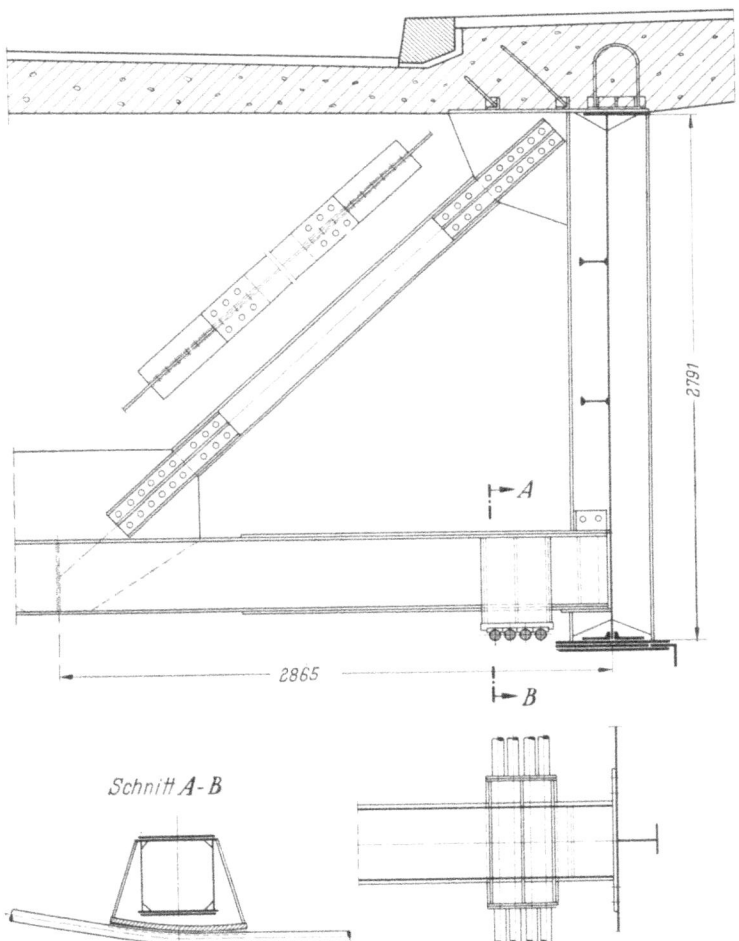

2791

2865

A

B

Schnitt A-B

Abb. 4. Untere Umlenkung der Seile an einem äußeren Hauptträger

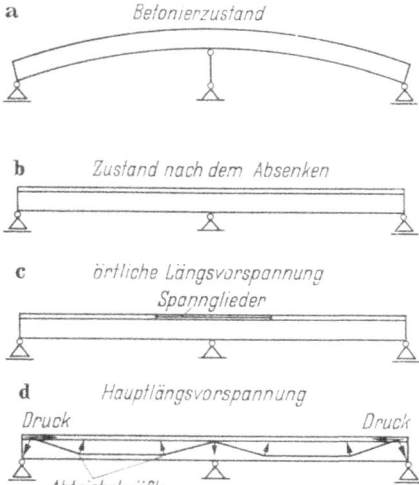

a   *Betonierzustand*

b   *Zustand nach dem Absenken*

c   *örtliche Längsvorspannung*
           Spannglieder

d   *Hauptlängsvorspannung*
Druck   *Druck*

Abb. 3.   Vorgespannte Systeme   *Abtriebskräfte*

Durch eine Unterspannung ist es möglich geworden, die Verbundwirkung auch für Eigengewicht in Ansatz zu bringen. Der Eigengewichtsverbund war hinsichtlich des Bauvorganges naheliegend, da die niedrige Lage der Brücke über dem Flutgelände in nur 8 m Höhe wirtschaftlich eine Abstützung an beliebigen Punkten ermöglichte.

2.23 — Ferner war zu klären, ob die Verbundwirkung nur in den Feldern mit positivem Momentenbereich oder auch über den Pfeilern, also in den negativen Momentenbereichen, auszunützen wäre. Zur Zeit der Entwurfsaufstellung wurden solche „teilweisen" Verbundbrücken noch vorgeschlagen.

Die Verbundwirkung über den Pfeilern nicht in Rechnung zu stellen, wurde aber im vorliegenden Fall nicht in Betracht gezogen, da die Wirkungsweise einer solchen Trennung der Fahrbahnplatte von der Stahlkonstruktion sehr schwierig herzustellen und zu gewährleisten ist. Ferner ist auch die Spannungsverteilung beim Übergang der Obergurtkräfte von einem reinen Stahlquerschnitt auf einen Verbundquerschnitt sehr ungünstig.

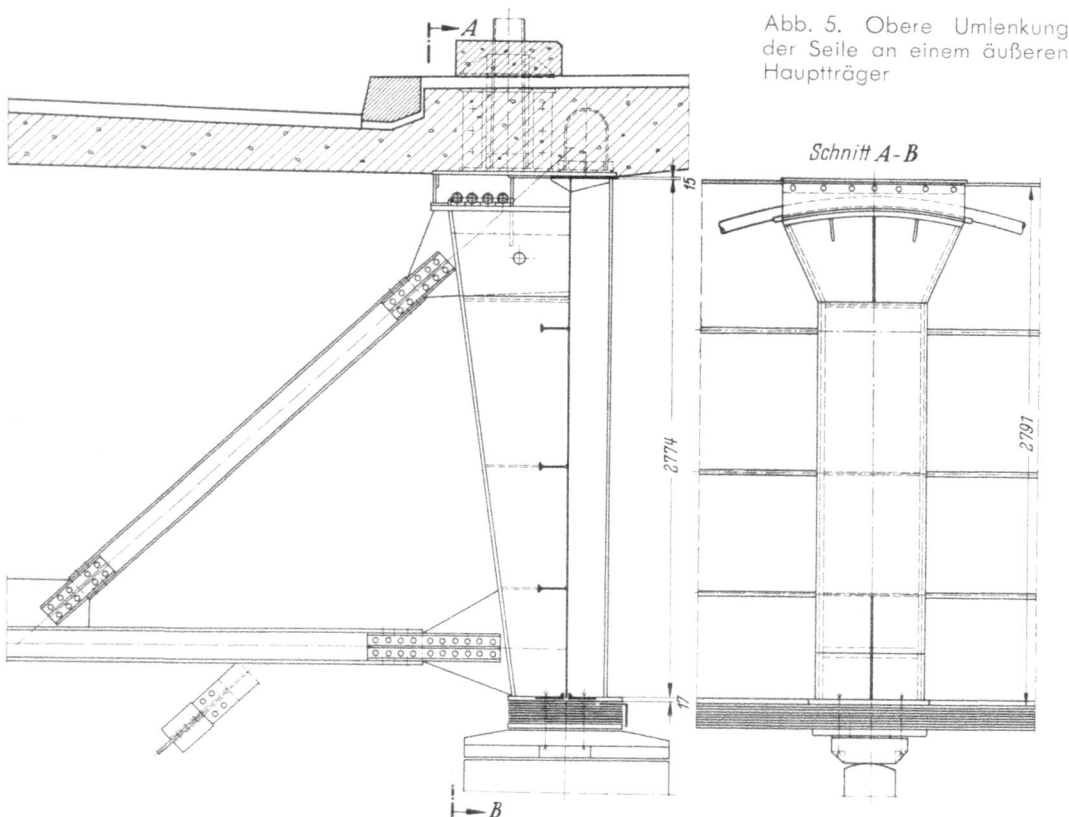

Abb. 5. Obere Umlenkung der Seile an einem äußeren Hauptträger

Schnitt A-B

Es wurde daher die Fahrbahnplatte im Bereich der Pfeiler soweit vorgespannt, daß die noch verbleibenden geringen Zugspannungen eine volle Mitwirkung des Betons als Obergurt gestatteten.

Maßnahmen, die eine vollkommene oder teilweise Ausschaltung der Zugbeanspruchung in einer Platte bewirken, sind (Abb. 3)

a) und b) Absenken oder Heben der Konstruktion nach dem Aufbringen des Betons (Montagemaßnahmen) oder

c) Anordnung einer Längsvorspannung innerhalb der Platte,

d) Unterspannen des Gesamtsystems (Hauptvorspannung) in der Form, daß an den Enden der Brücke Spannkabel verankert und angespannt werden, welche einerseits eine Druckvorspannung in der Längsrichtung erzeugen und andererseits durch Umlenkkräfte in den Feldern eine dem Eigengewicht entgegenwirkende Belastung hervorrufen. In den Feldern werden daher die Spannkabel trapezförmig, parabelförmig oder dreiecksförmig an die Untergurte heruntergezogen.

Das Einbringen der Längsvorspannung und der Unterspannung kann nun erfolgen, bevor oder nachdem die Fahrbahnplatte mit der Stahlkonstruktion in Verbund gebracht wird. Ein Vorspannen der Fahrbahnplatte, b e v o r sie in den Verbund mit der Stahlkonstruktion gebracht wird, hat den Vorteil, daß die gesamte Vorspannkraft in den Betonquerschnitt eingeleitet wird, ohne daß ein Teil in den Stahlträger abwandert. Die konstruktiven Maßnahmen, die erforderlich sind, um die Fahrbahnplatte einwandfrei von der Stahlkonstruktion für das Vorspannen zu trennen und nachher wieder zu schließen, sind umständlich und schwierig. Das Vorspannen nach Herstellung des Verbundes entlastet den Schubfluß. Die Momentensummenlinie wird so beeinflußt, daß auch in den Feldbereichen die Stahl- und Betonspannungen günstiger werden.

Eine gewissenhafte Abwägung aller Möglichkeiten ergab, daß im vorliegenden Fall ein sofortiger Verbund, nachheriges Vorspannen durch Längsvorspannung in der Platte und Unterspannen wirtschaftlicher waren.

Zusätzliche Momentenveränderungen durch Heben oder Senken wurden nicht vorgeschlagen. Sie hätten keine Vorteile gebracht.

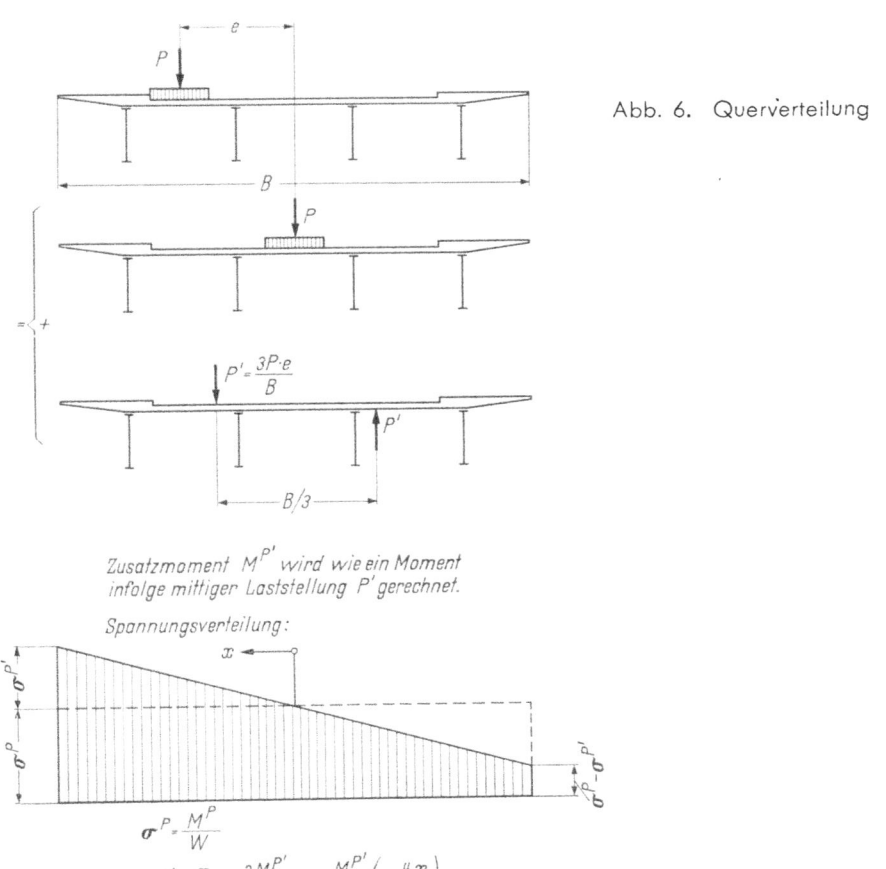

Abb. 6. Querverteilung

2.24 — Es war weiter zu entscheiden, ob in Querrichtung schlaff bewehrt oder vorgespannt wird. Die Platte könnte für Brückenklasse 60 in der Querrichtung schlaff bewehrt werden, wenn diese Beanspruchungsart allein auftreten würde. Die Vorspannung in der Querrichtung ist jedoch notwendig, um die Zuspannungen in dieser Richtung so zu ermäßigen, daß die Platte ihre Aufgabe als Obergurt der Hauptträger erfüllen kann. Eine Platte mit schlaffer Bewehrung wird bei diesen Spannweiten und Stärken so große Biegezugspannungen aufweisen, daß eine Rißbildung zu befürchten ist, die eine volle Mitwirkung der Platte als Hauptträgerobergurt, wie es die Statik vorsieht, verhindert.

Es wurde daher eine Quervorspannung angeordnet.

2.3 — Für die Querverteilung der Lasten auf die vier Hauptträger wurden 4 Querverbände in jedem Feld angeordnet. Die 2 Querverbände in der Nähe der Auflager dienen gleichzeitig als Umlenkscheiben für die Hauptvorspannung (Abb. 4).

Die Querverbände über den Pfeilern bewirken die Ableitung der Windkräfte in die Lager. Gleichzeitig sind sie die oberen Umlenkstellen für die Seile der Hauptvorspannung (Abb. 5). Horizontale Verbände wurden für den Endzustand nicht vorgesehen. Im Bauzustand war ein Verband vorhanden, der ein Ausweichen der Gurte bei der Montage und dem Betonieren verhindern sollten.

3. Statische Berechnung

3.1 — Vor Beginn der Berechnung des vorhin angedeuteten Systemes eines über 6 Felder durchlaufenden 4stegigen Balkens mit Eigengewichts- und Verkehrslastverbund, auf drei Arten vorgespannt (Hauptvorspannung, Längsvorspannung über den Stützen und Quervorspannung), war es notwendig, daß die Konstanten, welche in die Berechnung eingingen, sorgsam ausgewählt wurden. Als Baustoffe wurden Beton B 450, St 52 und ST 37.12 gewählt. Die Werte E, n, φ_∞, ε_s zeigt Tabelle 1 und die zulässigen Spannungen σ_{zul} sind aus Tabelle 2 zu ersehen.

Tabelle 1. Rechenannahmen

Elastizitätsmodul $E_{St} = 2{,}1 \cdot 10^6\, kg/cm^2$
Elastizitätsmodul $E_b = 0{,}35 \cdot 10^6\, kg/cm^2$
Verhältniszahl $n = \dfrac{E_{St}}{E_b} = 6$
End - Kriechwert $\varphi_\infty = 3{,}0$
End - Schwindmaß $\varepsilon_s = 15 \cdot 10^{-5}$

Die Berechnung der Verbundquerschnitte und die damit zusammenhängenden Spannungsnachweise bezüglich des Kriecheinflusses wurden mit verschiedenen n-Werten durchgeführt. Vorausgegangene Vergleichsberechnungen zeigten, daß die Abweichungen gegen eine strenge Berechnung so gering sind, daß diese Näherung gemacht werden kann. Es ergaben sich unter Benutzung der von Prof. Fritz[1] vorgeschlagenen Berechnungsmethoden die in Tabelle 3 zusammengestellten Werte.

Tabelle 2. Zulässige Spannungen

	Zul. Spannungen (kg/cm²)		
	Stahl		Beton
Beanspruchungsart	St 52	St 37.12	B 450
Druck			
Hauptkräfte	2 100	1 400	
Haupt- und Zusatzkräfte	2 400	1 600	130
Fließsicherheit	3 600	2 400	300
Zug (Biegezug)			
Hauptkräfte	2 400	1 600	30
Haupt- und Zusatzkräfte	2 500	1 700	30
Fließsicherheit	3 600	2 400	—

Die mittragenden Breiten wurden nach DIN 1078, Entwurf 1953 bestimmt, sie sind praktisch gleich dem Hauptträgerabstand.

Für die Lastabtragung in der Querrichtung wurden folgende Annahmen getroffen. Die Aufteilung nach einem Trägerrost nach der Theorie verwindungsfreier Kreuzwerke wurde als zu

[1] Fritz: „Vereinfachtes Berechnungsverfahren für Stahlträger mit einer Betondruckplatte bei Berücksichtigung des Kriechens und Schwindens". Bautechnik 1950, S. 37.

ungünstig angesehen. Es wurde daher eine Vergleichsrechnung angestellt mit einem Balken, der als Stützweite die Entfernung der geschätzten Biegelinienwendepunkte und den gleichen Querschnitt wie das tatsächliche Tragwerk hat. Dieses System wurde mit Hilfe der Wölbkrafttheorie untersucht, um ein Grenzmaß für die Querverteilung zu bekommen. Außerdem wurde das System als drehsteifes Kreuzwerk untersucht, wobei die überzähligen Schnittgrößen an den Rändern der mitwirkenden Breite berücksichtigt wurden, um die Verträglichkeitsbedingungen der durchlaufenden Platte zu erfüllen. Die Ergebnisse zeigten, daß eine Rechenvereinfachung in der folgenden Form eine sehr gute Annäherung liefert: Das ganze Tragwerk wird, unabhängig von der Lastaufstellung in der Querrichtung, wie ein in der Mittellinie belasteter Balken berechnet,

Tabelle 3. n-Werte

Lastfall	n zum Zeitpunkt	
	t_0	t_n
Eigengewicht	6	25
Längsvorspannung	6	25
Hauptvorspannung	6	25
Verkehrslast	6	6
Schwinden	6	15
Temperatur	6	6

während die Exzentrizitätsmomente in der Querrichtung, bezogen auf die Mittellinie, als zusätzliche Biegemomente durch senkrecht wirkende Kräfte in den Hauptträgerstegen aufgenommen werden (Abb. 6). Dabei bleibt noch als Reserve für die Querverteilung, daß auch der Schubfluß in der Platte einen großen querverteilenden Einfluß ausübt. Modellversuche haben gezeigt, daß, wenn man die Biegesteifigkeit einer querverteilenden Platte gegen Null reduziert, aber noch immer genügend Übertragungsmöglichkeit für den Längsschubfluß der Platte vorhanden ist, eine große querverteilende Wirkung der Platte übrigbleibt.

3.2 — Als statischer Querschnitt wurde der gesamte Brückenquerschnitt in Rechnung gesetzt unter Berücksichtigung der verschiedenen n-Werte zur Erfassung der Verbund- und Kriechwirkung. Einige kennzeichnende Querschnittswerte sind in Tabelle 4 zusammengestellt.

Bei der Ermittlung der Stahlspannungen wurden die Momente, in Anlehnung an die BE Neufassung von 1955, mit 0,95 multipliziert und die Widerstandsmomente auf die Randfaser bezogen.
3.3 — Die Bestimmung der Momente, Längs- und Querkräfte wurde getrennt für alle Belastungsfälle durchgeführt, bei den ständigen Lasten vor und nach dem Kriechen (t_0 und t_n).

In Tabelle 5 sind die kennzeichnenden Längskräfte und Momente zusammengestellt. Als Rechenvereinfachung wurde eine kontinuierliche Unterstützung der Hauptträger während des Betonie-

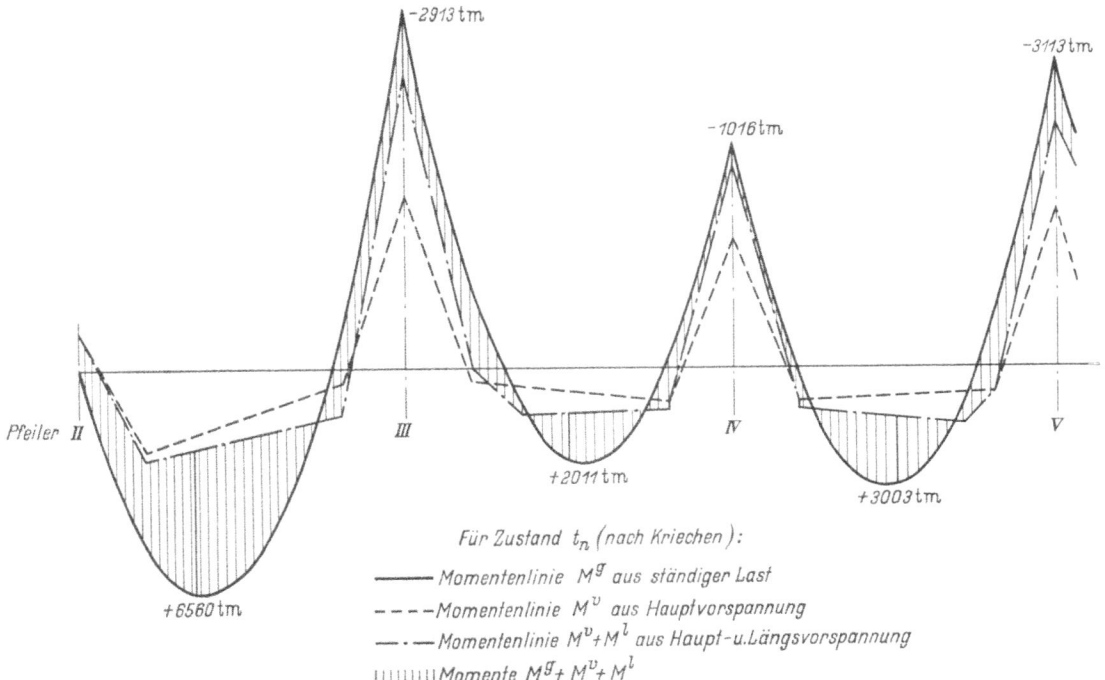

Abb. 7. Abbau der Momente aus ständiger Last durch die Vorspannung

81

Tabelle 4. Querschnittswerte

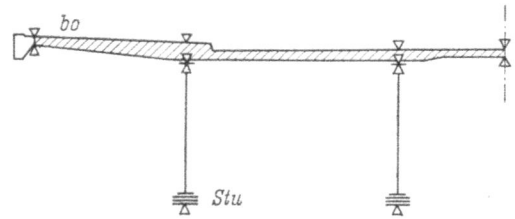

Dimensionen in Potenzen von m

		Mitte Feld 1	Pfeiler III	Mitte Feld 2	Pfeiler IV	Mitte Feld 3	Pfeiler V
Stahlwiderstandsmomente W_{stu}:	n = 6	0,5296	1,1109	0,3580	0,7171	0,3580	1,0127
	n = 15	0,5205	1,0687	0,3479	0,6910	0,3479	0,9751
	n = 25	0,5120	1,0329	0,3407	0,6697	0,3407	0,9434
Betonwiderstandsmomente W_{bo}:	n = 6	11,0210	15,8654	10,0762	13,3869	10,0762	15,3549
	n = 15	15,0450	19,6565	14,4419	17,5548	14,4419	19,2384
	n = 25	17,3915	21,8608	16,8632	19,8920	16,8682	21,4713
Verbundquerschnittsfläche F_{st}	n = 6	1,6031	1,7932	1,5359	1,6588	1,5359	1,7596
	n = 15	0,8145	1,0046	0,7473	0,8702	0,7473	0,9710
	n = 25	0,6042	0,7943	0,5370	0,6599	0,5370	0,7607
Verbundquerschnittsfläche F_b	n = 6	9,6186	10,7592	9,2154	9,9528	9,2154	10,5576
	n = 15	12,2175	15,0690	11,2095	13,0530	11,2095	14,5650
	n = 25	15,1050	19,8575	13,4250	16,4975	13,4250	19,0175
Betonfläche F_B		7,8866	7,8866	7,8866	7,8866	7,8866	7,8866

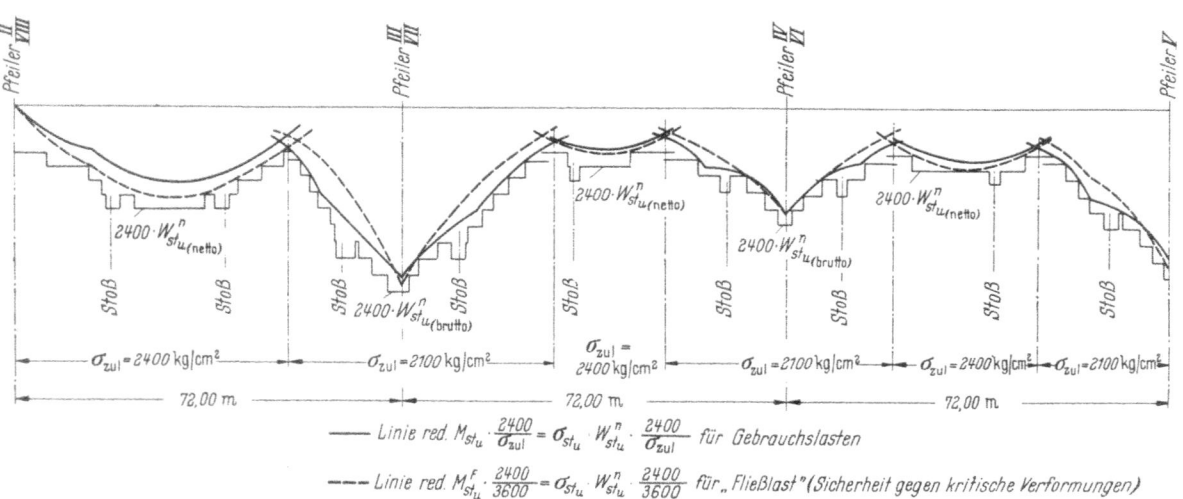

Abb. 8. Abstufung der Untergurtlamellen einschließlich Stoßdeckung. „Momentendeckung"

rens angenommen, was mit Rücksicht auf die enge Unterstützung in den Querträgerorten, also in Abständen von 14,40 m, gerechtfertigt war. In einem besonderen Nachtrag wurde nachgewiesen, daß die Abweichung der Ergebnisse zwischen kontinuierlicher und tatsächlicher Stützung vernachlässigbar gering ist.

Der Abbau der Momente aus ständiger Last durch die Momente aus Hauptvorspannung und Längsvorspannung geht anschaulich aus Abbildung 7 hervor.

3.4 — Die Spannungen wurden in den Zehntelpunkten der Feldweiten und in 12 Punkten je Querschnitt für die ungünstigste Lastkombination, einschließlich Schwinden und Kriechen, ermittelt. (Siehe Skizze in Tabelle 4.)

Bei den Spannungen aus Längsvorspannung über den Stützen wurde die Einleitungslänge der Spannkraft von der Betonplatte in den Verbundquerschnitt in der Rechnung berücksichtigt. Die Verteilung der Längsvorspannung geht aus Abbildung 7 hervor.

Eine Zusammenstellung der kennzeichnenden Stahlspannungen des Randträgeruntergurtes ist in Tabelle 6 und der Betonzugspannungen in Tabelle 7 erbracht. Zur Zeit der Berechnungsaufstel-

Tabelle 5. Statische Schnittgrößen

Momente und Längskräfte [t. u. tm] zur Zeit		Mitte Feld 1 t_o	Mitte Feld 1 t_n	Pfeiler III t_o	Pfeiler III t_n	Mitte Feld 2 t_o	Mitte Feld 2 t_n	Pfeiler IV t_o	Pfeiler IV t_n	Mitte Feld 3 t_o	Mitte Feld 3 t_n	Pfeiler V t_o	Pfeiler V t_n
Ständige Last	M_g	+ 9 132	+ 9 195	− 16 460	− 16 350	+ 3 597	+ 4 050	− 11 070	− 10 290	+ 5 216	+ 5 210	− 13 223	− 14 030
Längsvorspannung	M_L	− 373	− 884	+ 2 542	+ 5 452	− 384	− 995	+ 1 335	+ 3 394	− 340	− 971	+ 1 853	+ 3 848
	L			− 4 778	− 4 778			− 2 778	− 2 778			− 3 916	− 3 916
	ΔL_B			− 722	− 722			− 722	− 722			− 1 084	− 1 084
Hauptvorspannung	M_V	− 2 852	− 2 215	+ 7 992	+ 7 985	− 597	− 1 044	+ 5 575	+ 5 880	− 1 213	− 1 236	+ 6 428	+ 7 033
	V	− 2 448	− 2 448	− 2 448	− 2 448	− 2 448	− 2 448	− 2 448	− 2 448	− 2 448	− 2 448	− 2 448	− 2 448
Mittige Verkehrslast	max. M_P	+ 5 178	+ 5 178			+ 3 483	+ 3 483			+ 4 088	+ 4 088		
	min. M_P	− 1 560	− 1 560	− 6 270	− 6 270	− 2 074	− 2 074	− 5 496	− 5 496	− 2 041	− 2 041	− 6 277	− 6 277
Außermittige Verkehrslast (s. Fußnote)	max. M_P'	+ 820	+ 820			+ 605	+ 605			+ 661	+ 661	− 628	− 628
	min. M_P'	− 239	− 239	− 641	− 641	− 215	− 215	− 567	− 567	− 212	− 212		
Schwinden	M_S	+ 545	+ 444	+ 725	+ 354	− 505	− 359	+ 1 044	+ 753	− 155	− 116	− 933	− 504
(Für t_o: Endschwindmaß)	D_S	− 4 140	− 1 656	− 4 140	− 1 656	− 4 140	− 1 656	− 4 140	− 1 656	− 4 140	− 4 140	− 4 140	− 4 140
	Z_S	± 512	± 512	± 1 024	± 1 024	± 783	± 783	− 4 140	− 1 656	− 4 140	− 1 656	− 4 140	− 1 656
Temperatur	$0{,}5 \cdot M_t$	+ 512	+ 512	+ 1 024	+ 1 024	+ 783	+ 783	± 542	± 542	± 800	± 800	± 1 057	± 1 057

M_P' ist zu vervielfachen mit x, und zwar: $x = 1{,}3815$ für stu; $x = 2{,}0000$ für bo

Tabelle 6. Max. u. min. Stahlspannungen σ_{stu} [kg/cm²]

Stahlspannungen σ_{stu} aus Lastfall		Mitte Feld 1 t_o	Mitte Feld 1 t_n	Pfeiler III t_o	Pfeiler III t_n	Mitte Feld 2 t_o	Mitte Feld 2 t_n	Pfeiler IV t_o	Pfeiler IV t_n	Mitte Feld 3 t_o	Mitte Feld 3 t_n	Pfeiler V t_o	Pfeiler V t_n
Ständige Last		+ 1 635	+ 1 700	− 1 408	− 1 504	+ 955	+ 1 130	− 1 460	− 1 460	+ 1 385	+ 1 450	− 1 250	− 1 368
Längsvorspannung		− 67	− 183	+ 49	− 100	− 102	− 277	+ 10	+ 62	− 90	− 270	+ 49	+ 121
Hauptvorspannung		− 663	+ 817	+ 582	+ 426	+ 319	+ 757	+ 590	+ 463	+ 486	+ 800	+ 464	+ 388
Mittige Verkehrslast	max. M_P	+ 930	+ 930			+ 925	+ 925			+ 1 082	+ 1 082		
	min. M_P	− 280	− 280	− 536	− 536			− 728	− 728			− 587	− 587
Außermittige Verkehrslast	max. M_P'	+ 203	+ 203			+ 222	+ 222			+ 242	+ 242		
	min. M_P'	+ 59	− 59	− 80	− 80			− 104	− 104			− 81	− 81
Schwinden (Für t_o : 50 %)		− 80	− 120	− 85	− 134	− 202	− 319	− 56	− 84	− 156	− 254	− 74	− 45
Temperatur		± 92	± 92	± 88	± 88	± 208	± 208	± 72	± 72	± 212	± 212	± 99	± 99
Größte Zugspannung (H)		+ 2 038	+ 1 713			+ 1 681	+ 914			+ 2 133	+ 1 450		
Größte Zugspannung (H + Z)		+ 2 130	+ 1 805			+ 1 889	+ 1 122			+ 2 345	+ 1 662		
Größte Druckspannung (H)				− 1 576	− 1 928			− 1 748	− 1 851			− 1 577	− 1 814
Größte Druckspannung (H + Z)				− 1 664	− 2 016			− 1 820	− 1 923			− 1 676	− 1 913

Tabelle 7. Maximale Betonspannungen σ_{bo} [kg/cm²]

Betonspannungen σ_{bo} aus Lastfall	Mitte Feld 1		Pfeiler III		Mitte Feld 2		Pfeiler IV		Mitte Feld 3		Pfeiler V	
	t_o	t_n	t_o	t_n	t_o	t_n	t_o	t_n	t_o	t_n	t_o	t_n
Ständige Last	− 82,7	− 52,8	+ 104,0	+ 74,6	− 35,7	− 24,0	+ 82,7	+ 51,8	− 52,0	− 30,9	+ 86,2	+ 65,3
Längsvorspannung	+ 3,4	+ 5,7	− 69,6	− 58,2	+ 3,8	+ 5,9	− 47,0	− 43,1	+ 3,4	+ 5,8	− 63,0	− 52,4
Hauptvorspannung	+ 0,3	+ 3,4	− 73,0	− 48,8	+ 20,7	+ 12,1	− 66,0	− 44,4	+ 14,4	+ 10,9	− 65,0	− 45,6
Mittige Verkehrslast	+ 14,1	+ 14,1	+ 39,5	+ 39,5	+ 20,6	+ 20,6	+ 41,1	+ 41,1	+ 20,3	+ 20,3	+ 40,7	+ 40,7
Außermittige Verkehrslast	+ 4,3	+ 4,3	+ 8,1	+ 8,1	+ 4,3	+ 4,3	+ 8,5	+ 8,5	+ 4,2	+ 4,2	+ 8,2	+ 8,2
Schwinden (für t_o: 50 %)	± 2,3	± 4,4	± 4,7	± 6,5	± 6,4	± 8,7	± 1,6	± 4,0	± 4,6	± 7,0	± 3,6	± 7,0
Temperatur	+ 4,6	+ 4,6	+ 6,5	+ 6,5	+ 7,8	+ 7,8	+ 4,1	+ 4,1	+ 7,9	+ 7,9	+ 6,9	+ 6,9
Größte „Zug"spannung (H + Z)	− 53,7	− 23,1	+ 20,1	+ 29,9	− 13,5	− 11,2	+ 24,7	+ 22,0	− 26,0	+ 3,4	+ 17,6	+ 29,9

lung war die DIN 1078, Entwurf 1953, gültig. Danach konnte für eine Betonplatte ohne besondere Dichtung eine Randspannung von 30 kg/cm² Zug an der Oberseite zugelassen werden. Die endgültige DIN 1078, Ausgabe September 1955, läßt als Randspannung auf der Oberseite einer Betonplatte mit Asphaltbelag eine Zugspannung von 25 kg/cm² für Hauptkräfte und 30 kg/cm² für Haupt- und Zusatzkräfte zu. Auch diese Forderung ist erfüllt, wie aus Tabelle 7 ersichtlich ist. Die größte Betondruckspannung tritt im Feld 1 auf und beträgt 139 kg/cm², die sich durch Kriechen und Schwinden auf 110 kg/cm² abbaut.

3.5 — Der Nachweis der Sicherheit gegen kritische Verformungen war erforderlich, da es sich um ein vorgespanntes System handelt. Er wurde lt. DIN 1078 erbracht für die folgende Belastung:

1,6fache ständige Lasten + Verkehr,

Hauptvorspannung,

Temperaturunterschied,

statisch unbestimmte Größen aus Schwinden und Kriechen.

Diese Lasten werden in den Feldbereichen von dem Verbundquerschnitt aufgenommen, ohne die Bruchstauchung des Betons und die Fließgrenze des Stahls zu überschreiten. In den Pfeilerbereichen wirkt der Beton infolge Überschreitung der zulässigen Spannungen nicht mehr mit (Zustand II). Die kritische Last wird allein durch den Stahlquerschnitt und den Querschnitt der Längsspannglieder und der schlaffen Bewehrung in der Fahrbahnplatte aufgenommen. Der Seilquerschnitt der Hauptvorspannung beteiligt sich nicht an einer weiteren Lastaufnahme infolge der Längsverschieblichkeit der Seile.

3.6 — Für die Bestimmung der Gurtplattenlängen werden alle Schnittkräfte auf eine Art Kernpunktmomenten-Diagramm red. M_{stu} „reduziert" (Abb. 8). Die in den Spannungstabellen ermittelten größten Untergurtspannungen σ_{stu} werden mit dem Widerstandsmoment des betreffenden Querschnitts W_{stu} multipliziert, wobei der n-Wert beliebig gewählt werden kann, aber der gleiche sein muß, der den Abdeckungslinien $2400\ W_{stu}$ zugrunde gelegt wird. So z. B. für eine Spannung, für die der Zustand t_n den Größtwert liefert:

$$\text{red. } M_{stu} = \sigma_{stu} \cdot W_{stu}^{n=6}$$

$$= W_{stu}^{n=6} \cdot \left[\frac{M_g}{W_{stu}^{n=25}} + \frac{M_l}{W_{stu}^{n=25}} + \frac{M_v}{W_{stu}^{n=25}} + \frac{M_p}{W_{stu}^{n=6}} \right.$$

$$\left. + \frac{M_s}{W_{stu}^{n=15}} + \frac{L}{F_{st}^{n=25}} + \frac{V}{F_{st}^{n=25}} + \frac{D_s}{F_{st}^{n=15}} \right]$$

Da in den Feld- und Stützenbereichen unterschiedliche Spannungen zulässig sind, werden die „reduzierten" Momente auf eine einheitliche „Abdeckungsspannung" abgestimmt und anschließend aufgetragen. So ergibt sich z. B. bei

$$\sigma_{zul} = 2400 \text{ kg/cm}^2 \text{ die Linie } \frac{2400}{\sigma_{zul}} \cdot \text{red. } M_{stu} = \frac{2400}{\sigma_{zul}} \cdot \sigma_{stu} \cdot W_{stu}^{n=6}.$$

Damit ist die Abdeckung auf die für den normalen Stahlträger bekannte Art zurückgeführt.

Entsprechend kann bei der Bestimmung des „reduzierten Fließmomentes" red. M_{stu} für den Nachweis der Sicherheit gegen kritische Verformungen verfahren werden.

3.7 — Die erforderlichen Stabilitätsnachweise wurden wie folgt erbracht.

Die Stegbleche sind im Abstand von 7,20 m durch kräftige Quersteifen gehalten und werden dazwischen den Erfordernissen entsprechend durch Längs- und Quersteifen, wozu Flachwulstprofile sich wirtschaftlich gut eigneten, ausgesteift. Für die Längssteifen wie auch für die Quersteifen wurde für die gesamte Brücke je ein einheitliches Profil gewählt derart, daß in den weniger beanspruchten Feldern die Mindeststeifigkeit gegeben war und in den stärker beanspruchten Beulfeldern über den Pfeilern die elastische Mitwirkung der Steifen für eine ausreichende Beulsicherheit des gesamten ausgesteiften Feldes genügte.

Die Untergurte wurden auf ihre Knicksicherheit zwischen den im Abstand von 14,40 m liegenden Querträgerpunkten untersucht. In den größten Druckbereichen zwischen den Pfeilern und den ersten danebenliegenden Querträgern waren Halbrahmen erforderlich, die ein Ausweichen der Gurtung verhindern. Die Pfosten der Halbrahmen wurden als geschweißte Profile ausgebildet, die in der als oberen Riegel wirkenden Fahrbahnplatte durch Dübel eingespannt sind.

3.8 — In der Querrichtung wird die Fahrbahnplatte durch die örtlichen Lasten und die Querträgerkräfte beansprucht.

Die örtlichen Plattenmomente wurden nach DIN 1075 ermittelt. Durch eine beschränkte Vorspannung werden die Biegezugspannungen auf das nach DIN 1078 zulässige Maß reduziert.

Die Anordnung der Spannglieder und der schlaffen Bewehrung in der Fahrbahnplatte siehe Abbildung 11 und 12.

Die Zugkräfte, die durch die Wirkung der Fahrbahnplatte als Obergurt der lastverteilenden Querträger und der lotrechten Windverbände über den Pfeilern entstehen, werden durch zusätzliche Spannglieder überdrückt.

3.9 — An den Brückenenden ist die Fahrbahnplatte faltwerkartig ausgebildet zur Verankerung der Hauptvorspannung und Ableitung der Umlenkkräfte in die Lager (Abb. 13). Der in der Winkelhalbierenden der Seilumlenkung liegende Teil der Platte ist gleichzeitig der Endquerträger. Er wird durch horizontale Spannglieder gegen die Hauptträgerstege gepreßt, wodurch die Umlenkkräfte in die Stege eingeleitet werden. Der die Seilverankerung aufnehmende Plattenteil ist reichlich quer vorgespannt, um die auftretenden Spaltkräfte zu überdrücken.

4. Konstruktive Ausbildung

4.1 Stahlkonstruktion

Die Hauptträger bestehen aus einem geschweißten Grundprofil, das sich aus dem Obergurt ☐ 350 · 15 für die äußeren Träger bzw. ☐ 300 · 15 für die inneren Träger, dem Stegblech ☐ 2768 · 10 bzw. 12 und einem Nasenprofil 320 · 17 zusammensetzt. Die äußeren Träger sind mit einem Untergurtsaumwinkel ∟ 130 · 130 · 14 als „Schönheitswinkel" versehen worden, der die Lamellenabstufung verdeckt (Abb. 4). Als Material wurde St 37 für die Obergurte und St 52 für die Stegbleche und Untergurte verwendet. Die Längsaussteifungen sind je nach Erfordernis aus St 52 oder St 37. Die Querverbände wurden als Fachwerke ausgebildet, deren Obergurt die Fahrbahnplatte ist. Diese Konstruktion hat den Vorteil, daß das Schwinden der Betontafel in Querrichtung nicht behindert wird. Die Verbände sind aus Walz- oder Hohlprofilen, im Werk geschweißt, am Bau genietet, zusammengesetzt.

Die Ausbildung derjenigen Querträger, die gleichzeitig die Aufgabe der Seilumlenkung erfüllen sollen, bedurfte besonderer konstruktiver Überlegungen. So wurde der Untergurt der Querträger, welche die untere Seilumlenkung durchführen, als geschweißtes Kastenprofil aus St 52 hergestellt. Der Kasten ist in der Lage, die Torsionsbeanspruchung, welche aus der Seilreibung entsteht, aufzunehmen und als Biegemoment in die Hauptträgerstege einzuleiten. Gleichzeitig nimmt er die Seilumlenkkräfte durch Biegung auf. Auf dem Kastenprofil sind Gleitsättel aufgeschweißt, auf denen, auf Gleitkufen gelagert, die Seile längsbeweglich umgelenkt werden (Abb. 4).

Die obere Seilumlenkung über den Pfeilern geht aus Abbildung 5 hervor. Die lotrechten Auflagersteifen sind hier als torsionssteife Kästen ausgebildet. Die Umlenkkräfte werden durch diese Kastenprofile direkt in die Lager abgeleitet. Die horizontalen Kräfte aus Seilreibung werden in die Fahrbahnplatte durch Dübelanschluß übertragen.

Die untere Seilumlenkung an den Brückenenden, ehe die Seile in der Fahrbahnplatte verankert werden, weicht in ihrer Ausbildung von den anderen Umlenkpunkten ab. Die Seile mußten an diesen Punkten fächerförmig auseinandergeführt werden, um genügend Platz für die Verankerung am Brückenende zu haben. Dies geschah derart, daß die lotrechte Seilebene gedreht wurde, wodurch man die erwünschte Spreizung der Seilführung erhielt und die Umlenkbahnen Kreisbögen blieben, wie bei den bisherigen unteren Umlenkpunkten.

Die Lagerung der Seile auf kreisbogenförmigen Gleitkufen hat den Zweck, daß nicht das Seil bei Längsbewegungen auf dem Sattel scheuert, sondern die Längsverschiebung zwischen Gleitkufe und Gleitsattel stattfindet. Die Gleitkufen sind Kreisbogensegmente, in denen in einer passenden Ausnehmung das Seil gelagert ist. Durch den Anpreßdruck des Seiles findet zwischen Seil und Kufe keine Bewegung statt. Zwischen den bearbeiteten Gleitflächen der Kufen und der Umlenksättel wurde als Schmiermittel „Molykote" eingebracht, um den Reibungswiderstand herabzusetzen und eine gute Längsverschieblichkeit der Kufen zu erreichen.

Die Seilenden mit ihren Köpfen sind in der Fahrbahnplatte einbetoniert. Zur besseren Einleitung der Vorspannkraft wurden Platten vor die Seilköpfe gelegt.

Die Dübel auf den Hauptträgerobergurten und an den Querträgeranschlüssen sind Winkelprofile, die durch eingeschweißte Bleche ausgesteift sind. Angeschweißte Schlaufen aus Rundstahl dienen zusätzlich zur Verankerung.

Das feste Lager der Brücke befindet sich auf dem Mittelpfeiler. Sämtliche übrigen Lager sind längsbewegliche Stelzenlager. Das Material ist Gußstahl GS 52.1. Die Lagerkörper erhielten hohlraumartige Aussparungen, die mit Beton ausgefüllt wurden. Die Lager sind auf den Pfeilern in Kammern versenkt angeordnet, so daß nur die Lageroberteile sichtbar sind. Seitlich an den Oberteilen angebrachte Abdeckbleche geben den Lagern auf allen Pfeilern das gleiche formale Bild.

Die Entwässerung der Brückentafel erfolgt an beiden Seiten der Schrammborde durch „Passavant"-Einlaufkästen im Abstand von 14,40 m. Die Ablaufstutzen reichen bis zu den Untergurten und führen das Regenwasser in das Vorgelände ab.

Die Beleuchtungsmaste über den Pfeilern und in den Mitten der Feldöffnungen im Abstande von 36 m werden in geschweißten Stutzen befestigt. Die Stutzenausbildung ist zu ersehen aus Abbildung 5.

Die Brücke schließt an ihren beiden Enden, das ist der Anschluß an die Deichbrücke am Pfeiler II und der Anschluß an die Strombrücke am Pfeiler VIII, mit DEMAG-Übergängen ab.

Zwei durchlaufende Besichtigungsstege, die zwischen den äußeren und ersten inneren Hauptträgern angeordnet sind, dienen gleichzeitig als Kabelstege (Abb. 2). Sie sind eine Fachwerkkonstruktion aus leichten Winkeln mit Gitterrosten als Laufstege und Drahtmatten als Kabelauflagerung.

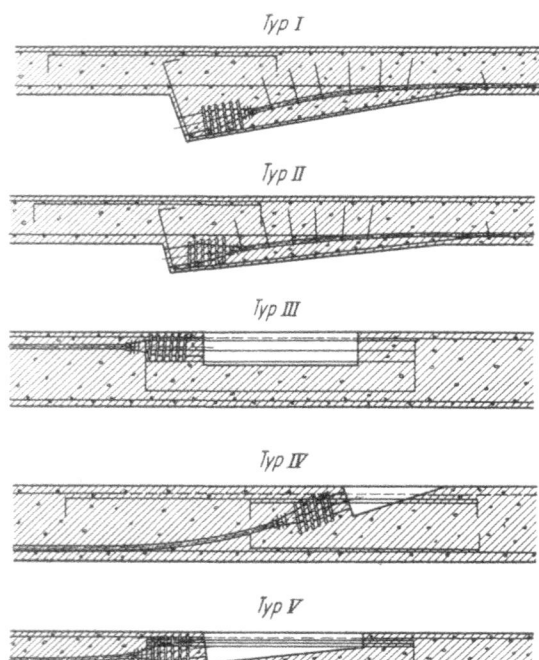

Abb. 9. Spannstellen für die Längsspannglieder

Abb. 10. Montage- und Schalungsgerüste

4.2 Seile

Die Hauptvorspannung von 2448 t wird durch 16 Seile in vollverschlossener Machart ϕ 63 mm erzeugt. Auf jeden der 4 Hauptträger entfallen damit 4 Seile.

Über den Aufbau des Seilquerschnitts, die Festigkeitseigenschaften, die ausgeführten Seilversuche und deren Ergebnisse, den Seilkopf und die Vergußmasse wird an anderer Stelle dieser Festschrift berichtet.

4.3 Betonplatte

Die Betongüte ist B 450.

Für die schlaffe Bewehrung wurde für die gesamte Fahrbahntafel nach gründlichen Überlegungen Torstahl verwendet. Die Beanspruchung des Torstahls wurde nicht höher angesetzt, als für Betonstahl II lt. DIN 1078 zulässig ist. Mit Rücksicht auf die kräftige Quervorspannung wurde auf Schrägaufbiegungen verzichtet. Statt der Haken wurden einfache rechtwinklige Abbiegungen vorgenommen.

Entwurfsaufsteller und Prüfer waren übereinstimmend der Meinung, daß die durch einen Profilstahl zu erreichende höhere Rißsicherheit der Fahrbahnplatte die Verwendung von Torstahl rechtfertigt. Die Richtigkeit dieser Maßnahme hat sich auch bestätigt. In der 11 200 m² großen fugenlosen Fahrbahntafel konnte bei genauester Überprüfung jetzt, etwa ein Jahr nach ihrer Fertigstellung, nicht der feinste Riß gefunden werden.

Für die Vorspannung in Längs- und Querrichtung wurden „Leoba"-Spannglieder[1] mit einer Spannkraft von 22,4 t gewählt.

Die schmalen rechteckförmigen Querschnitte der „Leoba"-Spannglieder hatten bei der in Längs- und Querrichtung vorgespannten Platte den großen Vorteil, daß sie sehr raumsparend sind und

[1] Siehe u. a. Leonhardt: Spannbeton für die Praxis.

Abb. 11. Spannglieder und schlaffe Bewehrung der Fahrbahnplatte

Abb. 12. Spannköpfe
der Längsspannglieder in den Spannrippen zwischen den Hauptträgern

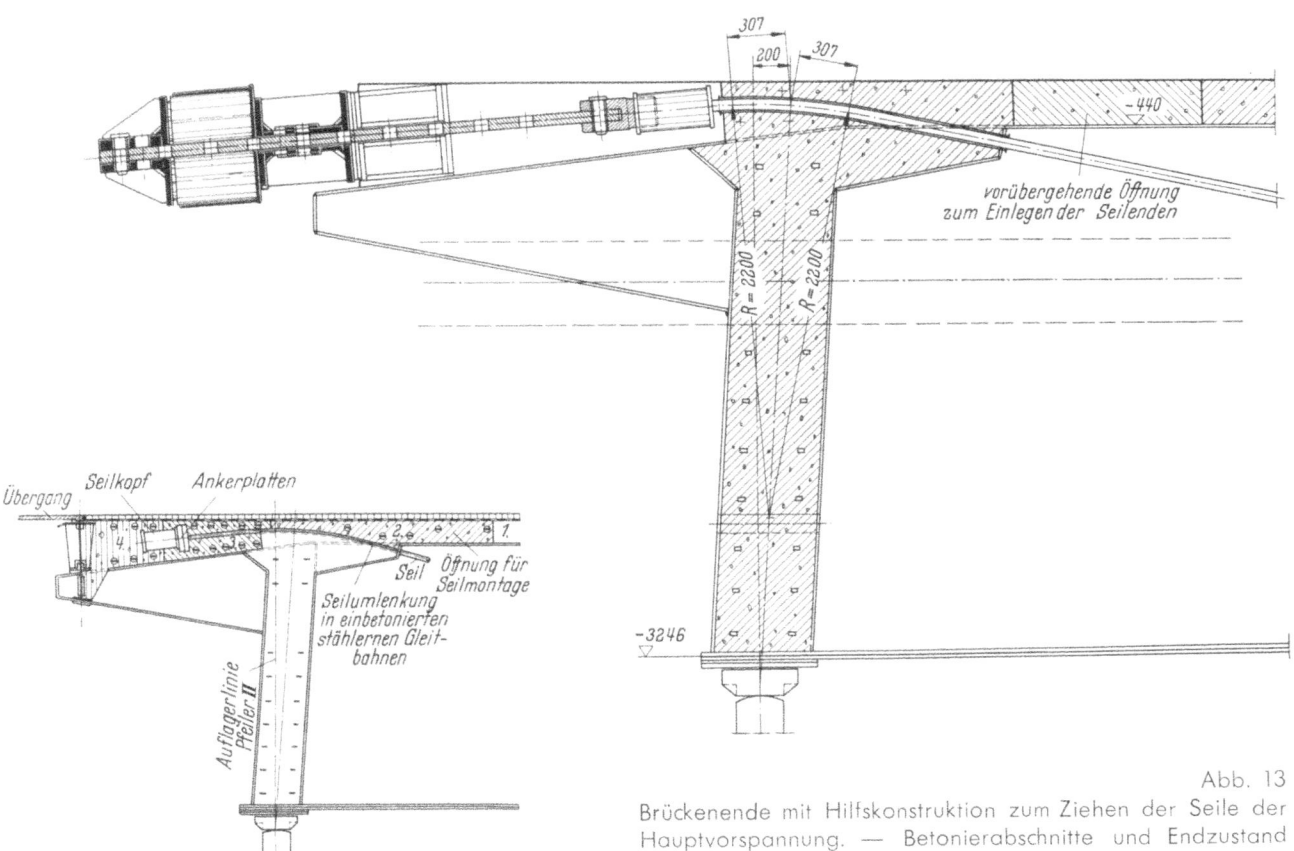

307 307
200
−440

vorübergehende Öffnung
zum Einlegen der Seilenden

R = 2200   R = 2200

−3246

Übergang   Seilkopf   Ankerplatten

Seil   Öffnung für
Seilmontage

Seilumlenkung
in einbetonierten
stählernen Gleit-
bahnen

Auflagerlinie
Pfeiler II

Abb. 13
Brückenende mit Hilfskonstruktion zum Ziehen der Seile der
Hauptvorspannung. — Betonierabschnitte und Endzustand

das Übereinander- und Ineinandergreifen der Vorspannglieder ermöglichten, ohne daß dadurch
der Querschnitt so durchsetzt gewesen wäre, daß nicht ein einwandfreies Betonieren mehr
möglich gewesen wäre.

Die örtlichen Längsvorspannungen wurden in Querrippen verankert (Abb. 9, Typ I und II). Ihre
Verteilung erfolgte so, daß die Einführung dieser großen Längskräfte, bis zu 5500 t/Pfeiler, sich
gleichmäßig in den Querschnitt auf eine bestimmte Einbindelänge verteilte. Gleichzeitig wurden
die Ansatzpunkte der einzelnen Glieder reichlich bewehrt, um die dort auftretenden örtlichen
Exzentrizitätsmomente auch einwandfrei aufnehmen zu können.

Im Bereich der auskragenden Betonplatte wurden die Spannglieder in ausgesparten Nischen
angespannt, die je nach Plattendicke und Lage der Spannglieder verschieden ausgebildet werden mußten (Abb. 9, Typ III—V).

4.4 Fahrbahnbelag usw.

Der Fahrbahnbelag besteht aus 5 cm Asphalt, der auf einen Isolieranstrich aufgebracht wurde.
Die Fahrbahn wird durch Granit-Schrammborde begrenzt. Rad- und Gehwege sind mit einem
Plattenbelag in Mörtelbettung versehen.

5. Werkstattarbeiten

Vor Herstellung der Hauptträgerstücke in den Werkstätten wurde ein Versuchsstück angefertigt.
Die dabei gemachten Erfahrungen wurden in einem Fertigungs- und Schweißplan festgelegt, der
im wesentlichen folgende Reihenfolge der Werkstattarbeiten vorsah:

1. Zusammenschweißen der 7,20 m langen Stegbleche durch X-Nähte I. Ordnung, deren einwandfreie Beschaffenheit durch Röntgenaufnahmen überprüft wurden.

2. Zusammennieten der Untergurte, bestehend aus dem Nasenprofil und den Untergurtlamellen.

3. Aufschweißen der Schubdübelwinkel auf die Obergurtlamelle. Die Dübelschlaufen aus Rundstahl wurden aus Transportgründen nicht in der Werkstatt, sondern erst auf der Baustelle an-
geschweißt.

Abb. 14. Ziehen der Seile der Hauptvorspannung. Seilköpfe und Hilfskonstruktion sind zu erkennen, ebenso die einbetonierten Rohre zur späteren Aufnahme der Querspannglieder

4. Zusammenbau der Einzelteile des Hauptträgers:

a) An das horizontal liegende Stegblech werden Obergurt und Untergurt angeheftet.

b) Heften der obenliegenden Längs- und Querstreifen.

c) Schweißen der 1. Lage der Halsnähte von Obergurt und Untergurt gleichzeitig, von der Mitte nach außen gehend.

d) Wenden des Hauptträgerstücks.

e) Heften der Steifen.

f) Schweißen der 1. und 2. Lage der Halsnähte von Obergurt und Untergurt gleichzeitig, von der Mitte nach außen gehend.

g) Schweißen der Steifen.

h) Wenden des Hauptträgerstücks in die Ausgangslage.

i) Schweißen der 2. Lage der Halsnähte.

k) Schweißen der Längs- und Quersteifen, von der Mitte beginnend.

Bei der beschriebenen Schweißreihenfolge traten nur geringe Verformungen auf, die leicht rückgängig gemacht werden konnten. Die Halsnähte, die zum großen Teil nur eine Stärke von 4 mm hatten, wurden grundsätzlich in zwei Lagen gelegt, um ein kerbfreies Schweißen zu erreichen. Das genaue Ablängen der Montagestücke und Bohren der Nietlöcher für die Montagestöße wurde jetzt erst nach dem Fertigschweißen vorgenommen. Dadurch waren keine Schrumpfzugaben erforderlich.

Insgesamt wurden 36 440 m Nähte in der Werkstatt geschweißt. In der Werkstatt wurden 39 000 Stück, am Bau 31 000 Stück Niete geschlagen.

6. Montage der Stahlkonstruktion und Herstellung der Fahrbahntafel

6.1 — Die Hauptträgerstücke wurden in Längen von 18,00 m, 21,60 m und 28,80 m auf dem Landwege von den herstellenden Werkstätten zur Baustelle transportiert. Die Montage erfolgte mit einem Schwenkmast und begann am Pfeiler II. 4 Hilfsunterstützungen je Feldöffnung waren in den Punkten der Querverbände angeordnet. Die Stöße wurden verschraubt und nach Ausrichten mehrerer aneinandergefügter Montagestücke anschließend vernietet. Ein Montageverband sicherte die Gurte gegen seitliches Ausweichen.

Die Stahlkonstruktion wurde ohne Grundanstrich zur Baustelle geliefert. Man wollte dadurch erreichen, daß die Walzhaut abrostet. Nach einer gründlichen Sandstrahlreinigung folgte der Grundanstrich und der Deckanstrich in einem Zuge.

6.2 — Mit dem Einschalen des Endquerträgers und des 1. Betonierabschnittes der Fahrbahnplatte wurde bereits frühzeitig begonnen. Zwischen die Hauptträger wurden stählerne Schalungsträger eingehängt, die als Auflager für 22 mm starke Schalungstafeln 0,50×1,50 m dienten. Da die Hauptträger praktisch unnachgiebig gestützt waren, konnte man das Einschalen der Konsolen derart vornehmen, daß die Ränder der Konsolplatten durch einfache Holzgerüste gegen den Boden abgestützt wurden (Abb. 10). Zwischen Randabstützung und den äußeren Hauptträgern wurden wieder Schalungsträger zur Aufnahme der Schalungstafeln verlegt.

Die schlaffe Bewehrung konnte weitgehendst zur Abstützung der Spannglieder benützt werden. Um die niedrigen Reibungswerte der Leoba-Spannglieder zu erreichen, war eine enge Abstützung nötig.

Als die Stahlbaumontage die 3. Feldöffnung erreicht hatte, wurde mit dem Betonieren in Feld 1 begonnen. Als Arbeitsfugen wählte man die Mitten der Feldöffnungen, die im fertigen Zustand der Brücke ausreichend Druckspannung bekommen.

Gegen Rostbildung und zur Reibungsverminderung wurden alle Drähte der Spannglieder mit dem wasserlöslichen Shell-Donax-Öl eingerieben.

Die Kornzusammensetzung der Beton-Zuschlagstoffe war durchweg folgende:

25 % Körnung 0— 3 mm
22 % Körnung 3— 7 mm
53 % Körnung 7—30 mm.

Die Sieblinien lagen stets im Bereich D—E: „besonders gut".
Für 1 m³ fertigen Beton wurden ca.

350 kg PZ 325
120 l Wasser
1,8 l Plastiment V

verwendet.

Die Würfelfestigkeiten betrugen im Mittel

$W_7 = 390$ kg/cm² und $W_{28} = 515$ kg/cm².

Kugelschlagprüfungen am erhärteten Beton der Fahrbahnplatte lieferten ebenfalls gute Ergebnisse.

Eine Biegezugfestigkeitsprüfung ergab 61 kg/cm².

Die Betonmischungen wurden in zwei 500 l-Mischmaschinen zubereitet, in Schwenkkübeln auf Schienenwagen verfahren und mittels eines fahrbaren Drehkranes auf die Höhe der Fahrbahntafel transportiert.

Durch das Aufbringen des Betons traten nur geringe Setzungen der Stahl- wie auch der Holzstützen von 5—10 mm ein, die in dieser Größenordnung erwartet und durch Überhöhung ausgeglichen worden waren.

Etwa 8 Tage nach dem Betonieren wurde die Quervorspannung aufgebracht (Abb. 11). Die ermittelten Reibungswerte stimmten mit der Rechenannahme von $\mu = 0,15$ bei 1 °/m ungewollter Welligkeit genau überein. Nach beendetem Spannen konnte die Injizierung der Spannglieder ausgeführt werden.

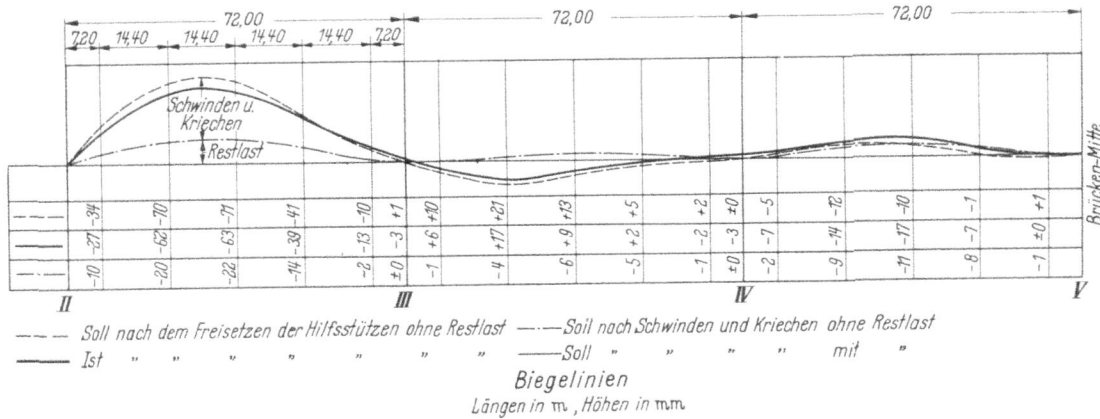

----- Soll nach dem Freisetzen der Hilfsstützen ohne Restlast · — · Soll nach Schwinden und Kriechen ohne Restlast
——— Ist "   "   "   "   "   "   "   ——— Soll "   "   "   "   mit   "

Biegelinien
Längen in m , Höhen in mm

Abb. 15

Das Betonieren der nächsten Abschnitte von Feldmitte bis Feldmitte verlief planmäßig ohne besondere Unregelmäßigkeiten. Inzwischen war die Stahlbaumontage am letzten Pfeiler VIII angelangt. Nachdem die einem Pfeiler benachbarten Feldöffnungen vollständig geschlossen waren, wurde jeweils die Längsvorspannung durchgeführt (Abb. 12). Das Anspannen der Spannglieder erfolgte im Bereich zwischen den Hauptträgern an den beschriebenen und in Abbildung 9 dargestellten Spannrippen und im Bereich der Konsolen in den ausgesparten Nischen. Auch hier bestätigte sich der erwartete Reibungswert von $\mu = 0{,}15$ bis $\mu = 0{,}20$ bei 1 °/m ungewollter Welligkeit.

Zur Überprüfung der Spannglieder wurden stichprobenartige Kontrollmessungen während des Spannens mit dem SD-2-Gerät[1] vorgenommen. Dieses Gerät kann jede Unregelmäßigkeit des Spannvorgangs sofort anzeigen, so insbesondere Schlupf oder Bruch von Spanndrähten, Nachgeben der Verankerung usw. Es ergaben sich bei den Kontrollen keine Beanstandungen.

6.3 — In der Zwischenzeit war auch der Einbau der Lager und das Vergießen der unteren Lagerplatten vorgenommen worden. Bei der Lagereinstellung wurden die noch zu erwartenden Verschiebungen aus Längs- und Hauptvorspannung, Schwinden und Kriechen und aus den Querschnittsverdrehungen berücksichtigt. Die Schwind- und Kriechverkürzung wurde hierbei nur zu $2/3$ ihres rechnerischen Wertes angesetzt, da die Rechenannahme als eine bewußt ungünstige gewählt war.

6.4 — Nachdem die Betonierarbeiten den Pfeiler VIII erreicht hatten, wurden die etwa 440 m langen Seile von einer auf der Fahrbahnplatte über dem Pfeiler II gelagerten Trommel abgespult und in ihrer ganzen Länge auf einem behelfsmäßig unter der Brücke angebrachten Transportsteg ausgelegt. Durch Löcher in der Fahrbahnplatte konnten die Seile an den Pfeilerpunkten von oben gefaßt und mittels einer Traverse in ihre Gleitsättel quer verschoben werden.

Beidseitig vor den ersten unteren Umlenkpunkten wurden die Seile gefaßt und mit einer Kraft von 20 t horizontal gegen die Pfeiler II und VIII gespannt. Das spannungslose Seilende mit dem Seilkopf konnte nun durch die Fenster der Fahrbahnplatte (Abb. 13) hindurchgeführt und in die einbetonierten stählernen Gleitbahnen, die mit dünnen Schleifblechen ausgelegt waren, verlegt werden. Die mit dem Gleitmittel versehenen Gleitkufen befanden sich auf sämtlichen Umlenksätteln in ihrer Anfangsstellung. Die unterschiedliche Länge der Gleitkufen in jedem Umlenkquerschnitt war vorausberechnet worden, wobei als Grenzwerte des „Elastizitätsmoduls" der Seile 1000 $\frac{t}{cm^2}$ und 1600 $\frac{t}{cm^2}$ angenommen wurden.

Gleichzeitig mit dem Einlegen der Seile war der Einbau der Hilfskonstruktion für das Anspannen der Seile erfolgt. Einzelheiten dieser Spannvorrichtung, wie auch des Spannvorgangs sind aus Abbildung 13 zu ersehen.

Die halbkreisförmigen Gleitschalen im Endverankerungsbereich konnten nun mit Flachblechen geschlossen werden. Die Quervorspannglieder wurden durch bereits vorher einbetonierte Blechrohre hindurchgefädelt, worauf anschließend das Zubetonieren der Fenster und des Umlenksattels erfolgen konnte.

Das Spannen der Seile wurde an beiden Brückenenden gleichzeitig vorgenommen. In die mit einem Innengewinde versehenen Seilköpfe war ein gabelförmiger Spannkopf eingeschraubt, der eine Lochstange faßte, die in Spannstufen von 120 mm gegen einen Spannträger verbolzt werden konnte. Der Spannträger lief über die Gesamtbreite des Querschnittes durch und stützte sich gegen den Beton außerhalb der Aussparungen für die Seilverankerung. Jedes Seil konnte mit 2 Stück 100 t-Pressen gegen diesen Spannträger gezogen werden.

Die statisch erforderliche Vorspannkraft je Seil betrug 166 t, worin bereits die zu erwartende Verkürzung der Brücke infolge Längsvorspannung, Hauptvorspannung, Schwinden und Kriechen und Verdrehung der Endtangenten mit 13 t je Seil berücksichtigt waren.

Je 2 Seile symmetrisch zur Querschnittsachse wurden gleichzeitig gespannt, und zwar zunächst von 20 t auf etwa 70 t Spannkraft.

Nachdem sämtliche Seile diese Spannstufe erreicht hatten, wurden sie wieder je 2 Stück nacheinander auf die nächste Spannstufe von ca. 130 t gebracht. Danach auf 150 t und schließlich auf die Endstufe von 166 t (Abb. 14).

Die Seilkräfte wurden während des Spannens mit einem Spezialmanometer, der in die Druckleitung für die Pressen eingebaut war, gemessen. Der Spannweg je Brückenende betrug bei Erreichen von 166 t Seilkraft 915 mm, was einem „Elastizitätsmodul" der Seile von etwa 1390 $\frac{t}{cm^2}$ entspricht.

---

[1] Schmerber - Drucker - Gerät 2.

Das Spannen der Seile lief ohne Störungen ab und war in verhältnismäßig kurzer Zeit erledigt. Ein Nachfassen der Seile an den Umlenkpunkten, womit man unter Umständen gerechnet hatte, war nicht erforderlich. Als Reibungsbeiwert für das Gleiten der Kufen auf den Gleitsätteln, die mit „Molykote" versehen waren, wurde $\mu = 0{,}05$ ermittelt.

Nachdem das Anspannen der Seile beendet war, wurde die Hilfsunterstützung der Brücke abgebaut.

Abb. 16.   Ansicht der fertigen Brücke bei Hochwasser des Rheins

Durch 5malige Schwingungsmessungen in einem Zeitraum von etwa 2 Monaten wurden die Seilkräfte und ihre Verteilung kontrolliert (Tabelle 8). Für die Schwingungsmessungen wurden die freien Seillängen in jeder Feldöffnung zwischen den unteren Umlenkpunkten von ca. 43 m Länge benutzt. Einige Seilkräfte wurden durch Nachspannen geringfügig reguliert, so daß eine Gleichmäßigkeit der Vorspannkraft im Querschnitt erzielt wurde. Die Schwingungsmessungen ergaben zufriedenstellende Ergebnisse, und es zeigte sich zum Schluß nahezu ein Konstantbleiben der Kräfte. Wie es sein mußte, waren auch die Seilkräfte symmetrisch zur Brückenmitte gleich.

Tabelle 8. Seilkräfte während des Spannvorgangs

Datum	Spann-weg mm	Seilkopf	Feld 1	Feld 2	Feld 3	Mittlere	Gesamt
				Seilkräfte in t			
11. 12. 56	330	77	69	66	63	66	1059
17. 12. 56	690	145	132	129	123	128	2046
19. 12. 56	810	165	156	150	144	150	2397
9. 2. 57	915	—	167	167	159	165	2640
22. 2. 57	915	—	165	167	158	164	2624

Nach der letzten Messung war in den Feldöffnungen eine mittlere Seilkraft von 164 t vorhanden. Die größte Kraft betrug 167 t, die kleinste 158 t. Auf einen Ausgleich wurde verzichtet. Sollte sich bei einer späteren Messung, nach voraussichtlicher Beendigung des Schwindens und Kriechens des Betons, zeigen, daß die Seilkraft in einer Feldöffnung unter den erforderlichen Wert von 153 t gesunken ist, so kann durch einfache Maßnahmen ein Ausgleich von einer Feldöffnung zur anderen geschaffen werden.

6.5 — Im Anschluß konnten die Seilköpfe einbetoniert werden. Die Spannhilfskonstruktion wurde entlastet und ausgebaut.

Nach dem Quervorspannen dieses letzten Bereiches ging man daran, die Übergangskonstruktionen einzubauen. Nach einem eingehenden und gewissenhaften Nivellement der Brücke kam die Herstellung der Gesimsbalken an die Reihe. Die gemessene Höhenlage der Brücke glich sich in Form und Größenordnung sehr gut der zu der Zeit noch zu erwartenden Biegelinie des Tragwerkes an (Abb. 15).

Versetzen von Geländer und Bordsteinen, Aufbringen des Dichtungsanstriches und des Asphaltes, sowie Verlegen der Rad- und Gehwegbeläge und Einsetzen der Beleuchtungsmaste schlossen die Brückenarbeiten ab.

7. Schlußbetrachtung

Die Konstruktion dieser seilunterspannten Verbundbrücke wurde in der gewählten Art und Größenordnung erstmalig ausgeführt. Durch die Unterspannung mit hochwertigen Seilen konnte der Materialaufwand und damit zusammenhängend die Gesamtkosten des Bauwerks auf ein Minimum gesenkt werden.

Die aufgewendeten Gewichte und Massen sind im einzelnen die folgenden:

Stahlkonstruktion:	St 37	296 t
	St 52	1 033 t
Lager und Übergänge:	GS. 52.1	61 t
Patentverschl. Seile		148 t
Bewehrungsstahl:	B St I und B St III b	204 t
Spannstahl:	St 145/160	147 t
	insgesamt:	1 889 t
Beton B 450		3 720 m³

Das gesamte Stahlgewicht einschl. der Betonbewehrung, bezogen auf die Nutzfläche der Brücke, beträgt 169 kg/m² [1], das Gewicht der Stahlkonstruktion allein 119 kg/m².

Zum Schluß sei noch erwähnt, daß die für die Ausführung benötigten Massen und Gewichte fast genau den Mengen des Angebots entsprechen.

[1] Vergleich mit anderen Brücken: siehe Klingenberg: Brückenbauten an Bundesfernstraßen, Der Bauingenieur 1957, Heft 7 und 9.

Die Seile

Von Dr.-Ing. F. Greis, Direktor der Firma Westfälische Union Hamm, Werk Lippstadt, und Dipl.-Ing. H. J. Ernst, Städt. Baurat, Stadt Düsseldorf

1. Allgemeines

Eine entscheidende Grundlage für die Konstruktion und Berechnung der Brücke sowohl für den Endzustand als auch während der Montage bildet das Verhalten der Seile. Auch bei dieser Brücke bot sich das verschlossene Brückenseil — wie bei allen Kabelbrücken dieser Größenordnung — als geeignetes Bauelement an. Als charakteristische Eigenschaften seien hier nur die große Steifigkeit genannt, weiterhin die Dichte des Stahlquerschnittes gegenüber dem Gesamtquerschnitt des Seiles, also beste Raumausnutzung, außerdem die hohe Sicherheit gegen Eindringen von Wasser, die durch die glatte Oberfläche bedingte einfache Wartung und damit eine praktisch unbegrenzte Lebensdauer.

2. Forderungen

2.1 Allgemein

Von amtlicher Seite aus liegen für verschlossene Brückenseile noch keine besonderen Vorschriften vor. Von Fall zu Fall ist der Bauherr damit verpflichtet, die Forderungen, die er für die Sicherheit des Bauwerkes für erforderlich hält, erneut zusammenzustellen. In den letzten Jahren wurden umfangreiche Versuche an verschlossenen Seilen durchgeführt. Praktische Erfahrungen an den ausgeführten Bauwerken lassen das Verhalten der Seile während der Versuche und in der Praxis vergleichen. In diesem Zusammenhang sei auf die Rheinbrücken Rodenkirchen, Duisburg-Homberg und die Brücke über den Strömsund in Schweden hingewiesen. So konnte man sich bei der Aufstellung der Abnahmebedingungen und der Versuchsanordnungen für die Nordbrücke Düsseldorf auf diese bisherigen Erfahrungen stützen, diese verbessern und vervollständigen.

2.2 Statische Belange

Einen wesentlichen Bestandteil der Forderungen an die Seile lieferten die Belange der Statik. In der Berechnung der Strombrücke war im Bereich der Verkehrslast der Elastizitätsmodul als letzter Erfahrungswert mit $E_p = 1700 \text{ t/cm}^2$ festgelegt worden. Durch die geforderte Sicherheit gegen Bruch von 2,2 wurde als oberste Spannungsgrenze 45 % der Bruchspannung zugelassen. Dabei war zu gewährleisten, daß bei dieser Belastung ein Nachkriechen der Seile keinesfalls eintreten durfte.

Als weitere Forderung der Statik mußten die in die Rechnung eingesetzten Seilquerschnitte weitgehendst eingehalten werden. Diese waren erfahrungsgemäß auf Grund der effektiven Bruchspannung von 14,5 t/cm² festgelegt worden. Allerdings war diese Bruchspannung nur für die Querschnittsannahmen der Flutbrückenseile und der unteren sowie mittleren Seile der Strombrücke maßgebend.

Für die Querschnittsbildung der oberen Seile der Strombrücke war eine weitere Bedingung, die in der Ausschreibung bereits festgelegt war, zutreffend.

Auf Grund von Dauerschwellversuchen, die im einzelnen im Abschnitt 4.1 beschrieben werden, wurde zur Bedingung gestellt, daß die Schwellbeanspruchung der Seile den Wert 2,5 t/cm² nicht überschreiten darf. Aus der Eigenart des Systems ergab sich damit, daß die oberen Seile einen weit über die geforderte 2,2fache Sicherheit hinausgehenden Querschnitt erhielten, eine Tatsache, die nicht nur der Sicherheit, sondern auch der Steifigkeit des gesamten Bauwerkes zugute kommt.

2.3 Abnahmebedingungen

Im Folgenden sind die Abnahmebedingungen sowohl für die Einzeldrähte als auch für die Seile stichwortartig zusammengestellt. Die Abnahme erfolgte durch die Bundesbahn nach DIN 51 201.

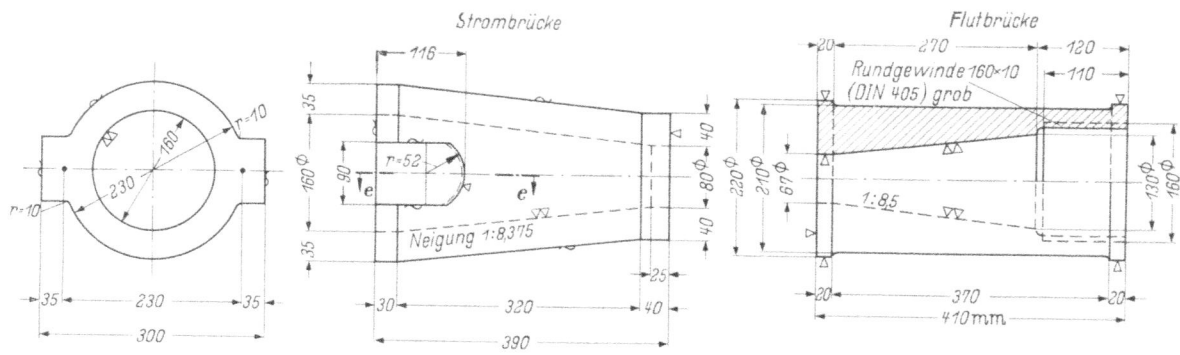

Strombrücke

Flutbrücke

Rundgewinde 160×10
(DIN 405) grob

Neigung 1:8,375

Abb. 1. Grundsätzliche Form der Seilköpfe

Werkstoffgüte:

Bester SM-Stahl. Gehalt an P und S zusammen 0,06%, einzeln max. 0,035%. Prüfung durch Vorlage der Gußanalysen.

Prüfung der Einzeldrähte:

Anfang und Ende jedes Drahtringes muß geprüft werden. Der Abnahme-Beamte hat das Recht, bei Vorlage der Prüfwerte 10% der vorgelegten Drahtringe nachzuprüfen.

Zerreißversuche, Länge 150 mm.

Zugfestigkeits-Prüfung nach DIN 51 201 A:

Zulässige Abweichungen von der Nennfestigkeit.

Bei Runddraht: —5%   +15%
Keil- und Profildraht: —5%   +20%.

Biegefähigkeit nach DIN 51 211:

Zu erreichende Mindestzahl:

Runddrähte: 10—12 bei R = 15
Keildrähte: 7— 9 bei R = 15
Profildrähte: 7   bei R = 15

Verwindefähigkeit nach DIN 51 212:

Versuchslänge   300 mm,
Geschwindigkeit   1 U/Sek.

Zu erreichende Verwindungen:

Runddraht: 18—20
Keildraht: 8—10
Profildraht: 7

Maßhaltigkeit: Runddrähte nach DIN 2078 = ± 0,10 mm.

Oberfläche: Keine Risse, Kerben und sonstige Fehler.

Bruchlast der Seile:

Von 20% aller Fertigungslängen 1 Probestück. Mindestens aber 2 Proben jeder Seilart. Jede der festgestellten Bruchlasten muß gleich oder größer als die garantierte Bruchlast sein.

Spannungs-Dehnungs-Messungen:

Diese werden, falls erforderlich, an allen Probestücken durchgeführt.

Länge der Probestücke   5 m.
Meßstrecke   2—3 m.
Meßinstrumente: 2 Meßuhren und gleichzeitiges Messen des Seilkopfschlupfes.

Ablängen:

erfolgt unter Vorlast von 20 t. Maßstab in Übereinstimmung mit den Werkstätten, Längentoleranz ± 30 mm.

Abb. 2
Vorrichtung zum Vorwärmen der Seilköpfe

Abb. 3. Temperaturregler

3. Produktion

Auf Grund der Forderungen in Ziffer 2. wurden die im Abschnitt 4.1 dargestellten Seilquerschnitte entwickelt.

Bei der Fertigung der Seile wurden jeweils mehrere Seillängen zu einer Fabrikationslänge zusammengefaßt. Jede Drahtlage wurde gemennigt mit einer den Vorschriften der Bundesbahn entsprechenden, in ihrer Konsistenz dem Tauch-Durchlaufverfahren angepaßten hochdispersen Bleimennige. Alle Seile wurden mit einem Mennige-Außenanstrich versehen. Während der Verarbeitung in der Seilerei wurden die Drähte auf ihre einwandfreie Beschaffenheit in bezug auf erkennbare Oberflächenfehler überprüft.

Die Seilköpfe sind in Abbildung 1 dargestellt. Der Konus mit seiner Wandneigung von etwa 1 : 8 und seiner Länge von rd. 4,5 d entspricht den bekannten Erfahrungswerten. An den Köpfen der Strombrückenseile sind je 2 Ohren angegossen, an denen die Nachspannvorrichtung angreift, während die Köpfe der Flutbrückenseile zum Einschrauben der Spannvorrichtung ein Innengewinde besitzen. Als Vergußmasse für die Seilköpfe wurde Feinzink mit einer Reinheit von 99,995 % verwendet. Die Drähte der Seilenden wurden zum Seilbesen geöffnet, gereinigt, metallisch blank gemacht und bei einer Gießtemperatur des Feinzinks von etwa 450° in den Seilköpfen vergossen. Die Seilköpfe mußten ausreichend hoch angewärmt werden (Abb. 2), um ein zu schnelles Erstarren des Feinzinks zu vermeiden und einen einwandfreien gut durchgelaufenen Guß zu erreichen. Für die Überwachung und genaue Einhaltung der Gieß- und Anwärmtemperaturen wurden automatische Temperaturregler verwendet (Abb. 3).

Sämtliche Seilköpfe konnten vorschriftsmäßig nach dem Erkalten mit leichten Schlägen aus den Seilköpfen herausgeschlagen werden.

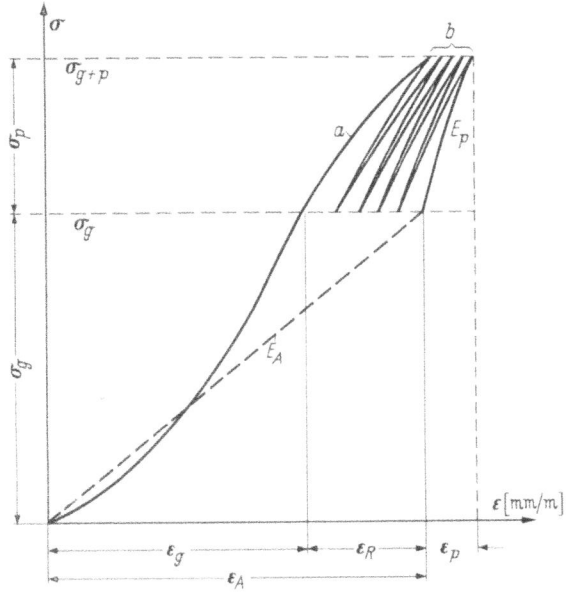

Abb. 5. Charakteristisches Spannungs-Dehnungs-Diagramm für verschlossene Seile

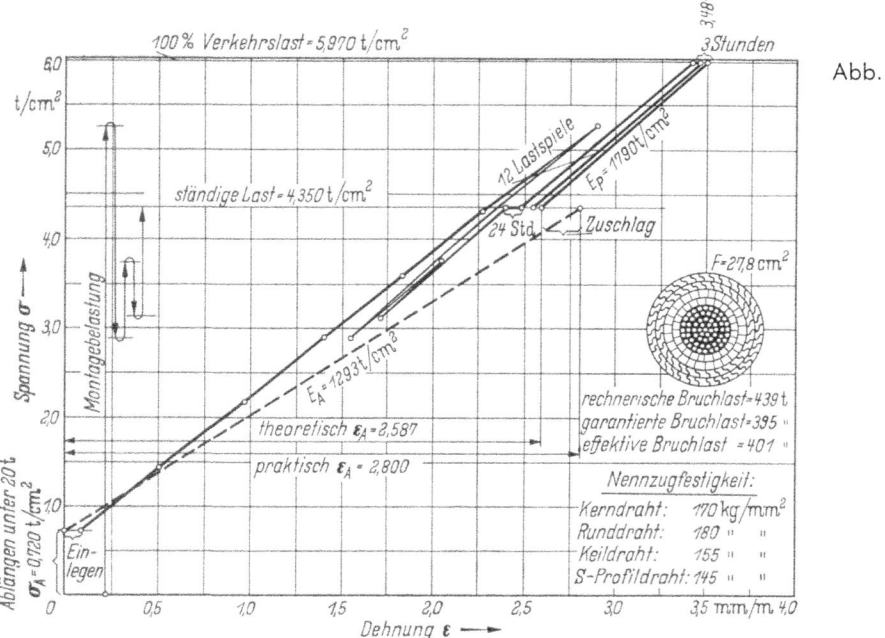

Abb. 6

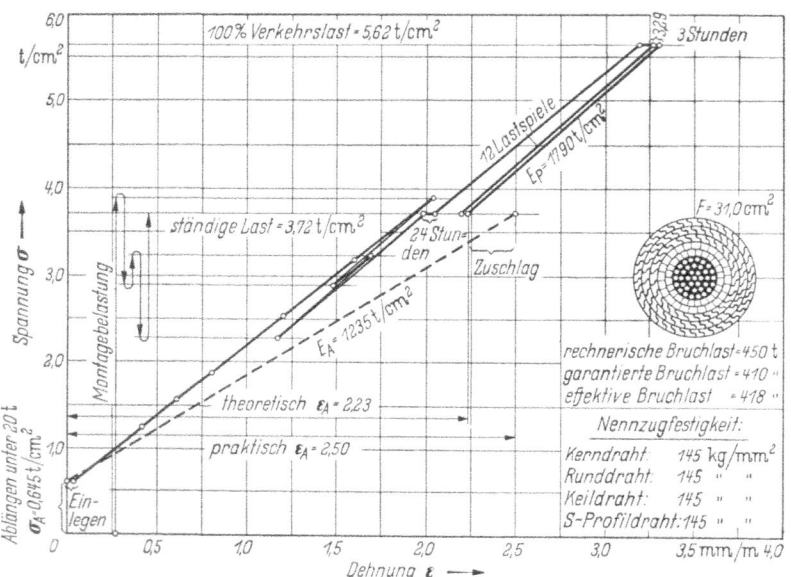

Abb. 7

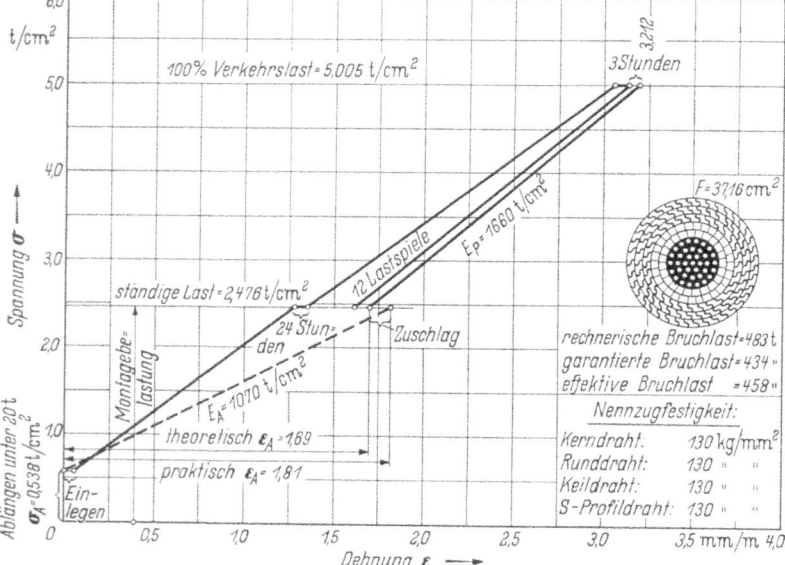

Abb. 8

Abb. 6—8. Spannungs-Dehnungs-Diagramm der Strombrückenseile

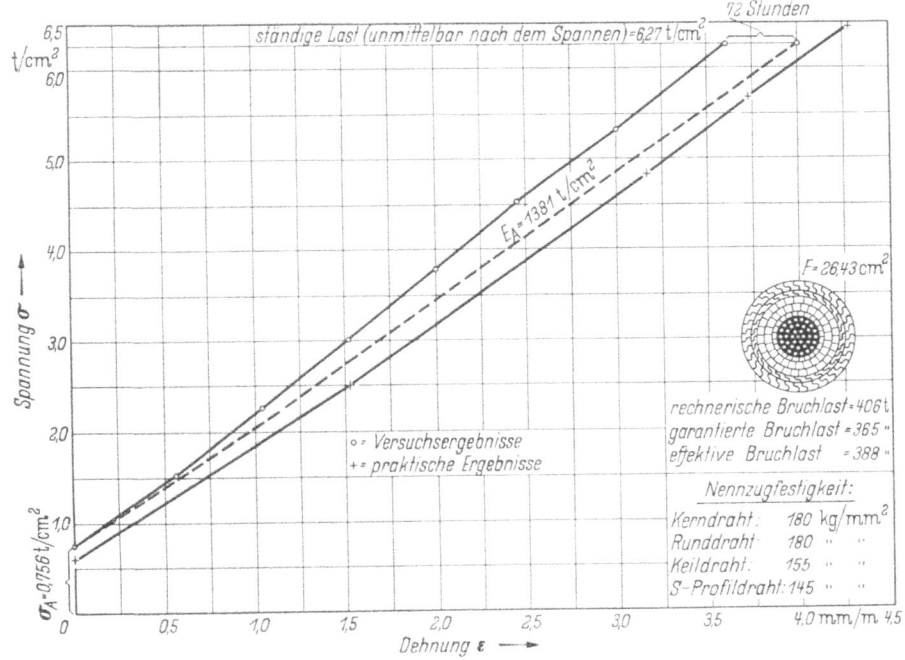

Abb. 9. Spannungs-Dehnungs-Diagramm des Flutbrückenseils

Die Drähte stehen am Ende über dem Verguß um 3—5 mm heraus, einerseits um die Lage der Drähte am Seilbesen auch nach dem Verguß kontrollieren zu können, andererseits um auch nach dem Einbau der Seile die Bewegungen der Drähte beobachten zu können.

Nach den Abnahmebedingungen mußte das Ablängen der Seile mit einer Toleranz von $\pm$ 30 mm erfolgen. Dieses Ablängen geschah auf einer genauestens vermessenen betonierten Abläng-

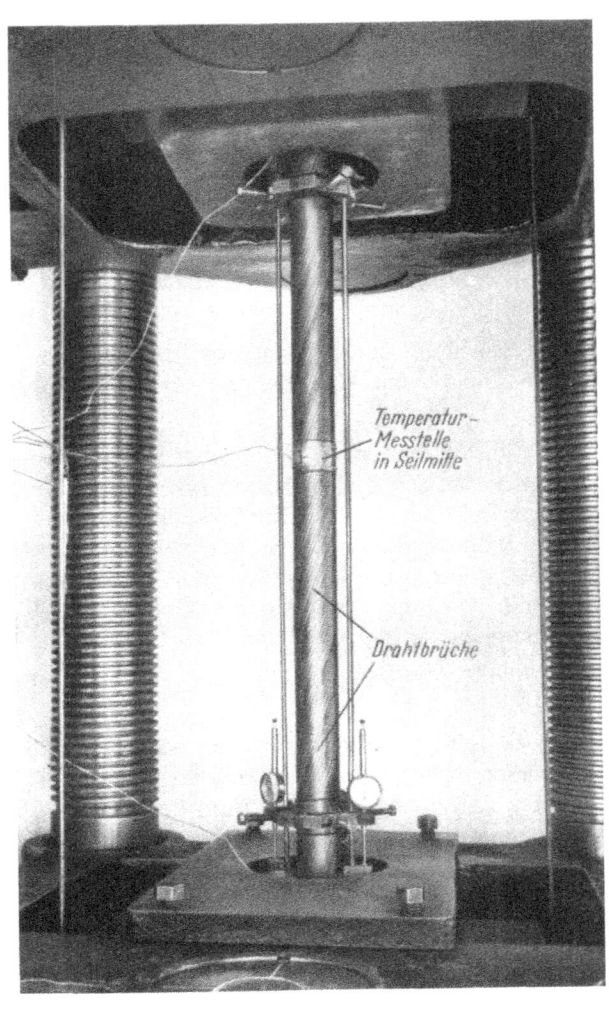

Abb. 10
Versuchsanordnung für den Dauerversuch

bahn. Jedes Seil erhielt eine Endmarke und eine Marke, die den Auflagerpunkt auf dem Pylonenlager angab. Verschiedene Meßmarken waren als Kupfer- oder Stahlplatten in den Beton eingelassen, von denen aus die genauen Längen mit Reststrecken abgemessen wurden.

Um die Reibung des Seiles auf der Betonunterlage auszuschalten, wurde für das Ablängen der oberen Seile, von denen jedes etwa 230 m lang ist, eine Rollbahn geschaffen. Das abzulängende Seil lag auf im Betonboden eingelassenen Rollen im Abstand von etwa 4 m (Abb. 4). Beim Ablängen brauchte also nur noch die Meßtemperatur als korrigierender Faktor berücksichtigt werden. Der Ablängvorgang erfolgte unter einer Vorlast von 20 t. Dieser Wert wurde mit einem Federdynamometer kontrolliert.

4. Versuche

4.1 Seile

Das Spannungs-Dehnungs-Diagramm für verschlossene Seile ist in seiner charakteristischen Form in Abbildung 5 dargestellt. Erstmalige Belastung des Seiles liefert die Kurve a. Wird das Seil im Spannungsbereich σ_p wiederholt be- und entlastet, ergeben sich die Kurven b. Für das unter der Spannung σ_g infolge ständiger Last stehende Seil stellt sich nach dieser Belastung eine bleibende Dehnung ε_R (Verkehrsreck) ein.

In den Grenzen der praktischen Belange des Brückenbaues nimmt dieser Wert nach einer Anzahl von Lastspielen (10—12) bei den Messungen an den etwa 5 m langen Versuchsstücken mit einer Meßlänge von 3 m einen konstanten Wert an. Das Verhalten des Seiles ist dann im Bereich σ_p voll elastisch. Bei Durchführung der Versuche ist aber darauf Rücksicht zu nehmen, daß der Wert ε_R nicht nur von der Anzahl der Lastspiele und der Schwingweite σ_p abhängig ist, sondern maßgeblich durch die Zeitdauer, in der die Versuche durchgeführt werden, beeinflußt wird.

Es hat sich gezeigt, daß ein Kriechen der Seile unter den Belastungen σ_g bei den Versuchen nach etwa 24 Stunden ausklingt. Es hat hierbei keinen Einfluß auf das Endergebnis, ob die Lastspiele diesen Zeitraum ausfüllend, durchgeführt werden, oder das Seil unter den angegebenen Lasten nach oder vor den kurzzeitig durchgeführten Lastspielen stehen gelassen wird.

Zweck der Versuche ist es, einmal den Ablängwert ε_A bzw. E_A festzulegen, zum anderen aber die Seildehnungen in Zwischenwerten festzulegen, die auf das Verhalten der Seile während der Montage schließen lassen. Hierbei taucht zunächst die Frage auf, ob für die Lastspiele die 100 %ige Verkehrslast, die in Wirklichkeit bei diesen Brücken nur im Katastrophenfall auftritt, zugrunde gelegt werden soll. Auf Grund der Erfahrungen, daß sich die Seile in der Praxis weicher verhalten als in den Versuchen festgestellt wird, wurde auch hier aus Sicherheitsgründen die 100 %ige Verkehrslast zugrunde gelegt. Zusätzlich wurde auf Grund der Erfahrungen beim Bau der Brücke über den Strömsund in Schweden, zu dem sich im Versuch ergebenden Wert ε_A für die endgültige Ablängung etwa 0,15 mm/m zugeschlagen. Mit diesen Zuschlägen ist die Abweichung des Zeitkriechens zwischen Versuch (kurze Seillänge) und Praxis erfaßt.

Aus diesen vorstehenden Überlegungen wurde für alle Seile der Strombrücke folgendes Versuchsprogramm festgelegt, das der Behandlung des Seiles vom Ablängen bis zur Übernahme der endgültigen Funktion in der Brücke entspricht.

Die Seile werden zunächst 2 Stunden lang mit 20 t belastet. Das ist die Kraft, unter der die Seile abgelängt und auch auf der Baustelle eingebaut werden. Die Zeit entspricht etwa der Dauer des Ablängens. Anschließend werden die Meßuhren auf Null gestellt. Das Seil wird dann entlastet und weiterhin über Zwischenlaststufen des Montagerhythmus bis zur ständigen Last gespannt. Diese Last wird bis zum Abklingen des Kriechens, mindestens aber 24 Stunden, gehalten. Es folgen 12 Verkehrslastspiele. Daraufhin wird die Lastspitze — ständige Last + Verkehrslast — 3 Stunden beibehalten. Die Schlußmessung erfolgt unter ständiger Last.

Die charakteristischen Werte dieser Spannungs-Dehnungs-Messungen sind in den Abbildungen 6—8 dargestellt.

Für die Seile der Flutbrücke ergab sich insofern ein anderes Versuchsprogramm, als diese Seile als ständige Last etwa 42 % der Bruchlast halten müssen. Hier kam es also vor allem darauf an, die Kriecherscheinungen des Seiles bei dieser hohen Last zu studieren bzw. den Lastabfall bei konstanter Länge. Von der Ablängkraft 20 t ausgehend wurde daher stetig bis 164 t belastet und diese Last 72 Stunden lang belassen.

Aus Abbildung 9 ist zu ersehen, daß die Dehnung im Bereich von 20 bis 164 t 3,6 mm/m beträgt. Unter der Last von 164 t nahm die Dehnung laufend zu, bis nach etwa 72 Stunden trotz kleinerer Lastspiele bei 4 mm/m ein Stillstand eintrat.

Abb. 11
Versuchsanordnung für das
Zerreißen der Seilköpfe

Abb. 12
Seilkopf nach dem Bruch

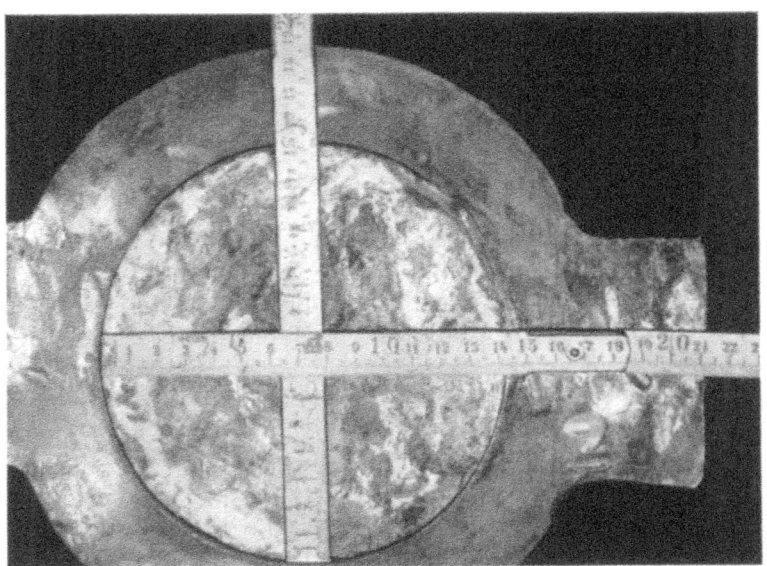

Abb. 13
Der nicht gebrochene Seilkopf nach dem Versuch

Der für die Ablängung maßgebende ideelle E-Modul betrug damit 1360 t/cm².

Zusätzlich zu diesen Untersuchungen wurde das obere Seil der Strombrücke, $\emptyset$ 73, im Dauerschwingversuch geprüft. Damit sollte nicht nur die Widerstandsfähigkeit des Seiles selbst, sondern auch der Vergußmasse und der Seilköpfe untersucht werden. Die Versuchsanordnung ist aus Abbildung 10 zu ersehen. Die Länge des Seiles zwischen den Köpfen betrug 1,30 m, die Meßstrecke 1,0 m. Die Seilenden waren in die auch beim Bau der Brücke verwendeten Seilköpfe vergossen. Das Seil wurde im Dauerschwingversuch mit P_o = 168 t, P_u = 86,2 t mit 2 Mio Lastspielen belastet. Diese Werte entsprechen Spannungen von 4,494—2,306 t/cm², womit sich eine Schwingweite von 2,188 t/cm² ergibt.

Zunächst wurde, wie bei den oben beschriebenen Spannungs-Dehnungs-Messungen 8 Lastspiele gefahren, ehe der Pulsator mit einer Frequenz von 165 Lastspielen pro Minute eingeschaltet wurde.

Die ersten Unregelmäßigkeiten am Schreibgerät für das P_u-Manometer, die auf Drahtbrüche schließen ließen, wurde nach 625 000 Lastspielen beobachtet. Äußerlich wurde jedoch zu diesem Zeitpunkt am Seil keine Veränderung festgestellt. Weitere Drahtbrüche wurden in mehr oder minder großen Zeitintervallen bis zum Abbruch des Versuchs aufgezeichnet. Nach über 1 Mio Lastspielen traten die ersten Drahtbrüche in der äußersten Lage auf. Nach 2 Mio Lastspielen wurde das Seil ausgebaut und eingehend untersucht. Dabei wurden 46 Drahtbrüche festgestellt, wovon ca. 10 in der Nähe jedes Seilkopfes lagen. Der Seilquerschnitt war durch diese Brüche um etwa 20 % gemindert.

Während des Versuchs wurden die Seildehnungen ebenfalls gemessen. Sie zeigten im Anfangsbereich nur unwesentliche Abweichungen gegenüber den statischen oben beschriebenen Versuchen. Daß die Dehnung des Seiles bis zum Abbruch des Versuchs weiterhin zunahm, ist zum größten Teil auf die Querschnittsminderung infolge der Drahtbrüche zurückzuführen. Die Vergußkegel zeigten den üblichen Schlupf, der im Laufe des Versuchs langsam abklang, aber nicht vollständig zum Stillstand kam.

Die vor Versuchsbeginn als bedenklich betrachteten Temperaturdifferenzen am Übergang vom Vergußkegel zum freien Seil waren geringer als vermutet. Sie erreichten während des ganzen Versuchs nur den Betrag von 1,3° am unteren Kopf.

Die Temperaturdifferenz des Seiles gegenüber der Außentemperatur betrug kurze Zeit nach dem Beginn der 165 Lastspiele pro Minute 12,5°. Dieser Betrag wurde im wesentlichen bis zum Abbruch des Versuchs gehalten.

Bei der hohen Schwingweite und der hohen Frequenz kann das Ergebnis dieses Versuches als durchaus positiv angesehen werden.

4.2 Seilköpfe

Die Seilköpfe sind in ihrer Grundform nach den bekannten Rechnungsmethoden und konstruktiven Grundsätzen ausgeführt (Bild 1). Zur Feststellung von Materialfehlern wurden die Seilköpfe geröntgt.

Die Ausbildung der Ohren bot eine gewisse Unsicherheit, da die auftretenden mehrachsigen Spannungszustände rechnerisch nicht einwandfrei zu erfassen sind. An zwei Seilköpfen wurden daher Zerreißversuche durchgeführt. Dabei wurden beim ersten Versuch zwei Seilköpfe, die mit den Ohren in Langlöchern zweier Bleche eingehängt waren, auseinandergezogen. Unter der Last von 122 t, mit der beim Nachstellen der unteren Kabel der fertigen Brücke die Ohren angefaßt werden müssen, wurden die Köpfe etwa 1¹/₂ Stunden beobachtet (Abb. 11). Nach weiterer langsamer Laststeigerung bis 308 t riß ein Ohr zusammen mit einem hufeisenförmigen Kopfstück ab (Abb. 12).

Es handelte sich um einen klaren Trennbruch, wahrscheinlich eingeleitet durch Versagen des Materials im Bereich zweiseitigen Zuges unterhalb des Ohres, wo die Biegezugspannungen des Ohres und die Ringzugspannung zusammentreffen. Außerdem hatten sich an dieser Stelle die Bleche plastisch in die Ohren eingedrückt. An dem heilen Kopf wurde festgestellt, daß sich die Ohren aufgebogen hatten und im oberen Bereich den kreisrunden Querschnitt des Kopfes zu einer elliptischen Form zusammengedrückt hatten (Abb. 13).

Nach diesen Erscheinungen war anzunehmen, daß die Bruchlast des Kopfes gesteigert werden könnte, wenn diese Verformung durch Einlegen eines Druckstückes in die Kopfenden zwischen die Ohren verhindert wird. Es wurde daher beim zweiten Versuch ein auf diese Weise versteifter mit einem normalen Kopf zusammengekoppelt. Beim Spannen wurde der Unterschied

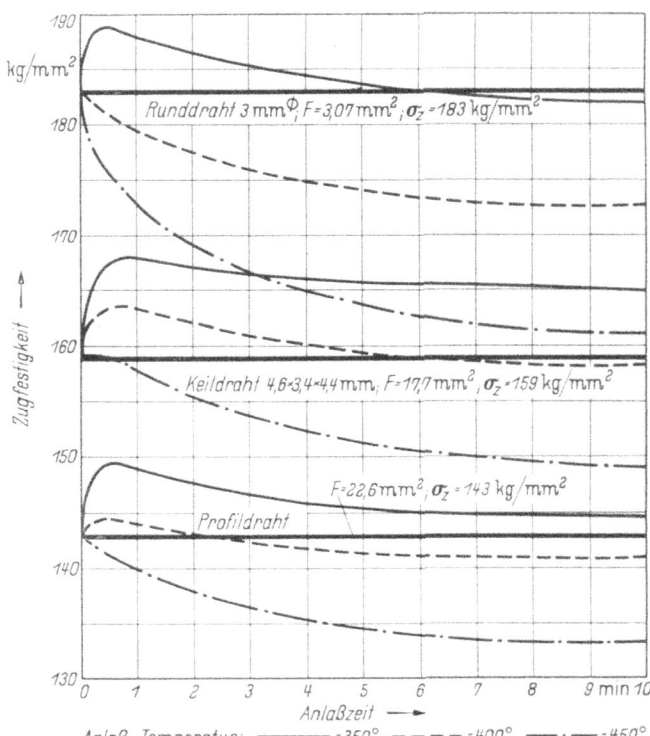

Abb. 14. Anlaßversuche mit kalt-
gezogenen Drähten

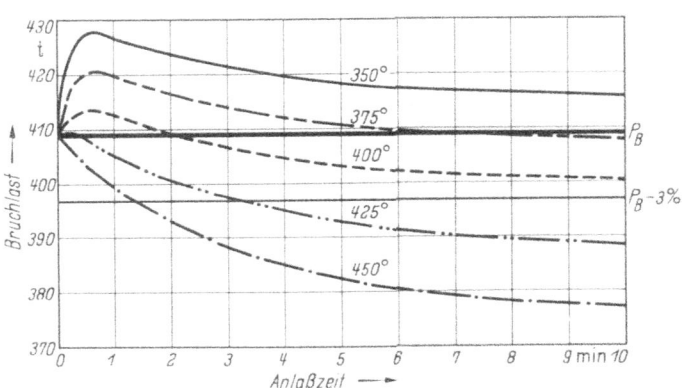

Abb. 15. Rechnerische Bruchlast
des Flutbrückenseiles in Abhängigkeit von Anlaßtemperatur und Anlaßzeit

der Innendurchmesser des unversteiften Kopfes gemessen. Dabei ergab sich bei einer
Belastung von

122 t	....	= 0,8 mm,
169 t	....	= 1,5 mm,
50 t	....	= 0,0 mm.

Bei der Entlastung auf 50 t ging die Querschnittsverformung restlos zurück; die Verformung war
also bis zu dieser Belastung von 169 t voll elastisch.

Beim weiteren Belasten brach das Ohr des unversteiften Kopfes in gleicher Form wie beim ersten
Versuch bei 280 t ab. Der versteifte Kopf hatte sich nicht meßbar verformt, das Druckstück konnte
nach Drehung um 90° von Hand herausgenommen werden.

Bei der Bruchlast von 280 t betrug die Sicherheit 280/122 = 2,3, die Verformung war bei 33 %
Überbelastung noch voll elastisch.

Über diese Versuche hinaus wurden im Lieferwerk alle mit Ohren versehene Seilköpfe unter einer
Last von 180 t auf Verformung geprüft und zwar vor dem letzten Ausdrehen des inneren Konus.

4.3 Verguß

Als Vergußmasse für die Seilköpfe wurde Feinzink verwendet. Versuchsreihen, die über Zusam-
menhänge zwischen verschiedenen Vergußmassen, Seilkopfschlupf und Temperatur der Seilköpfe Aufschluß geben, wurden bei früheren Bauwerken bereits durchgeführt.[1] Um Gewißheit

[1] Sievers-Görtz: Rheinbrücke Duisburg-Homberg, Stahlbau 1956, Heft 4, S. 86.

zu schaffen, welchen Einfluß die hierbei erforderliche Vergußtemperatur von 450° auf die Festigkeit hat, wurden Anlaßversuche durchgeführt. Die bei den Versuchen eingesetzten Versuchsmaterialien entsprachen weitgehend denen, die bei den zu liefernden Seilen verwendet wurden. Das Anwärmen der Drähte wurde in einem gasbeheizten, mit Blei gefüllten Tiegelofen durchgeführt. Dabei wurde die Temperatur durch zwei eingebaute Thermoelemente kontrolliert. Eine ausreichende Füllung des Tiegels gestattete es, 6 Proben der ausgewählten Drahtsorte gleichzeitig einzutauchen, ohne daß eine nennenswerte Temperaturänderung eintrat.

Die durch das Anlassen hervorgerufenen Festigkeitsänderungen sind in Abb. 14 dargestellt.

Es ist zu ersehen, daß bei einer Anlaßtemperatur von 350° die Festigkeit bei allen Drähten wächst. Bei 400° erfährt die Festigkeit der Keil- und Profildrähte kaum eine Änderung. Erst bei 450° sinkt die Festigkeit bei den Keil- und Profildrähten um etwa 6%, bei den Runddrähten um etwa 13%.

In Abb. 15 ist die rechnerische Bruchlast des Flutbrückenseiles in Abhängigkeit von Anlaßtemperatur und Anlaßzeit dargestellt. Vergegenwärtigt man sich den praktischen Vorgang beim Vergießen, kann mit Gewißheit angenommen werden, daß die Vergußtemperatur von 450° infolge der Wärmeableitung durch den Seilkopf und die Drähte, die beide zusammen gegenüber der Vergußmenge eine mindestens gleich große Masse darstellen, in den Drähten nicht erreicht wird. Selbst wenn $1^1/_2$ Min. diese hohe Temperatur erhalten bliebe, sinkt die Bruchlast nur um 3%, etwa 2% Abminderung erhält man, wenn die Temperatur 10 Min. lang auf 400° gehalten wird, während die rechnerische Bruchlast bei etwa 375° keinen Abbau mehr erfährt. Wird weiterhin bedacht, daß die gefährdetste Stelle der Beginn des Seilbesens ist, so kann man mit Sicherheit sagen, daß dort, wo die Masse der Drähte gegenüber der dazwischen einlaufenden Gußmasse sehr groß ist, die Temperatur der Drähte am niedrigsten liegen wird.

Auf Grund dieser Versuche wurden die Bedenken, die Seilköpfe mit Feinzink zu vergießen, zerstreut, zumal auch die Dauerversuche zeigen, daß mehr Drahtbrüche auf der großen Seilstrecke auftreten als in der Nähe der Seilköpfe.

5. Praktisches Verhalten

Nachdem die Seile der Strombrücke ihre endgültige ständige Last erhalten hatten, nahm die Brücke bis auf geringfügige kleine Abweichungen die für diesen Zustand berechnete Lage ein. Unter anderem ist damit nachgewiesen, daß die für das Ablängen der Seile festgelegten Werte richtig waren. Wie unter Abschn. 4.1 bemerkt, wurde zu den Dehnungen, die auf Grund der Versuche für die Ablängung maßgebend gewesen wären, im Mittel 0,15 mm/m für das Zeitkriechen zugeschlagen. Durch das Ergebnis ist die Richtigkeit dieses Wertes bestätigt. Wären für die Berechnung der Seillängen die reinen Versuchswerte zugrunde gelegt worden, würde die Brückenmitte nach Aufbringen der ständigen Last um 90 mm zu tief liegen; die äußeren Seile müßten um etwa 40 mm nachgespannt werden.

Während der Probebelastung erhielten die Kabel viermal etwa 30% der max. rechnerischen Kabelkraft infolge Verkehr. Unter diesen Lastspielen traten nur etwa 14% des vorgesehenen Verkehrsrecks auf.

Das praktische Verhalten der Flutbrückenseile ist in Abb. 9 dargestellt.

Aus dem Vergleich ist zu ersehen, daß die praktischen Werte von den Versuchswerten im wesentlichen nur durch eine Parallelverschiebung abweichen. Aus der Tatsache der Parallelverschiebung kann nur geschlossen werden, daß die Ausgangslage der Seilköpfe vor dem Spannen um ein geringes Maß nach der Brückenmitte hin verschoben war. Die Seile waren gegenüber der Brückenkonstruktion etwas zu lang.

Abb. 1. Nordbrücke Düsseldorf — „Tausendfüßler" (Ansicht von Kaiserswerther Straße aus)

Die Betonhochstraße der »Tausendfüßler«

Von Dr. Dr.-Ing. H. Schmitz in Firma Dyckerhoff & Widmann K.G., Düsseldorf

1. Allgemeine Beschreibung

Die rd. 333 m lange Hochstraße auf dem Ostufer des Rheines dient zur Auffahrt auf die Strombrücke und ist in ihrer Länge und Höhe festgelegt durch die Überführung der Kaiserswerther Straße und Cäcilien-Allee. Die Brücke besitzt ein leichtes Längsgefälle von 0,6 %. Im Grundriß liegt das System auf einer Länge von 282 m in einem Bogen mit einem Radius R = 3000,0 m.

Die insgesamt 23,10 m breite Brückentafel wird von zwei symmetrisch zur Achse angeordneten Balken getragen. Diese haben einen Systemabstand von 12,50 m und sind durch eine Vielzahl von schmalen Querträgern miteinander verbunden. In Längsrichtung ruhen die Träger auf 10 Stützenpaaren, quergestellten elliptischen Säulen, mit Basaltlava verblendet. Die mittlere Feldweite beträgt 30 m bei einer Konstruktionshöhe von nur 1,35 m, d. h. $^1/_{23}$ der Spannweite. Die 20 cm dicke Fahrbahnplatte nimmt eine 15 m breite Fahrspur auf, beiderseitige Sicherheitsstreifen von 1,0 m und außerdem Bedienungs- und Radwege von 1,0 bzw. 1,80 m Breite, womit eine großzügige Verkehrsaufnahme gewährleistet ist.

2. Konstruktion und statische Berechnung

2.1 Angaben zum statischen System

Das statische System dieses Tragwerkes ist ein durchlaufender Balken, der längs und quer nach dem System DYWIDAG mit Sigma-Stahl St 80/105 ϕ 26 mm des Stahlwerkes Rheinhausen vorgespannt ist.

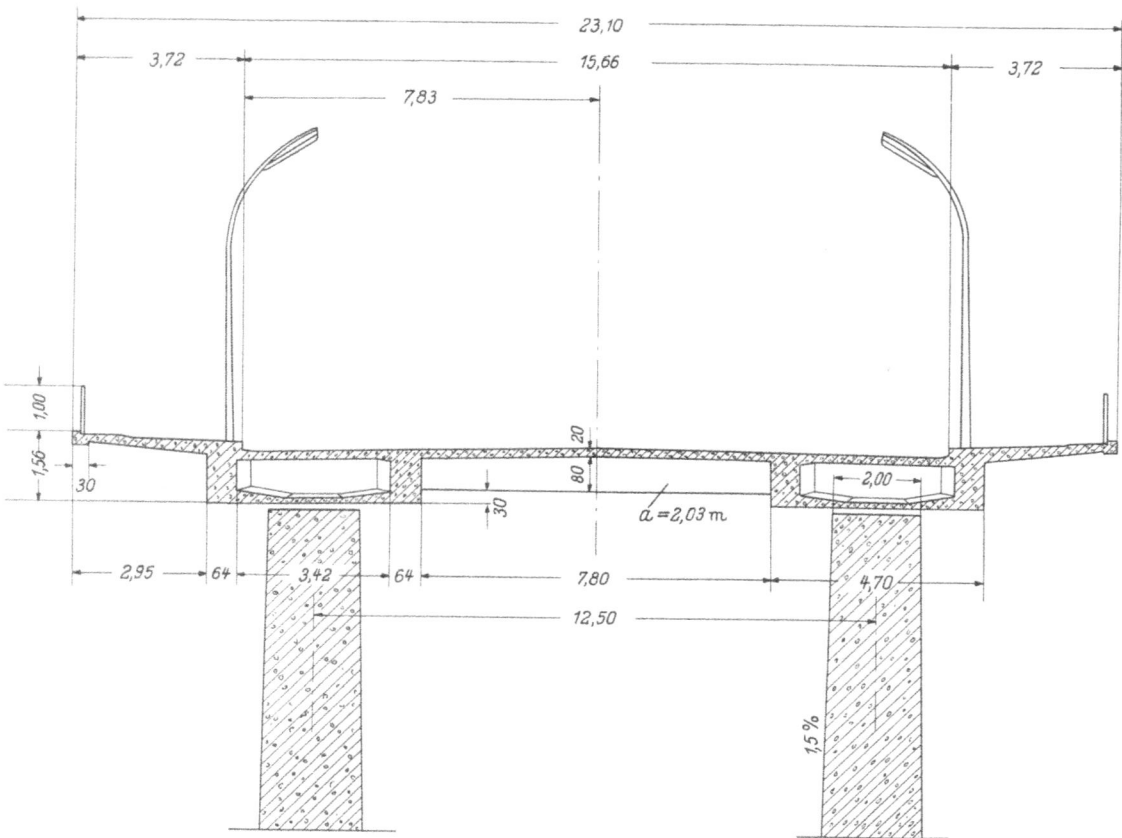

Abb. 2. Querschnitt

Die Brücke wurde feldweise hergestellt, so daß jeder Abschnitt zunächst als einfacher Balken wirkte. Erst zu einem späteren Zeitpunkt nahm das System — wie weiter unten beschrieben — die Eigenart des Durchlaufträgers an.

Die wesentlichen Konstruktionselemente sind die als Hohlkasten ausgebildeten Längsträger, die im Abstand von 2 m angeordneten Querträger und die Fahrbahnplatte, die nach beiden Seiten Geh- und Radfahrwege auskragen läßt.

Während die Längs- und Querträger nur in den für sie ausgezeichneten Tragrichtungen beansprucht werden, erfüllt die Fahrbahnplatte einen mehrfachen Zweck. Im Bereich der Hohlkasten spannt sie sich selbst quer und wird überdies noch zum Mittragen in Längsrichtung herangezogen. Über den Querträgern dagegen ist die Platte längs durchlaufend und wirkt außerdem als Gurtscheibe für Quer- und Längsträger. Auch die Kragplatten sind zweiachsig beansprucht. Die torsions- und biegesteifen Längsträger bilden zusammen mit der Schar der biegesteif angeschlossenen Querträger einen Trägerrost von großer Steifigkeit. Da aus architektonischen Gründen keine ausgeprägten stärkeren Querträger über den Auflagern angeordnet werden konnten, werden die Torsionsmomente im Längsträger, die bei veränderlicher nicht symmetrischer Belastung hervorgerufen werden, durch entsprechende Biegebeanspruchung der Querträgerschar abgebaut.

Die für die Bemessung maßgebenden Lastfälle und Gruppen ergaben sich für das oben beschriebene System nach den bekannten Regeln der Statik. Bedacht werden mußte jedoch die Bauweise des Brückenzuges, der sich im Endzustand ohne Fuge über 333 m erstreckt. Dies ist um so bemerkenswerter, als die Herstellung feldweise erfolgte, beginnend von der Mitte zu den Widerlagern hin. Obschon sich dabei im Bauzustand eine Kette von einfachen Balken (Balken auf 2 Stützen) zeitlich folgend aneinanderreihte, konte durch eine abschnittsweise Vorspannung eine knicklose Brückenachse erzielt werden. Für die Lastgruppe Eigengewicht (g_1) + 1. Teilvorspannung (v_1) entstand dabei im Zeitpunkt $T = 0$ ein momentenfrei gespannter, d. h. zentrisch gedrückter Balken.

Die Wahl der Vorbauabschnitte von Pfeiler zu Pfeiler gewährleistete es, einen unbedingt stetigen Verlauf der elastischen Linie zu erreichen. Alle Felder hatten beim Bau das gleiche statische Ausgangssystem des einfach gelagerten Balkens. Die Höhenlage des Fugenschlusses über den

Pfeilern lag unverschieblich fest, so daß sich durch die erste Teilvorspannung jede gewünschte Biegelinie erzwingen ließ — auch die des mittig gedrückten geraden Balkens.

Durch die 2. Phase der Vorspannung erfuhr die Biegelinie eine stetige Verformung. Das Tragvermögen des Trägers wurde dabei so ergänzt, daß alle zusätzlichen ständigen Lasten (z. B. der Belag) sowie das Verkehrsband im Durchlaufsystem übernommen werden konnten.

Bei der Ermittlung der endgültigen Biegelinie des Systems sind noch die plastischen Formänderungen von Interesse. Ein Vorteil der Konformität liegt in der Erzeugung einer Geraden, die übereinstimmt mit der gewünschten Bauwerksgradiente und auch auf die Dauer der Jahre im wesentlichen erhalten bleibt. Die elastischen Durchbiegungen infolge der 2. Teilvorspannung waren verschwindend klein, nur etwa 2,6 mm Aufhöhung in Feldmitte. Daher sind die zusätzlichen plastischen Formänderungen ebenfalls klein. In endgültiger Größe errechnete sich der Einfluß aus Kriechen und Schwinden zu 1,4 mm Aufhöhung.

Die feldweise Herstellung wirkte sich — wie bereits gesagt — sehr günstig auf die Längenveränderung der Brücke aus. In jedem neuen Feld war lediglich die eigene elastische Verkürzung zu berücksichtigen. Hinzu kommen noch die plastischen Stauchungen, wovon jedoch ein Teil bereits eingetreten war. Diese Überlegung interessierte bei der Berechnung der Ausziehmaße und der Lagereinstellung. Der Systemfestpunkt befindet sich auf Stütze 17. In vorteilhafter Weise beeinflußte dieses Verhalten vor allem die Ausbildung der Dilatationsfuge an den Brückenenden, wo die zu erwartenden Verkürzungen etwa 69 mm betragen.

2.2 Vorspannung

Der feldweise Vorbau erlaubte, alle Spannstäbe in Längen von maximal rd. 30 m vorzuspannen und auf diese Weise die Reibungsverluste gering zu halten. Die Ausziehlängen der Spannstränge beziehen sich beim feldweisen Vorbau ja nur auf eine Feldlänge, während beim Vorspannen eines über mehrere Felder durchlaufenden Balkens alle Felder zu berücksichtigen sind. Das Vorspannsystem DYWIDAG bietet für diese Bauweise den Vorteil, Stäbe aus dem Feld zum Ende des jeweiligen Brückenabschnittes zu führen, diese anzuspannen und durch eine Muffenverbindung im nächsten Feld fortzusetzen.

Die zur Aufnahme des Eigengewichtes nicht benötigten Vorspannstäbe wurden zunächst nur handfest angezogen und erst nach Fertigstellung mehrerer Felder vorgespannt.

Aus Abb. 3 ist die konstruktiv sehr günstige Verteilung der Vorspannstäbe über den Querschnitt erkennbar. Die Tragfähigkeit des Plattenbalkens wurde durch die Zuordnung von Vorspannstäben im oberen und unteren Plattenbereich unterstützt. Diese Verteilung erlaubte, den Aufwand an schlaffer Bewehrung, insbesondere für den Bruchzustand, verhältnismäßig sparsam zu bemessen.

Die eingebaute Anzahl der Vorspanneisen St 80/105 beträgt je Hohlkasten im Feld 68 Stück, davon liegen 36 Stück in der 12 cm starken Bodenplatte. Diese Stäbe überdecken in ihrer Länge gem. Abb. 3 abgestuft nur den positiven Momentenbereich eines Feldes. Sie enden an wulstartigen Verstärkungen im Kasteninneren, wo sich die Anspannstellen befinden.

In den beiden Stegen eines Längsträgers liegen, der Momentengrenzlinie angepaßt, 32 Stück Vorspanneisen. Die Querschnittsfläche ist ausreichend breit bemessen, so daß alle Stäbe gut Platz finden. Auch die Unterbringung der versetzt angeordneten Muffenstöße bereitete keine Schwierigkeit. Man erkennt ferner im Bild aus der Gruppierung der Eisen eine Gasse zum Einführen der Rüttelflasche.

Die Verteilung der Ankerplatten über die Endquerschnitte an den Stützen berücksichtigt die gewünschte resultierende Schwerpunktlage der Spannkraft. Auch hier ist die großzügige Flächenausnutzung offensichtlich.

Über der Stütze mußten zur Deckung der negativen Momente aus Verkehr 2 × 28 Stück kurze Spannstäbe zugelegt werden. Die gesamte Plattenbreite stand dafür zur Verfügung. Diese Stäbe sind wegen der Betonierfuge wie alle anderen gestoßen, so daß die Anschlußlängen erst vor dem Betonieren des folgenden Feldes eingelegt zu werden brauchten. Das Anspannen erfolgte wechselseitig. Insgesamt übernehmen je Längsträger über der Stütze 32 + 28 = 60 Stück $\varnothing$ 26 mm St 80/105 die auftretenden Biegezugkräfte.

Die Stege der Hohlkästen sind im Feld 64 cm breit. Zum Auflager hin wurden sie zur Aufnahme der Hauptzugspannungen in den zul. Grenzen nach innen um 30 cm verstärkt. Den gleichen Zweck haben auch die Schrägen am Anschluß der Bodenplatte, im Feld 25 cm und zur Stütze hin 30 cm am Anschnitt.

107

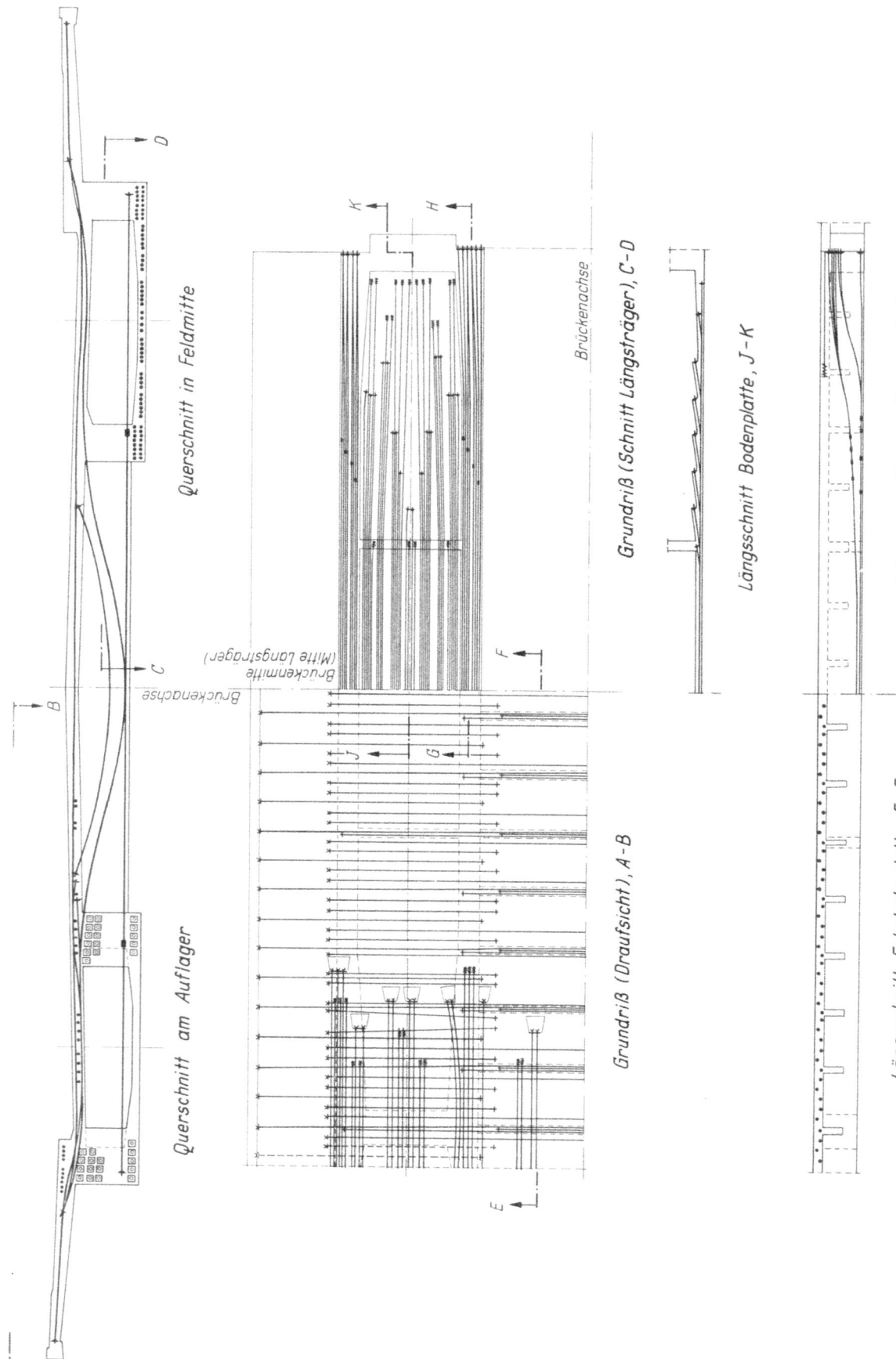

Querschnitt in Feldmitte

Querschnitt am Auflager

Grundriß (Draufsicht), A - B

Grundriß (Schnitt Längsträger), C - D

Längsschnitt Bodenplatte, J - K

Längsschnitt Längsträger, G - H

Längsschnitt Fahrbahnplatte, E - F

Brückenachse

Brückenmitte (Mitte Längsträger)

Abb. 3. Vorspannbewehrung eines mittleren Feldes in Längs- und Querrichtung mit St. 80/105, ⌀ 26 mm, System Dywidag

Die Quervorspannung der Fahrbahnplatte ist in Abb. 3 dargestellt. Im Bereich der Hohlkästen stand die Konstruktionshöhe der 20 cm dicken Platte zur Verfügung, die in die auskragenden Geh- und Radwege ausmündet. Zwischen den Längsträgern wirken die 1,0 m hohen Querrippen. Die Gliederung der Vorspanneisen erstrebt ein gutes Zusammenwirken dieser verschiedenartigen Tragelemente.

Ein Teil der Eisen liegt in der Platte und durchläuft dann die 24 cm breiten Stege in Querrichtung, dem Momentenbild folgend. Sie enden im inneren Längsträgersteg, bzw. durchsetzen noch die im Abstand von 10 m angeordneten Querschotts. Die Anspannstellen befinden sich an der Stirnfläche der Kragplatten. Andere Stäbe sind quer über die gesamte obere Fahrbahnplatte verteilt, bewirken eine Zentrierung der Normaldruckspannung und dienen im wesentlichen zur Aufnahme negativer Momente. Über dem Hohlkasten unterstützen weitere Stäbe das Tragvermögen der Platte. Sie ziehen sich bis in die Kragplatte bzw. in Montageöffnungen der Platte. Jeder Querträger erhielt außerdem ein Zulageeisen.

Erschwert wurde die Eisenführung durch die relativ hohe Bordsteinkante und die Forderung, die Sichtflächen von Anspannstellen freizuhalten. Diese letztgenannte Bedingung war Anlaß, auf eine Quervorspannung der Bodenplatte des Kastens zu verzichten, so daß die hier auftretenden Kräfte durch schlaffe Bewehrung aufgenommen werden mußten. Die Gesimsbänder wurden erst nach dem Vorspannen der Querstäbe eingeschalt, schlaff bewehrt und betoniert, um auf diese Weise eine sehr korrekte Herstellung zu garantieren.

2.3 Statische Werte

Das Ergebnis der statischen Untersuchung entspricht den Bedingungen, die der Ausschreibung zugrunde lagen. Die Betonrandspannungen müssen bei Belastung für Brückenklasse 60 in den Grenzen liegen, die gem. DIN 4227 für einen Beton der Güte 300 zugelassen sind. Einschränkend

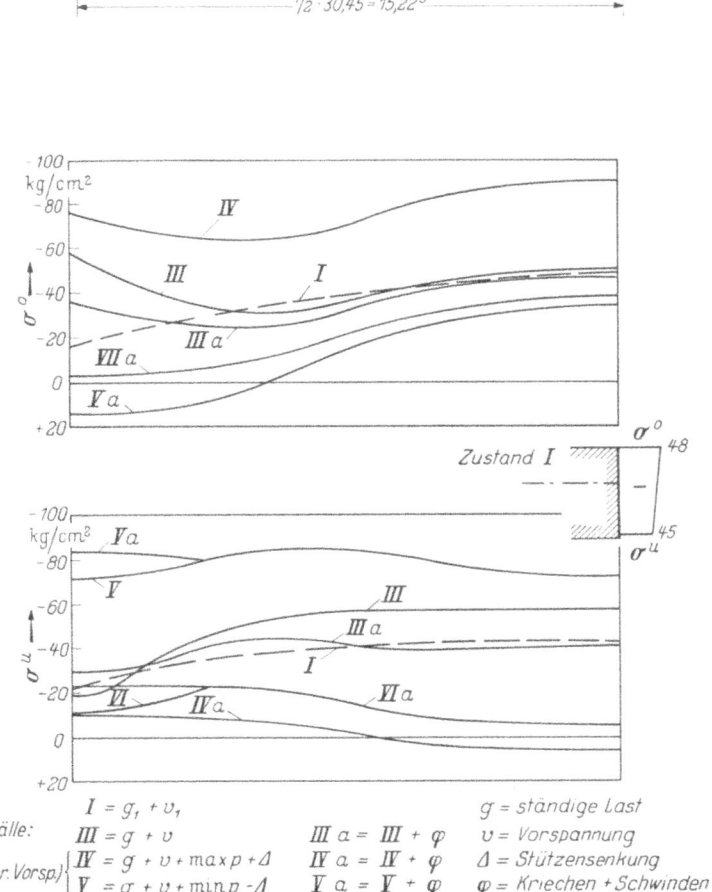

Lastfälle:

$I = g_1 + v_1$

$III = g + v$ $III\,a = III + \varphi$

(beschr. Vorsp.) $\begin{cases} IV = g + v + \max p + \Delta \\ V = g + v + \min p - \Delta \end{cases}$ $IV\,a = IV + \varphi$ $V\,a = V + \varphi$

(volle Vorsp.) $\begin{cases} VI = g + v + 0,8 \max p \\ VII = g + v + 0,8 \min p \end{cases}$ $VI\,a = VI + \varphi$ $VII\,a = VII + \varphi$

g = ständige Last
v = Vorspannung
Δ = Stützensenkung
φ = Kriechen + Schwinden
$\begin{smallmatrix}\max\\\min\end{smallmatrix} p$ = Verkehr

Abb. 4. Betonrandspannungen eines Längsträgers

109

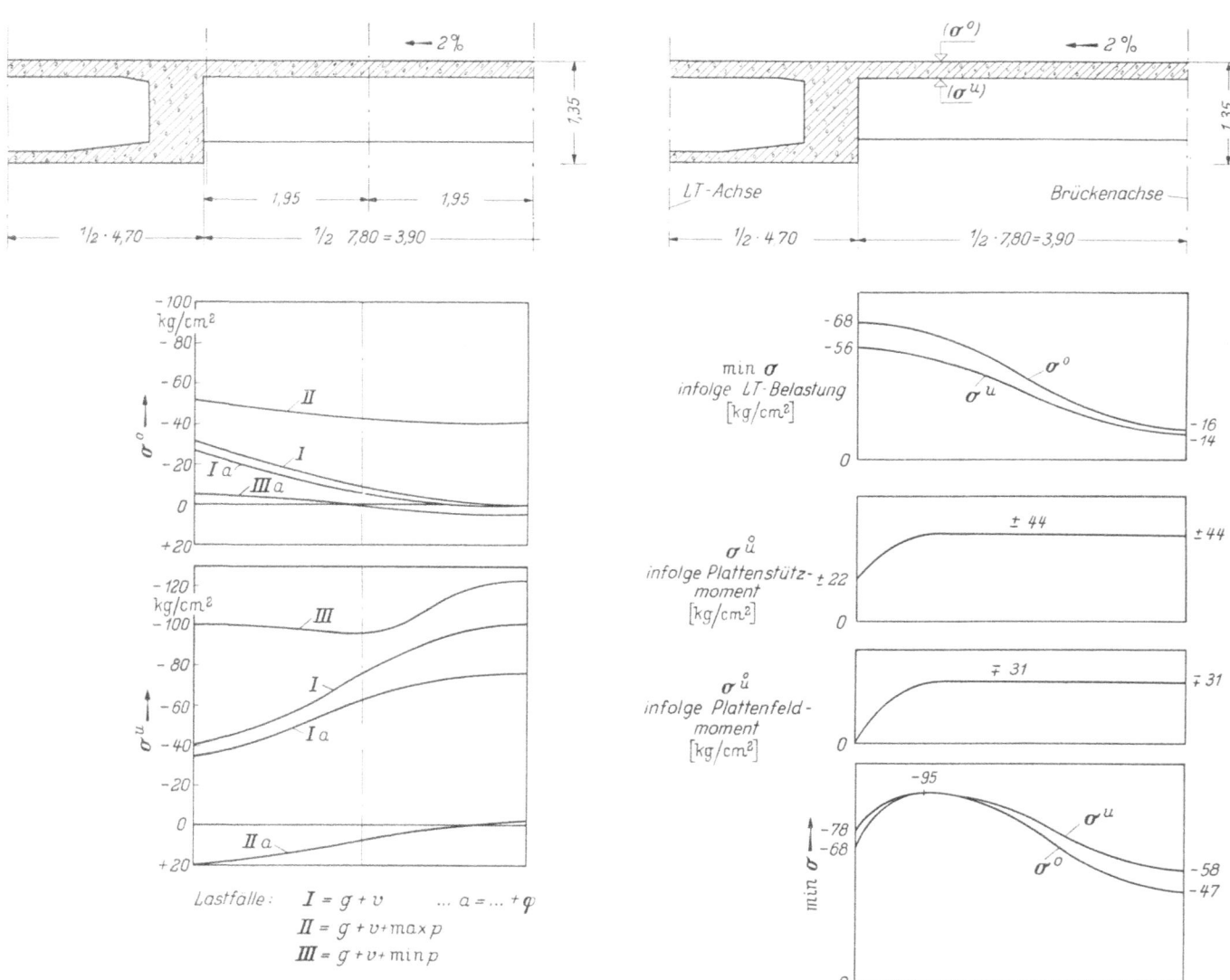

Abb. 5. Betonrandspannungen eines Querträgers   Abb. 6. Betonrandspannungen in der Fahrbahnplatte

wurde verlangt, daß bei ungünstigster Laststellung unter 4/5 des Verkehrs keine Zugspannungen auftreten. Außer den üblichen Lastfällen sollten außerplanmäßige Stützensenkungen vom Bauwerk ohne Schaden aufgenommen werden können: In Brückenlängsrichtung eine Setzung von 1 cm zwischen drei aufeinanderfolgenden Stützen, in Querrichtung dagegen nur 1/2 cm zwischen den Stützen eines Auflagers.

Das Ergebnis ist in den Abbildungen 4—6 wiedergegeben. Dargestellt sind die Betonrandspannungen im Längsträger (LT) für ein Mittelfeld, im Querträger (QT) und in der Fahrbahnplatte. Besonderes Interesse verdienen die Werte des LT. Die Spannungen haben einen kontinuierlichen Verlauf, wobei sich die Schnitte der maximalen Momente sowie ihr Wendepunkt auszeichnen. Außerdem macht sich die Querschnittszunahme zur Stütze hin bemerkbar. Im Lastfall I — nach Aufbringen der annähernd konformen Teilvorspannung — resultierte in Feldmitte eine mittlere Spannung von rd. 46 kg/cm², die sich zum Stützenquerschnitt infolge Vergrößerung der Fläche auf 21 kg/cm² ermäßigte. Damit ließ sich das anfangs beschriebene Konstruktions- und Vorbauprinzip einwandfrei verwirklichen. Ausführungsmäßig hatte es sich dabei als zweckmäßig erwiesen, die formtreue Vorspannung geringfügig abzuwandeln, so daß die Kantenwerte um etwa 10 % differierten. Ein Verdrehen der Endquerschnitte trat dadurch selbstverständlich nicht ein. Die im Dauerzustand vorhandenen Lastfälle (III + III a), gebildet aus ständiger Last zuzüglich Vorspannung, haben selbst nach Einschluß der plastischen Formänderungen wenig voneinander abweichende Randspannungen, so daß die oben erwähnten unbedeutenden Durchbiegungen erklärlich sind. Die Größe der kriecherzeugenden Kräfte ist bereits anfangs beschrieben.

Der Spannungsverlauf in den Querträgern bietet generell nichts Besonderes. Die allgemeinen Charakteristiken eines eingespannten Plattenbalkens sind offensichtlich. Im Vergleich zu den LT sind Druck- und vorgedrückte Zugzone gegeneinander ausgeprägter.

Die extremen Normalspannungen der Fahrbahnplatte (Abb. 6) liegen im Rahmen der allgemein üblichen.

2.4 Lagerteile

Die Auflagerung der Brücke auf den Pfeilern erfolgte bei sämtlichen Innenstützen auf je 2 Stück Doppelstelzenlagern der Maschinenfabrik Eßlingen aus geglühtem und gehärtetem Stahl St 50/11. Ihre Konstruktionshöhe beträgt 57 cm. Bemessen wurden sie für eine Auflagerkraft von je 343 t. Das feste Lager befindet sich auf Stütze 17. An den beiden Endstützen XI und 22 sind Burckhardt-Rollenlager (Betonwälzgelenke) vorhanden. Die Lagerteile verschwinden im Stützenkopf und sind von außen nicht sichtbar. Zwischen den beiden Lagerkörpern bleibt Platz zur Durchführung der Brückenentwässerung.

3. Ausgestaltung der Brücke

3.1 Entwässerung

Zum Abführen des anfallenden Regenwassers befinden sich in jeder Stützenachse 2 Einlaufkästen an den jeweiligen Rinnsteinen. Nach dorthin weist das 2%ige dachförmige Quergefälle der Fahrbahn, sowie die Gegenneigung von 2% auf den Gehwegen. Als Einlauf dient eine Sonderausfertigung der Firma Passavant, deren Aufsatzstutzen der Belagstärke von 5 cm entspricht. Gußeiserne Rohre mit 150 mm lichtem Durchmesser führen das Wasser innerhalb der 1,00 m breiten Querschotts über einen Krümmer zum Fallrohr in der Säulenachse. Von der Fahrbahn aus ermöglicht ein Kontrollschacht die jederzeitige Überprüfung der Abzweigung. Am Stützenkopf ist die Abflußleitung aus der Brücke abgesetzt. Eine rechteckige offene Wanne aus Zinkblech, die sich zwischen den Lagerteilen befindet, übernimmt dort das Wasser, um es im Inneren der dicken Stützen dem Vorfluter zuzuleiten. Dieser Übergang ist als Art Bewegungsfuge zwischengeschaltet, um die Längenänderungen des Überbaues zwängungsfrei zu ermöglichen. Zur Be- bzw. Entlüftung der Hohlkästen sind je zwei kreisrunde Bodendurchbrüche an den Feldenden vorgesehen. Die Verbindung zur mittleren Kammer ist durch horizontal verlegte Rohrstücke in den Querschotten geschaffen (Abb. 7).

Über den Belag der Fahrbahn und des Gehweges wird an anderer Stelle berichtet.

3.2 Beleuchtung und Geländer

Leuchtröhren an 9 m hohen Peitschenmasten erhellen bei Dunkelheit die Brückenbahn. Die Rohrmaste wurden in jeder Stützenachse hinter dem Bordstein in der Konstruktion verankert. Eine Versorgungsleitung befindet sich im äußeren Steg der Längsträger.

Die stadtseits gewählte Form des Geländers ist aus der Abb. 1 zu ersehen. Senkrechte Sprossen in dichter Folge (15 cm), oben mit Handlauf (34/84), unten auf Standleisten, bieten eine sichere Begrenzung der Brückenfläche. In Abständen von 0,60 m fußen einzelne Pfosten in vorbereiteten Ankerlöchern, die mit Mörtel vergossen und Bitumen verstrichen wurden. Auch die Standleiste liegt in einer Rinne zwischen Plattenbelag und Gesimsaufkantung und ist nicht sichtbar.

4. Bauausführung

In den Wintermonaten 1954/1955 wurde die Gründung soweit als nötig und möglich hergestellt, die Brunnen abgesenkt und die Flachfundamente ausgehoben und betoniert.

Während an der Rüstung der ersten 2 Felder gearbeitet wurde, konnten die mittleren Pfeiler 15, 16 und 17 hergestellt werden. Die weiteren folgten unmittelbar anschließend, nach beiden Seiten gleichmäßig fortschreitend.

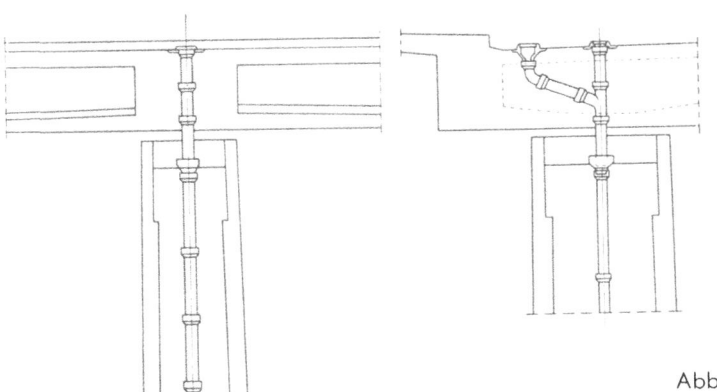

Abb. 7. Anordnung der Entwässerung

Abb. 8. Eingerüstetes inneres Fahrbahnfeld

Die Einrüstung und Schalung des Überbaues erforderte eine sehr sorgfältige Arbeit, wenn bei mehrmaliger Verwendung und zumindest teilweisem Auf- und Abbau eine wirtschaftliche Lösung erzielt werden sollte. Eine günstige Voraussetzung bestand darin, daß das vorhandene Baugelände eben war und ohne Mehrarbeit ein Verfahren von Gerüstteilen gestattete. Mit Rücksicht auf die bereits vorgefertigten Pfeiler wurden daher 3 Turmreihen aufgebaut, die, in sich standfest, mittels Stahlprofilen und unterspannten Holzpfetten die eigentlichen Schalungsträger aufnahmen. Den Längstransport behinderten dann außer der Schalung lediglich die Querpfetten in den Stützenfluchten. Weitere Einzelheiten zeigt die Abb. 8.

In dieser Form wurde die Rüstung für zwei Feldweiten, beginnend bei Stütze 15—17, erstellt. Da die 7 inneren Felder gleiche Spannweiten besitzen, war dann zum Rhein hin ein zweimaliges Umsetzen des einen Feldes nötig, während das andere Gerüstfeld dreimal vorgezogen werden mußte.

Erschwerend war es, daß die Lichthöhe bis Brückenunterkante infolge einer Neigung des Geländes und des Längsgefälles der Brücke sich stetig veränderte. Auf ganzer Länge mußte eine Höhendifferenz von annähernd 4,0 m überwunden werden. Stromwärts wurden die Spindeln unter den Stielen bei jedem Umsetzen höher unterklotzt und entsprechend auf Höhe ausgefahren. Im Gerüstabschnitt, der zur Rampe wanderte, verkürzten Zimmerleute die Stiele stufenweise. Von Feld zu Feld waren bis zu 30—40 cm Höhe zu verarbeiten. Für die restlichen Außenfelder mußten insbesondere zur Überbrückung der Durchgangsstraßen (Kaiserswerther Straße und Cäcilien-Allee) besondere Rüstungen entworfen werden. Die abgebundenen Gerüsttürme fanden dabei Verwendung.

Die Schalung wurde für alle Sichtflächen aus gleich breiten, gehobelten und mit Spezialfalz versehenen Brettern angefertigt. Die Bretter liefen in Querrichtung an der Unterseite, senkrecht an den Stegflächen und waren gleichmäßig abgelängt. Sämtliche Bretter waren auf Laschen geschraubt und zu Tafeln verbunden. Die Kanten des Betons wurden gebrochen, die Kehlen ausgerundet.

Die Betonierfuge an jedem Feldende lag in der Sichtfläche genau in der Stützenachse. Nur das 1,20 m breite Querschott im Hohlkasten wurde im unteren Teil zur Auflagerung auf die Lagerteile in einem betoniert.

Besondere Beachtung verdient der Betoniervorgang des Überbaues, da der Hohlkasten in einem Arbeitsgang betoniert wurde. In Abb. 9 ist der Arbeitsrhythmus dargestellt. Er gliedert sich in vier Takte:

1. Betonieren des unteren Drittels der Stege und der Vouten für die untere Platte.

2. Einbringen des Betons durch zwei streifenartige Öffnungen in die Hohlkästen für die untere Platte.

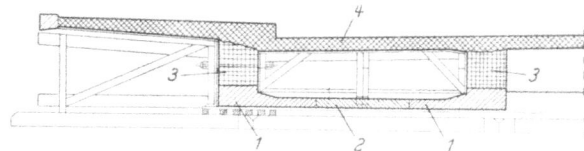

Abb. 9. Die Betonierfolge

3. Einbringen des Betons der Stege und der Querträger.

4. Schließen der Streifen und Betonieren der Fahrbahnplatte.

Der Vorgang wurde von einem Feldende abgerollt und über die ganze Brückenbreite gleichmäßig durchgeführt. Zur Herstellung des Betons standen in einer stationären Mischanlage zwei 500-l-Mischer zur Verfügung. Der Längstransport des Frischgutes erfolgte durch LKW, das Aufbringen und der Quertransport durch zwei fahrbare Kranvorrichtungen.

Für ein Feld wurden rd. 300 cbm Beton benötigt. Bei einer Stundenleistung der beiden Mischer von 12—15 cbm genügten zwei verlängerte Schichten zur Herstellung eines Brückenabschnittes. Das Mischungsverhältnis des Betons wurde auf Grund von Eignungs- und Güteprüfungen wie folgt festgelegt:

Für 1 m³ Festbeton:

Wasser	$W = 150$ kg	$\equiv \dfrac{W}{Z} = 0{,}50$
Zement	$Z = 300$ „	Z 325 (Dyckerhoff Mark)
Plastiment	2,4 „	
Quarzmehl	50,0 „	
Sand 0/3	553 „	
Sand 3/7	441 „	
Kies 7/30	964 „	
	2460 kg	

Ausbreitmaß:	32 cm
Festigkeit:	gefordert B 300
Erreicht i. M.:	$W_{28} = 470$ kg/cm²

Abb. 10.   Untersicht des fertigen Bauwerkes

Die Zusammensetzung unterlag während des Baues einer ständigen Kontrolle, da nicht nur die Betongüte B 300 erreicht werden mußte, sondern auch eine möglichst gleichmäßige Farbtönung angestrebt wurde.

Nach dem Betonieren blieb jedes Feld etwa 10 Tage eingeschalt. Sobald die Prüfung der Würfelproben die rechnerische Betonfestigkeit nachwies, wurde die 1. Teilvorspannung zur Übernahme des Eigengewichtes durchgeführt. Dazu zählten alle Spannstränge, die in den Kastenstegen laufen und $^2/_3$ der Stäbe in der Bodenplatte. Den Zugang in die Kästen erlaubten Einsteigöffnungen. Die Reihenfolge des Spannens war lt. vorbereitetem Protokoll geregelt, das ebenso das Dehnmaß bis auf $^1/_{10}$ mm Genauigkeit für jeden einzelnen Stab angab. Bei der Festlegung der Ausziehmaße berücksichtigte man die Stauchung des Betons, die Dehnung des Stahls und den Einfluß der bei gekrümmter Führung infolge Leibungspressung erzeugten Wandreibung.

Nach dem Verfahren von Dywidag erhält jeder Stab ϕ 26 mm der Stahlgüte St 80/105 eine Spannkraft von 30,8 t. Jeder Stab hat an den Enden aufgerollte Gewindegänge, die ohne Einbuße der Spannkraft die Kraftüberleitung gestatten. An den Stoßstellen verbinden Muffen die Stabenden.

Die Krafteinleitung vollzog sich über aufgeschraubte Spindeln durch Öldruck-Kolbenpressen. Das eigentliche Ausziehmaß ergab sich durch Noniusablesung vor und nach dem Spannvorgang. Beide Messungen protokollierte ein Schreiber für jeden Stab. Aus ihrer Differenz errechnete sich die vorhandene Längung, die mit dem Sollwert verglichen wurde. Die Meßkontrolle ermöglichte ein an der Presse eingebautes Zählwerk sowie ein zwischengeschaltetes Manometer.

Um den Spannverlust infolge Mantelreibung bei stark gekrümmten Stäben abzumindern, leitete man Longitudinalschwingungen ein, indem durch Koppelung und Reihenschaltung zweier Ölpumpen rhythmische Schwellspannungen erzeugt wurden. Bauseits zugelassen war ein zeitweiliges 15 %iges Überspannen der Stäbe zum Ausgleich der Spannkraft.

Zugleich mit dem Vorspannen in Längsrichtung setzte eine andere Kolonne die Quereisen unter Spannung. Dabei war die Reihenfolge zueinander so abgestimmt, daß die Tragwirkung in Querrichtung stets um eine Phase vorauseilte, um so das Eigengewicht zu den Längsträgern zu verlasten und den systemgerechten Kraftfluß zu aktivieren.

Die angezogenen Stäbe wurden anschließend mit einem geeigneten Zementleim injiziert und so der Verbund hergestellt. Das Gerüst war schon vorher abgespindelt worden, um durch das elastische Zurückfedern keine zusätzlichen Auftriebskräfte wirksam werden zu lassen.

Die zweite Teilvorspannung folgte nach Fertigstellung zweier weiterer Feldweiten. Zu dieser Gruppe gehörten alle Zulageeisen über den Stützen und das restliche Drittel der Stränge in der Bodenplatte. Diese sekundäre Vorspannung beeinflußte entsprechend der Theorie von Durchlaufträgern nur noch wenig die weiter entfernten Felder. Es war also nicht erforderlich, diese Überlagerung erst nach Brückenschluß auszuführen.

Mit dem Bau des Überbaues wurde am 3. 4. 55 begonnen. Das letzte Feld wurde (an der Rampe) am 22. 12. 55 vorgespannt. Die Ausführung der Restarbeiten — Herstellen des Gesimses, Schließen der Montageöffnungen und der Anspannstellen — dauerte bis zum Januar 1956. Die zur Herstellung des Brückenrohbaues benötigte Zeit betrug damit etwa 10 Monate.

Mit der Vollendung dieses Bauwerkes ist ein weiterer Schritt zur Entwicklung moderner Hochstraßen vollzogen. Es darf wohl gesagt werden, daß es gelungen ist, in gemeinsamer Arbeit von Architekt, Verwaltung und ausführender Firma eine formschöne Hochstraße zu entwerfen und zu verwirklichen.

Gründungsarten und Verblendmauerwerk

Von Dipl.-Ing. D. Brügelmann
im Straßen- und Brückenbauamt der Stadt Düsseldorf

Allgemeines

Nachdem in der Ratsversammlung im Oktober 1953 über System und Mittelstützweite der Strombrücke entschieden war, konnte die Gründung der Strombrücken- und Flutbrückenpfeiler vollständig ausgeschrieben werden. Die verschiedenen Überlegungen auf Grund des Bohrplanes führten schließlich für den ganzen Brückenzug zur Anwendung 6 verschiedener Gründungsverfahren, von denen 5 Verfahren als Tiefgründung und eines als Flächengründung ausgeführt wurden. Die Wahl des Verblendmaterials fiel für die Pfeiler I bis XI auf Granit aus dem Fichtelgebirge und dem Bayerischen Wald, für die Pfeiler des Tausendfüßlers und das Rampenbauwerk auf Basaltlava.

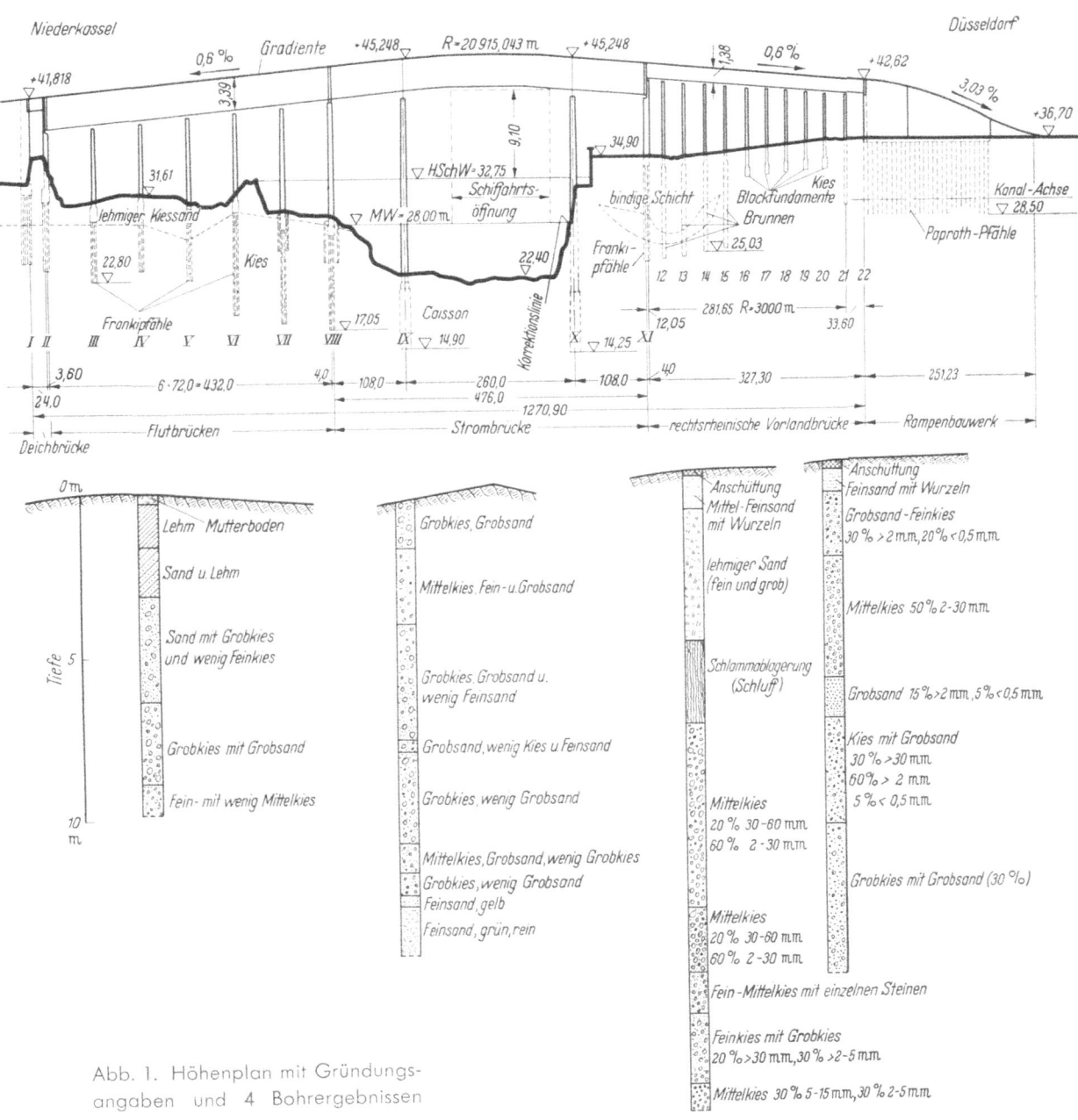

Abb. 1. Höhenplan mit Gründungsangaben und 4 Bohrergebnissen

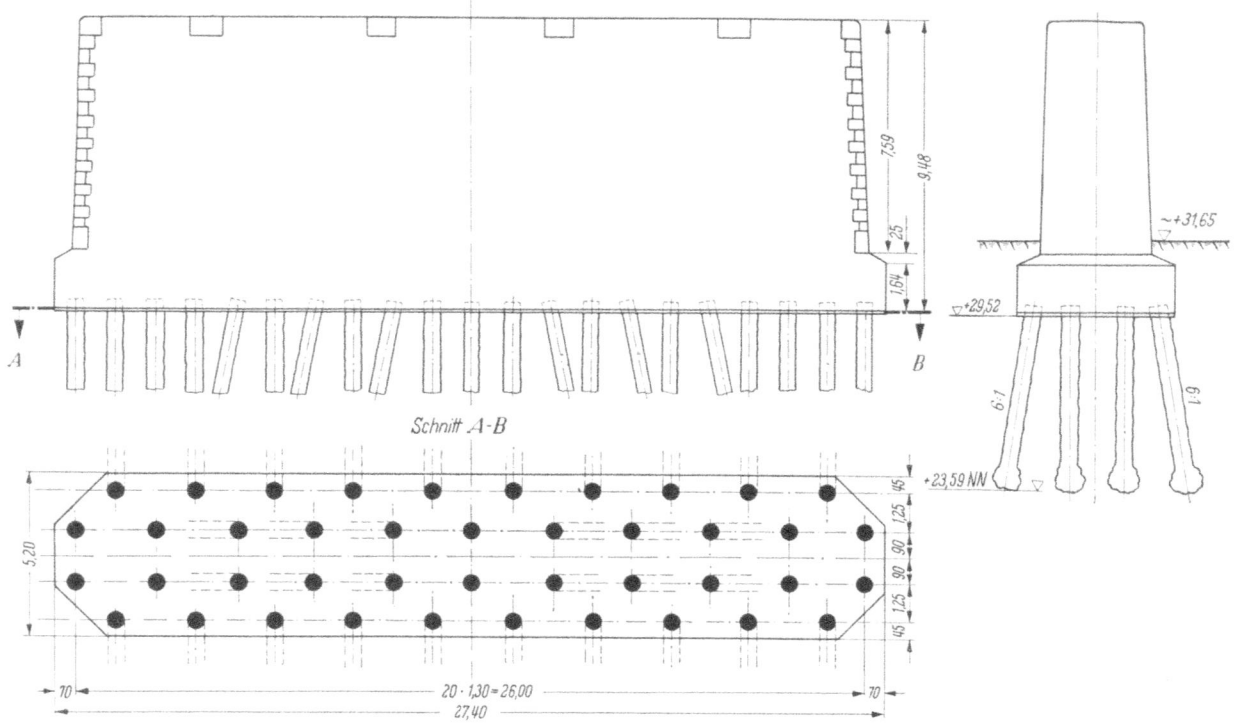

Schnitt A-B

Abb. 2. Anordnung der Frankipfähle für den Pfahlrost des Flutbrückenpfeilers IV

Die Form der Strom- und Flutbrückenpfeiler wurde strömungstechnisch und nach einem guten Verhältnis zu den Trägerhöhen und Stützweiten der Überbauten ausgebildet. Im Grundriß sind die Flutbrückenpfeiler ellipsenförmig, die Strompfeiler tropfenförmig.

Die Mantelflächen sind außer bei den Pfeilern II, VIII und XI 1 : 20 geneigt. Bei diesen 3 Pfeilern sind die Übergangskonstruktionen eingebaut und die lotrechten Mantelflächen, auch aus Gründen der verschiedenen Verkehrsbreiten der Überbauten als Brüstung bis zur Höhe des Geländerholmes geführt.

Die Pfeiler des Tausendfüßlers wurden sehr schlank, mit 1,5 % geneigter Mantelfläche ausgeführt. Ihr Grundriß ist oval, wobei die längere Querschnittsachse quer zur Brückenachse steht.

Abb. 3. Erdkern als Innenschalung der Arbeitskammer des Senkkastens für Strompfeiler X

Gründungsarten

Flutbrückenpfeiler I—VIII

Die Bohrergebnisse zeigten, daß in durchweg 4 m Tiefe guter Kiesboden vorhanden war. Demnach konnte man eine Flächengründung wählen, wobei die im Stromprofil stehenden Pfeiler VII und VIII durch Spundwände gegen Unterspülung geschützt werden sollten.

Das Ausschreibungsergebnis zeigte jedoch, daß eine Gründung mit Frankipfählen wirtschaftlicher war und daß dieses Verfahren während der Wintermonate bei hohen Rheinwasserständen mit größerer Sicherheit durchgeführt werden konnte. So wurde der Bau der Nordbrücke im Herbst 1954 mit dieser bewährten Gründungsart begonnen.

Bei Pfeiler IV z. B. wurden 42 Frankipfähle mit je 150 t rechnerischer Tragkraft und 50 cm Nenndurchmesser bis 8 m unter Gelände hergestellt. Von diesen 42 Pfählen sind 32 im Verhältnis 6 : 1 zur Aufnahme der Horizontalkräfte in Brückenquer- und -längsrichtung geneigt. Der für die Tragfähigkeit maßgebende Rammwiderstand des Vortreibrohres wurde teilweise in geringeren Tiefen erreicht; doch sollte die Gründung, besonders bei den Pfeilern VII und VIII auch starken Kolkungen gegenüber unempfindlich sein. Nach dem Herstellen der Pfähle eines Pfeilers mit Tagesleistungen von 3 bis 7 Stück wurde jeweils die bis etwa 2 m unter Gelände reichende Pfahlkopfplatte betoniert. Auf dieser Pfahlkopfplatte begann später das Betonieren und Verblenden des aufgehenden Pfeilers.

Strompfeiler IX und X

Die beiden Strompfeiler wurden mit Druckluftsenkkasten gegründet. Dieses Verfahren war am sichersten und ließ die gewünschte direkte weitere Beurteilung des Baugrundes hinsichtlich Lagerungsdichte und Gleichmäßigkeit von der Arbeitskammer des Senkkastens aus zu. Als Sohlenüberdeckung gegen Erosion und Kolkwirkung wurden 8 m als ausreichend erachtet. Die Gründungssohle liegt somit bei Pfeiler IX 4 m, bei Pfeiler X 2 m über dem sehr fest gelagerten tertiären Feinsand in Kies.

Bei Pfeiler X, dessen Stellung zwischen Korrektionslinie und unterer Uferstraße als Ausgangspunkt für die Stellung der anderen Pfeiler in die rechtsrheinische Uferböschung fiel, erreichte man nach verhältnismäßig geringen Erdarbeiten ein Arbeitsplanum für die Herstellung des Senkkastens, das zum Wasser hin durch eine Spundwand begrenzt war und 1,50 m über dem mittleren Wasserstand lag. Es bot sich die Möglichkeit, einen Erdkern so herauszuarbeiten, daß er den Innenmaßen der Arbeitskammer entsprach.

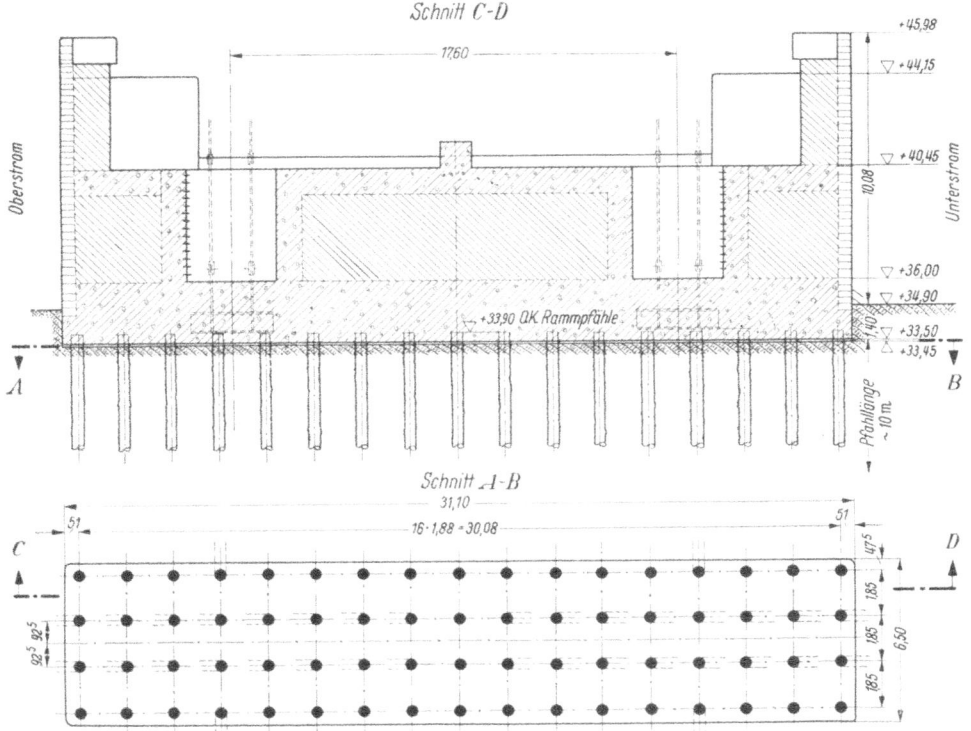

Abb. 4
Anordnung
der Frankipfähle
des Pfeilers XI

Der untere Teil des Senkkastens konnte dadurch ohne Innenschalung hergestellt werden. Das hatte — von dem wirtschaftlichen Vorteil abgesehen — den Vorzug, daß sich das Eigengewicht des Senkkastens nicht auf seine Schneide bzw. auf eine unter der Schneide liegende Betonschwelle, sondern auf die ganze Grundfläche von 9,40 × 34,0 m² verteilte.

Die Absenktiefe wurde planmäßig unter Aufbau des Pfeilerschaftes bei 4.500 m³ Bodenaushub erreicht.

Für Pfeiler IX wurde zwischen Spundwänden eine Insel, ebenfalls bis 1,50 m über MW geschüttet. Im übrigen lagen die Verhältnisse durch die gleichartige Konstruktion und Gründungsart für beide Pfeiler ungefähr gleich.

Besichtigung und Untersuchung der Gründungssohle ergaben einen guten Befund, so daß die bei Pfeiler IX unter dem festen Lager auftretenden maximalen Bodenpressungen von 6 kg/cm² für Eigengewicht und 9 kg/cm² unter Berücksichtigung der Verkehrslast, Bremskräfte, Lagerreibung, Auftrieb, Wasserströmung und Wind in der vorgesehenen Tiefe ohne

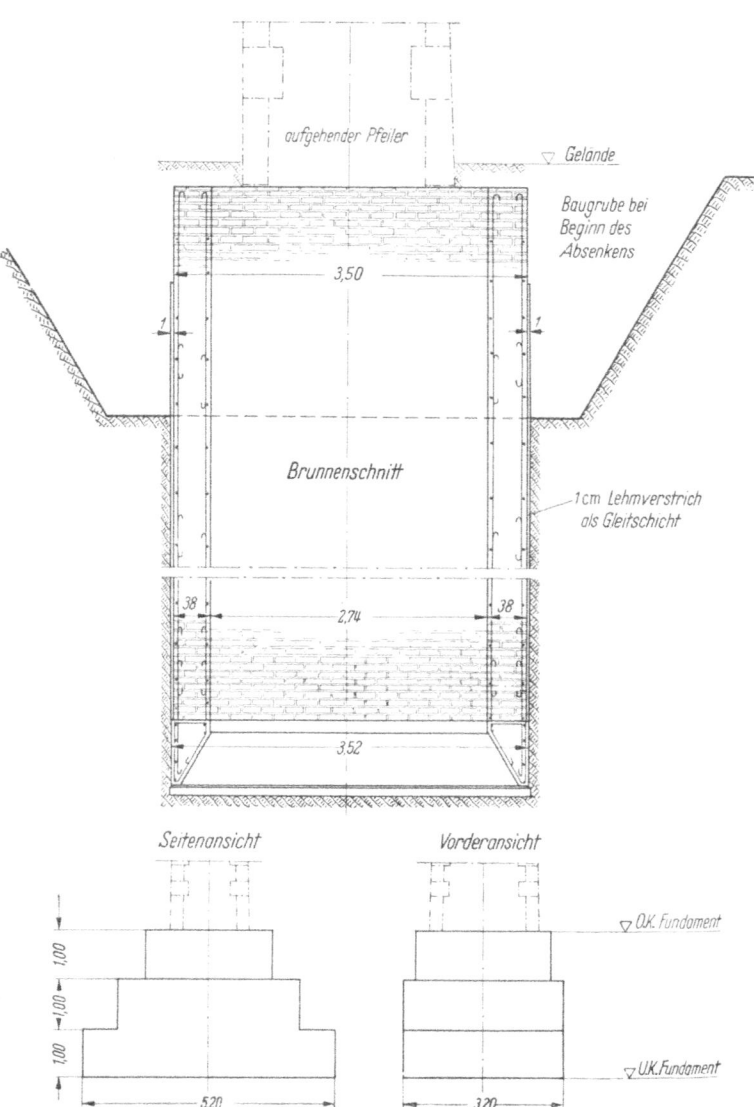

Abb. 5. Brunnen für die tief gegründeten Pfeiler 12 bis 15 und Blockfundament für die flach gegründeten Pfeiler 16 bis 20 des Tausendfüßlers

weiteres vertretbar waren. Der Bau besonderer Eisbrecher war für die kurze Bauzeit innerhalb der hochwasserfreien Jahreszeit nicht erforderlich.

Pfeiler XI

Der im rechtsrheinisch gelegenen Rheinpark stehende Pfeiler XI ist ebenfalls auf Frankipfählen gegründet. Es wurden insgesamt 68 rd. 10 m lange Pfähle mit Nenndurchmesser 40 cm und

Abb. 6. Auf Brunnen gegründete Abfangebalken für die beiden Endpfeiler 22

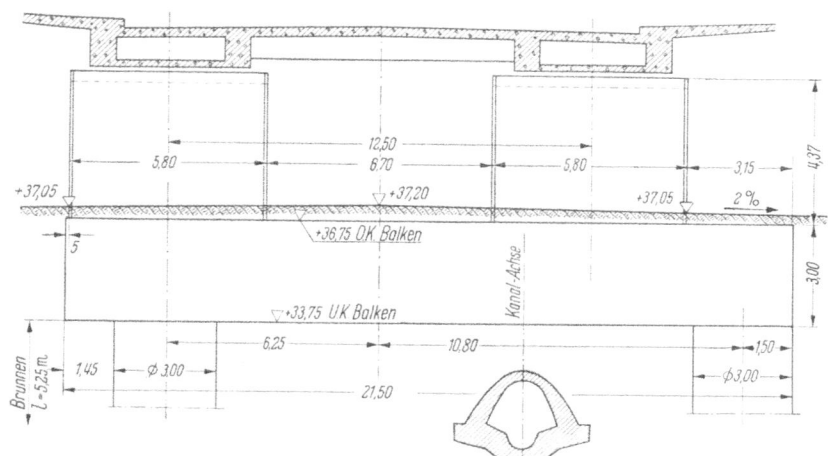

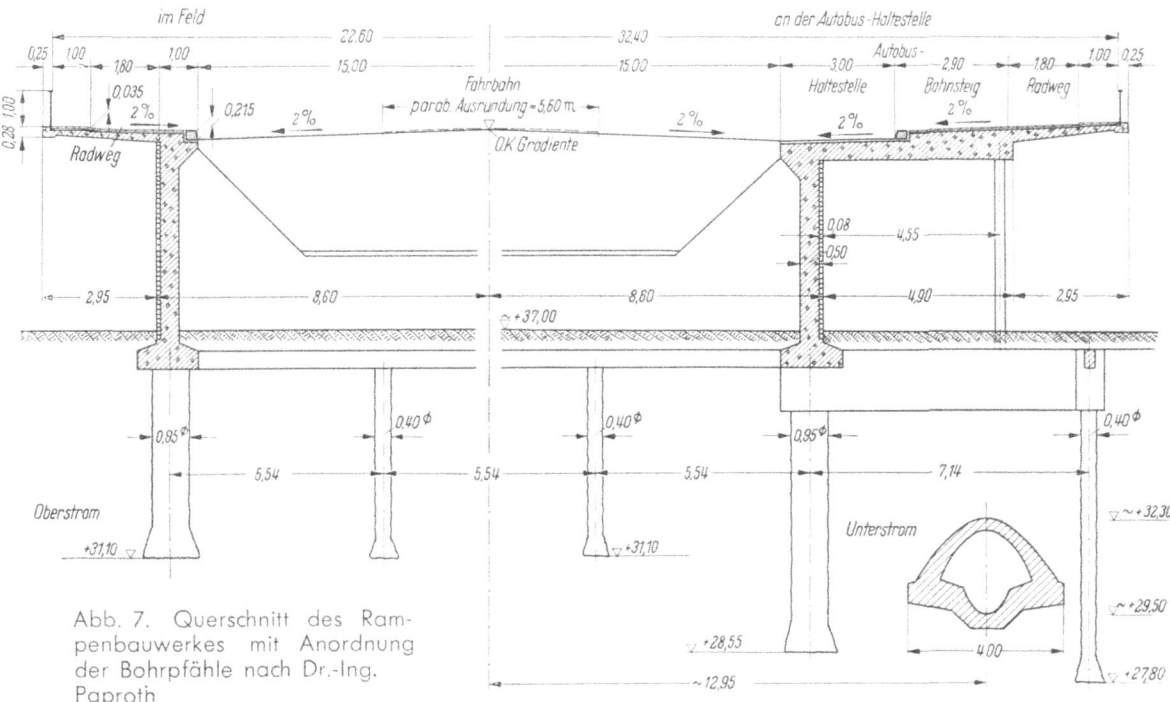

Abb. 7. Querschnitt des Rampenbauwerkes mit Anordnung der Bohrpfähle nach Dr.-Ing. Paproth

rechnerischer Tragkraft von 100 t hergestellt. Von diesen Pfählen sind 36 im Verhältnis 5 : 1, hauptsächlich in Brückenquerrichtung, geneigt.

Im Hinblick auf die wechselnde Beanspruchung des Pfeilers schien die Verteilung der Lasten in den Boden, Pfeiler VIII entsprechend, durch einen Pfahlrost am günstigsten. Außerdem war die Pfahlgründung auch wirtschaftlich vorteilhaft. Der gegenüber der Flutbrückenpfeilergründung geringere Pfahldurchmesser hing von wirtschaftlichen Überlegungen für den Geräteeinsatz ab. Der Pfeiler XI steht weiter entfernt von den Häusern der Cecilienallee und Uerdinger Straße als die Pfeiler des Tausendfüßlers, so daß schädliche Erschütterungen bei der Pfahlherstellung nicht zu befürchten waren.

Pfeiler des Tausendfüßlers

Die oberen Bodenschichten im Bereich von Pfeiler XI bis Pfeilerpaar 15 bestehen, wie in Abbildung 1 ersichtlich, aus aufgeschüttetem Material. Darunter liegt eine bis zu 4 m mächtige bindige Bodenschicht, die auf einen früheren Verlauf und Altarm des Rheines zurückzuführen ist. Daher wurden die Pfeilerpaare 12 bis 15 auf 8—12 m langen Brunnen mit rd. 10 kg/cm² Bodenpressung tief gegründet.

Pfahlgründungen mit Erschütterungen bei der Herstellung und mitwirkender Mantelreibung sollten mit Rücksicht auf das verhältnismäßig dicht bebaute Stadtgebiet und wegen der bindigen Bodenschichten im wechselnden Grundwasser möglichst vermieden werden. Es wurde als zweckmäßig angesehen, die große Last von 700 bis 850 t durch einen Brunnen, der praktisch eine Verlängerung des Pfeilers in den Boden darstellt, in den tragfähigen Boden zu leiten. Für eine Bohrpfahlgründung war mit zu großen Hindernissen zu rechnen. Außerdem bot die Brunnengründung den Vorteil, den Boden in der Gründungssohle direkt untersuchen zu können.

Bei der Herstellung der Brunnen unter Absenken einer Stahlbetonschneide von 3,50 m Außendurchmesser durch Baggeraushub und Hochmauern der horizontal und lotrecht leicht bewehrten Brunnenwand waren manche Schwierigkeiten zu bewältigen. Die ungewöhnlich feste Lagerung und manchmal sehr schräge Lage der bindigen Schicht führten zur Schrägstellung einiger Brunnen, die durch Einsatz eines Tauchers sowie einseitiges Belasten der Brunnenwand behoben werden mußte. Der Boden zeigte sich verschiedentlich so fest, daß er nur noch mit Spaten unter der Schneide zu lösen war.

Die abgesenkten Brunnen wurden unten durch einen unter Wasser hergestellten Betonpfropfen geschlossen. Nach Abpumpen des verbleibenden Wassers wurde Magerbeton eingebracht und der Brunnenkopf aus Stahlbeton für die Einspannung des aufgehenden Pfeilers hergestellt. Im Bereich der Pfeilerpaare 16 bis 20 wurde auf Grund der Bohrergebnisse eine Flächengründung mit Blockfundamenten, deren Grundfläche 3,20 × 5,20 m², bei Pfeiler 17 (festes Lager) 3,70 × 5,0 m², betragen, gewählt. Die mittl. Bodenpressungen liegen bei 5 kg/cm². Im Bereich der Pfeiler-

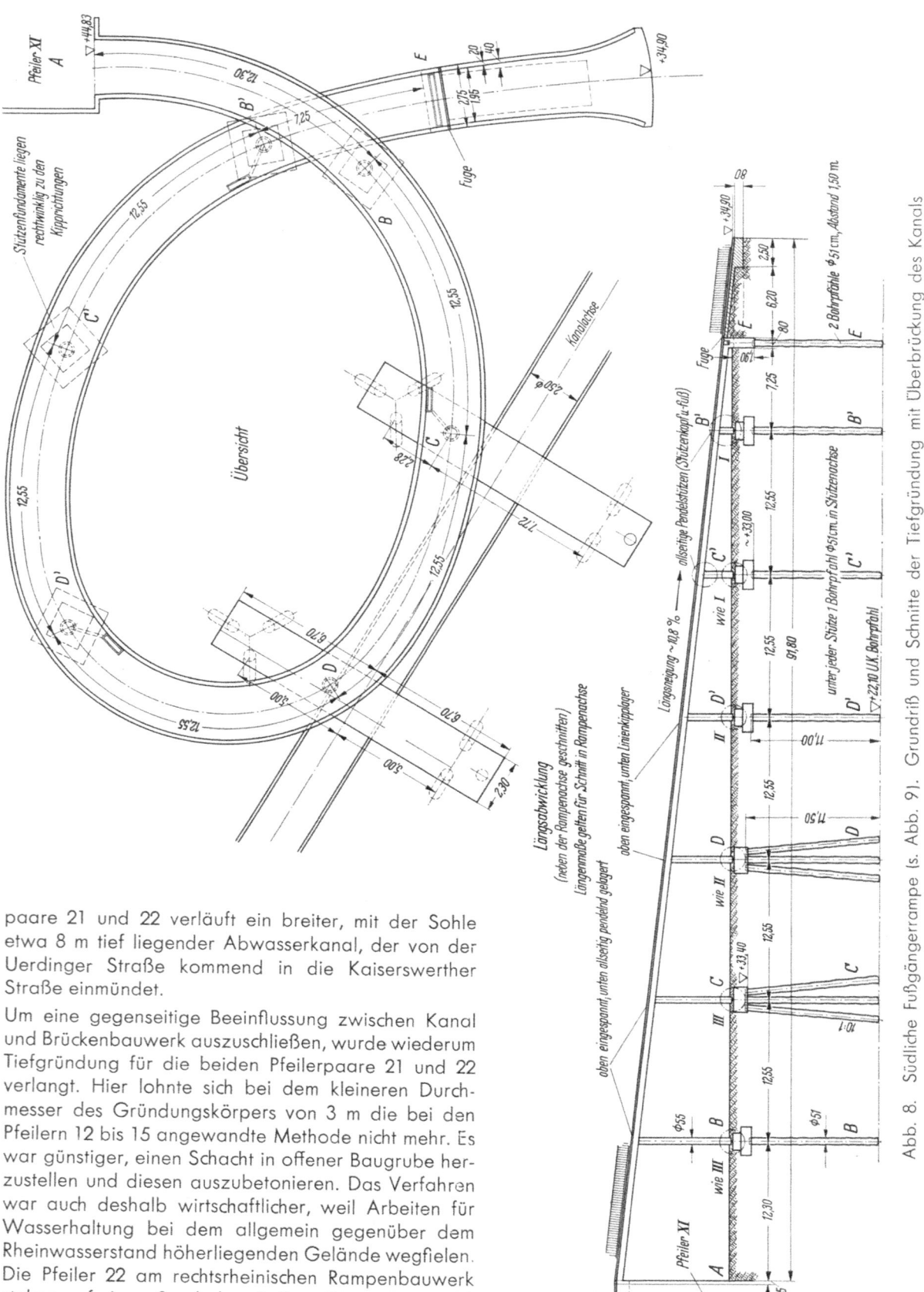

Abb. 8. Südliche Fußgängerrampe (s. Abb. 91. Grundriß und Schnitte der Tiefgründung mit Überbrückung des Kanals

paare 21 und 22 verläuft ein breiter, mit der Sohle etwa 8 m tief liegender Abwasserkanal, der von der Uerdinger Straße kommend in die Kaiserswerther Straße einmündet.

Um eine gegenseitige Beeinflussung zwischen Kanal und Brückenbauwerk auszuschließen, wurde wiederum Tiefgründung für die beiden Pfeilerpaare 21 und 22 verlangt. Hier lohnte sich bei dem kleineren Durchmesser des Gründungskörpers von 3 m die bei den Pfeilern 12 bis 15 angewandte Methode nicht mehr. Es war günstiger, einen Schacht in offener Baugrube herzustellen und diesen auszubetonieren. Das Verfahren war auch deshalb wirtschaftlicher, weil Arbeiten für Wasserhaltung bei dem allgemein gegenüber dem Rheinwasserstand höherliegenden Gelände wegfielen. Die Pfeiler 22 am rechtsrheinischen Rampenbauwerk stehen auf einem 3 m hohen Balken. Dieser liegt auf 2 wie für die Pfeiler 21 hergestellten Gründungskörpern von 3 m Durchmesser und überbrückt den an dieser Stelle unter dem nördlichen Pfeiler 22 verlaufenden, bereits erwähnten Kanal.

Gründung des rechtsrheinischen Rampenbauwerkes

Für die Standsicherheit des Rampenbauwerkes und die Erhaltung des Kanales mußte eine Tiefgründung gewählt werden. Auf Grund der Angebote wurden Bohrpfähle nach der Bauart

Abb. 9. Fußgängerrampe am Pfeiler XI

Dr.-Ing. Paproth ausgeführt. Bis auf einige Schrägpfähle unter der Stirnwand dicht bei den Pfeilern 22 des Tausendfüßlers für die Aufnahme des Erddruckes aus dem Schüttgut wurden die Pfähle durchweg lotrecht in Abständen von 5 bis 7 m hergestellt. Ihre Schaftdurchmesser betragen 32—95 cm bei Traglasten von 45—300 t. Aus Gründen der Symmetrie hat man nicht nur die dem Kanal naheliegende nördliche Stützwand, sondern auch die südliche Stützwand in dieser Weise tief gegründet.

Fußgängerrampen am Pfeiler XI

Die Gründung der beiden als Durchlaufträger in Stahlbeton hergestellten Fußgängerrampen wurde bei der südlichen Rampe als Tiefgründung, bei der nördlichen als Flächengründung durchgeführt.

Es war zweckmäßig, für die Tiefgründung Preßbeton-Bohrpfähle der Bauart Beton- und Monierbau, ein der bauausführenden Firma eigenes Gründungsverfahren, anzuwenden. Diese Bohrpfähle sind rd. 11 m lang, haben einen Durchmesser von 55 cm, den gleichen wie die Rundstützen und übertragen ohne besonderen Pfahlfuß die Stützennormalkraft von 60 t. Als Zwischenglied zwischen Stützenfuß und Pfahlkopf wurden Blockfundamente von 1,70 m Höhe und 2,5 × 2,5 m² Grundfläche angeordnet. Diese Fundamente hätten mit einer maximalen Kantenpressung von 2,2 kg/cm² die Lasten ohne Pfähle übertragen können. Die bindigen Bodenschichten sind im Bereich der südlichen Rampe jedoch besonders stark und außerdem sollten die Setzungen für alle Stützen einer Rampe möglichst gleich sein. Zwei Stützen der südlichen Rampe mußten wegen ihrer Berührung mit einem im Rheinpark liegenden Abwasserkanal jeweils auf einem beidseitig des Kanals tiefgegründeten Stahlbetonbalken, der mit einer Stützweite von rd. 10 m den Kanal überbrückt, abgefangen werden.

Die Flächengründung der nördlichen Rampe (im Hintergrund auf Abbildung 9 erkennbar) wurde in der Form der bei der südlichen Rampe als Pfahlkopfplatte wirkenden Blockfundamente ausgeführt.

Beobachtung der Setzungen

Die Gründungen verhielten sich, auch nach dem Aufbringen der Überbaulasten, erwartungsgemäß. Die bisher beobachteten, durchschnittlichen Gesamtsetzungen liegen in der Größenordnung von 0,5—1,0 cm bei den Flutbrückenpfeilern; 1,5 cm bei den Strompfeilern; 1,0 cm bei Pfeiler XI; 2,4 cm (Brunnen) und 0,8 cm (Blockfundamente) beim Tausendfüßler. Diagramme über den Verlauf der Setzungen bringt der Abschnitt „Vermessung".

Verblendmauerwerk

Flutbrückenpfeiler I—VIII, Strompfeiler IX und X, Pfeiler XI

Um für die Sichtflächen ein möglichst belebtes Bild zu erreichen, wurden die Granitwerksteine in mehreren, blauen bis gelben Farbtönen geliefert. Von der termingerechten Anlieferung hing der Bau der aufgehenden Pfeiler ab, eine Aufgabe, die arbeitstechnisch und organisatorisch viele Anstrengungen erforderte. Es ging darum, insgesamt 7 200 m² Granitwerksteine in einem Jahr mit Bundesbahn-Schwerlastwagen im Waggon vom nächstliegenden Bahnhof zur Baustelle zu transportieren und einzubauen. Es bewährte sich die hier angewandte Arbeitsmethode, daß man jeweils 2 Steinschichten, deren Höhe durchweg 30—50 cm betragen, trocken versetzte. Die einzelnen Steine mit Längen von 1,0—1,5 m, mittlerer Einbindetiefe von 40 cm und Gewichten bis zu 2 t, wurden mit Turmdrehkran und Steinzange bzw. Seilschlaufe auf Keile abgesetzt. Nachdem die 2 cm weiten Fugen durch Hanfstricke von außen abgedichtet waren, wurde der Beton — bei den Flutbrückenpfeilern durchweg, unter den 4 Auflagerungspunkten des Überbaues stark bewehrter Rüttelbeton — eingebracht. So wechselten nacheinander Versetzen und Betonarbeiten (s. Abbildungen zum Beitrag über die Baustelleneinrichtung beim Bau der Flutbrückenpfeiler).

Bei allen Pfeilern wurden die Granitwerksteine in der gleichen Weise versetzt. Die Meßkontrollen waren bei den Strompfeilern umfangreicher als bei den Flutbrückenpfeilern, da die Senkkastenbewegungen laufend mit verfolgt werden mußten. Als letzte Arbeit wurde das Verfugen mit Traßzementmörtel durchgeführt. Die Oberfläche des Mörtels, die durch Nachreiben rauh gehalten ist, liegt fast bündig in der Ebene der Sichtfläche.

Pfeiler des Tausendfüßlers und rechtsrheinisches Rampenbauwerk

Die Pfeiler des Tausendfüßlers sind in Stahlbeton hergestellt. Nach dem Bewehren des Pfeilerkernes wurden die 20—30 cm tiefen und 30—50 cm hohen Schichten der Basaltlava-Werksteine ab Pfeilerpaar 18 ganz, bei den größeren Pfeilern in zwei Teilen mit dichter Mörtelfuge hochgemauert. Darauf wurde der Beton eingebracht und mit Flaschenrüttlern verdichtet. Als Haltevorrichtung waren Kanthölzer um die in 1,5 % Neigung stehende Außenwand so zahlreich aufgestellt, daß jeder Stein mindestens an zwei Punkten gehalten wurde. Um diese Kanthölzer waren im Abstand von etwa 1 m übereinander Stahlringe gespannt. Das nachträgliche Verfugen erfolgte ebenfalls mit Traßzementmörtel, der durch Zusatz von Farbpulver entsprechend der Farbe der Natursteine gefärbt ist.

Die Fugenweite beträgt hier 1 cm und die Oberfläche des Fugenmörtels wurde, wie beim Granitmauerwerk, rauh gehalten. Die Versetzarbeiten mußten mit großer Sorgfalt ausgeführt werden, da das Mauerwerk Druckspannungen bis zu 70 kg/cm² erhält.

Die Verblendung für das Rampenbauwerk ist aus Basaltlavaplatten hergestellt. Diese Platten sind 5 cm stark und in der Sichtfläche maschinell grob gefräst; sie sind mit einer Mörtelausgleichschicht von 3 cm hinterfüllt und durch Dübel mit dem Beton der Stützwand verbunden.

Abb. 10. Granitwerkstein-Verblendung am Strompfeiler X

Das rechtsrheinische Rampenbauwerk

Von Dipl.-Ing. August Becker in Firma Wayss & Freytag, Düsseldorf

1. Allgemeines

Das Rampenbauwerk schließt sich mit einer Gesamtlänge von rund 251 m an der Kreuzung Uerdinger-/Kaiserswerther Straße an den Tausendfüßler an. Es ist hier durch Treppen mit dem Straßennetz verbunden. Die Gesamtbreite einschließlich der beiderseits angeordneten Bushaltestellen, der Fußgänger- und Radfahrwege beträgt an dieser Stelle 32,90 m gegenüber 23,10 m im normalen mittleren Teil.

In ihrem Auslauf in Richtung Nordfriedhof werden bei einer trompetenartigen Verbreiterung der Rampe die beiden Fahrbahnhälften von je 7,50 m getrennt.

Abb. 1. Rechtsrheinisches Rampenbauwerk, Basaltlavaplattenverblendung

Abb. 2. Rampenbauwerk

Sämtliche Außenwände der Rampe wurden mit Basaltlava verblendet. Die Platten sind auf einer 3 cm starken Mörtelschicht angesetzt und durch Dübel mit den Betonwänden verbunden. Die Untersichten der Kragplatten sind in Sichtbeton ausgeführt.

2. Konstruktion

Das in Stahlbeton ausgeführte Rampenbauwerk wird durch die Anordnung von Dehnfugen in Einzelteile von je rund 21 m Länge zerlegt, wobei eingebaute elastische Fugenbänder das Durchsickern von Feuchtigkeit aus der Erdhinterfüllung verhindern. Jedes dieser Konstruktionsglieder besteht aus zwei seitlich angeordneten Stützmauern, welche durch zwei Querwände in 14 m Abstand zur Aufnahme der Zugkräfte und Momente verbunden sind. Aus straßenbautechnischen Gründen sind diese Wände nach der Mitte hin tiefer herabgezogen. Die äußeren Stützmauern sind zur Aufnahme des Erddruckes in vertikaler Richtung von den unteren Banketten bis zu den oben aus den Wänden auskragenden Fußwegplatten gespannt. Bankett und Fußwegplatte geben die dabei anfallenden Lasten an die als Zugbänder wirkenden Querwände ab. Die gesamte Rampenkonstruktion ist auf Bohrpfählen nach System Dr.-Ing. Paproth gegründet, damit der vorhandene naheliegende Abwasserkanal vor einer zusätzlichen Belastung geschützt ist.

Die Auskragungen der Bahnsteige am Kopfende ruhen auf runden Stützen.

Radfahr- und Bedienungsweg sind aus den Stützwänden ausgekragt. Im tieferliegenden Anfangsteil ist das Bauwerk an beiden Seiten von einer Winkelstützmauer begrenzt.

Abb. 3. Aussteifung des Rampenbauwerks

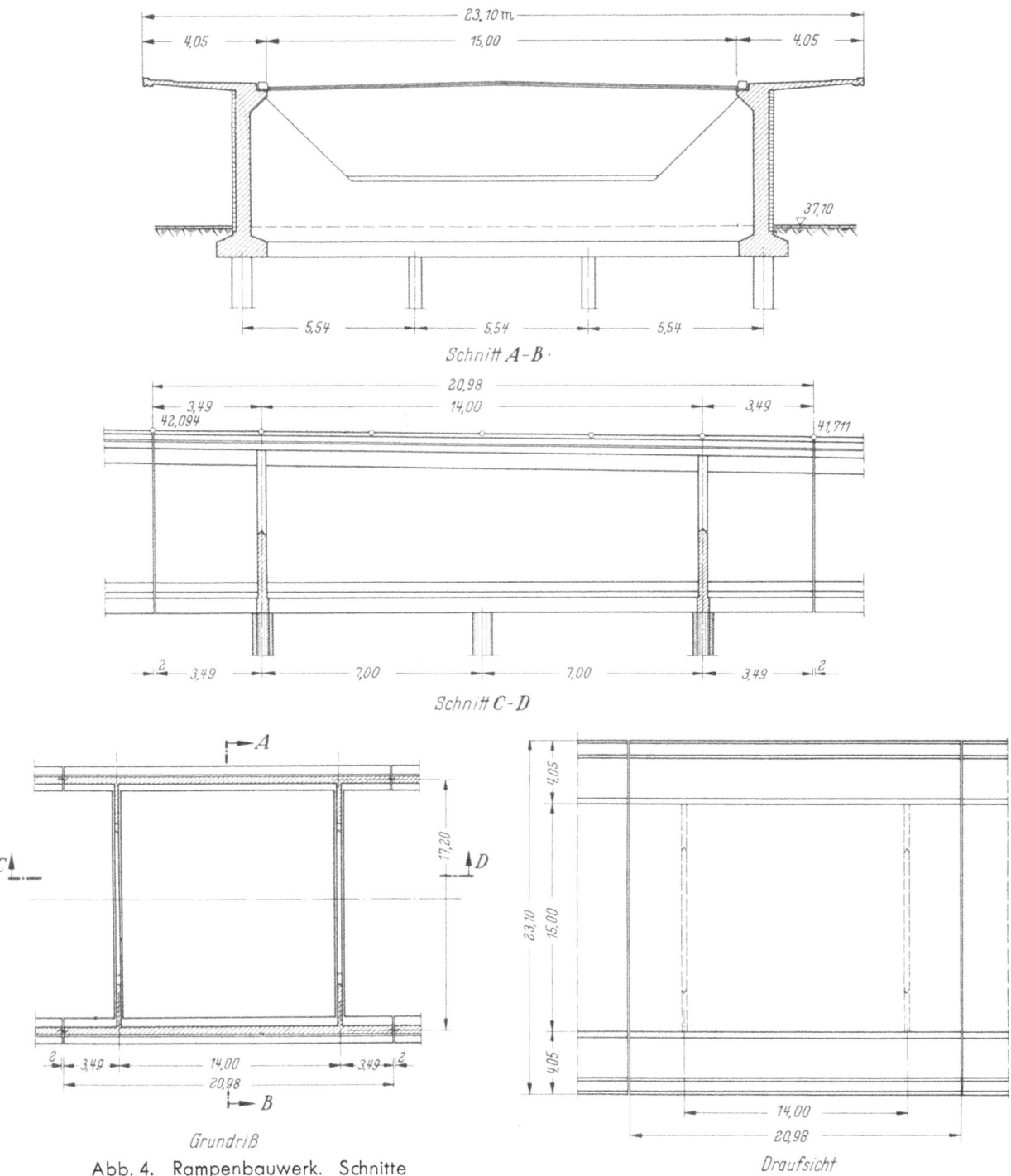

Abb. 4. Rampenbauwerk. Schnitte

Die Zugangstreppen an der Uerdinger Straße sind als freitragende geknickte Träger mit seitlich überstehenden Kragplatten ausgebildet.

3. Beton- und Stahlgüten

Die runden Stützen unter den Bahnsteigen wurden in Stahlbeton B 300 mit Baustahl III b hergestellt, während das gesamte übrige Bauwerk in Stahlbeton B 225 mit Stahl I ausgeführt wurde.

4. Baustelleneinrichtung

Infolge der Anordnung einer zentralen Mischanlage wurde der Beton verfahren und von einem leichten Turmdrehkran, welcher gleichzeitig zum Versetzen der Schalung diente, eingebracht. Die Bauarbeiten wurden am Tausendfüßler begonnen und abschnittsweise bis zum Auslauf der Rampe durchgeführt.

Zum Verfüllen der Rampe wurde zur Vermeidung von Beschädigungen der Zugbänder auf den beiden Radfahrwegen Feldbahngleis verlegt und das Kiesmaterial mittels Dieselloks und Kipploren eingefahren.

Die Verdichtung erfolgte mit Tiefenrüttlern der Firma Keller, Hamburg.

Bau der Flutbrückenpfeiler I bis VIII Baubetrieb

Von W. Janek

Oberingenieur in Firma Beton- und Monierbau, A.-G., Düsseldorf

Allgemeines

Die richtige Wahl und Entwicklung einer Baustelleneinrichtung setzt voraus, daß nachstehend angegebene Faktoren bekannt sind:

1. Charakteristik des Bauvorhabens mit seinen einzelnen Baugliedern.
2. Größe und Umfang des abzuwickelnden Leistungsvolumens mit der sehr wichtigen Aufgliederung der Einzelleistungen.
3. Der zur Verfügung stehende Zeitraum bzw. die vertraglich festgelegte Ausführungsfrist.
4. Energie-Entnahmestellen für Strom und Wasser.
5. Geländeverhältnisse auf der Baustelle, Transport- und Zufahrtswege, Transportmittel.
6. Geräteeinsatz und Aufstellung in Abstimmung zu den einzelnen Leistungsabschnitten.

In allen vorstehend erwähnten Punkten war bereits zum Zeitpunkt der Ausschreibung durch das Straßen- und Brückenbauamt Düsseldorf wertvollste Vorarbeit geleistet, so daß von den ausführenden Firmen ohne Schwierigkeiten die folgerichtige Entwicklung direkt in Angriff genommen werden konnte.

Der Arbeitsgemeinschaft der Firmen Beton- und Monierbau A.G. Düsseldorf und Rhein-Ruhr-Bau G.m.b.H., Düsseldorf, wurde im Rahmen dieses bedeutenden und interessanten Bauwerkes der Stadt Düsseldorf der Auftrag zur Erstellung der linksrheinischen Flutpfeiler I—VIII erteilt.

Die Baustelleneinrichtung hierzu soll nachfolgend unter Zugrundelegung der in der Einleitung aufgezeigten Faktoren ihre besondere Behandlung finden.

1. Charakteristik des Bauvorhabens und Allgemeines

a) Allgemein

Die Pfeiler I und II, besser gesagt: Widerlager I und Deichpfeiler II liegen in den Böschungen des Winterdeiches und bilden das Auflager für die Deichbrücke, welche die Deichkrone mit einer lichten Höhe von 4,50 m überspannt.

Die Pfeiler VII und VIII liegen im Flutgelände des Stromlaufes, wobei Pfeiler VIII die Endverankerung für die Strombrücke aufnimmt.

Über die Pfeiler II bis VIII spannt sich linksrheinisch die durchlaufende Stahlkonstruktion der Flutbrücke. Die linksrheinische Auffahrt zur Brücke bildet ein Damm im Anschluß an Widerlager I.

b) Gründung

Die Gründung der Pfeiler erfolgte auf Pfahlrosten. Je Pfeiler wurden etwa 45—50 Stück Pfähle von rd. 6,00 bis 10,00 m Länge als lotrecht und zum Teil schräg stehende Pfähle gesetzt. Die

Abb. 1a. Arbeitszeitenplan laut Planung

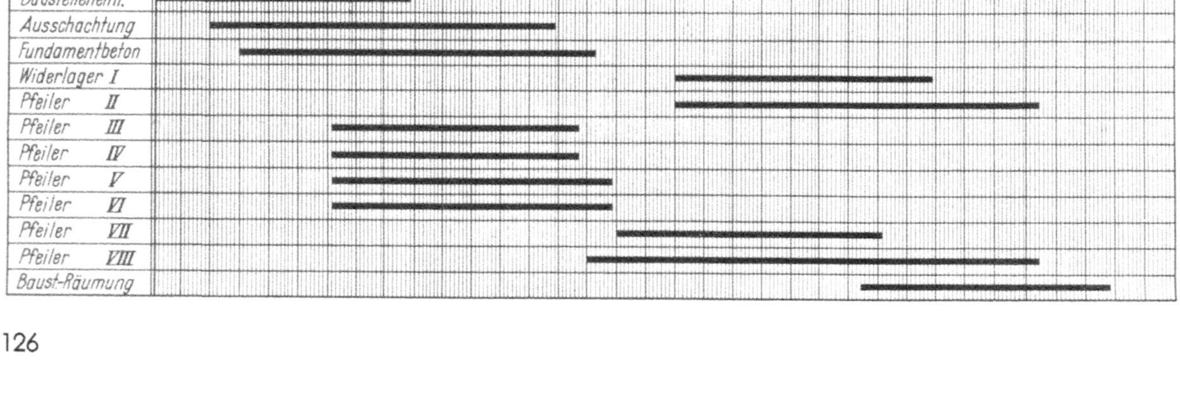

Pfahlkopfplatte hat eine Stärke von 1,50 bis 1,80 m. Bei den Pfeilern VII und VIII erhält die Pfahl-kopfplatte eine bleibende Umspundung in Stahlprofil, deren Oberkante bei 4,50 m Gesamtlänge 1,00 m unter Geländeoberkante liegt.

c) Pfeiler

Über Form und Verblendmauerwerk derselben ist an anderer Stelle berichtet.

2. Größe und Umfang der abzuwickelnden Leistungen

Für die Festlegung der Anzahl von Großgeräten, Maschinen und Hilfsgeräten war die Kenntnis des Leistungsvolumens im einzelnen erforderlich.

Anbei die Werte für die einzelnen Bauglieder:

	Bodenaushub cbm	Beton- u. Stahl-beton cbm	Granitver-blendung qm
Widerlager I und Deichpfeiler II	2500	2180	605
Pfeiler III	500	780	470
„ IV	500	760	460
„ V	510	920	540
„ VI	530	850	510
„ VII	360	1100	640
„ VIII	560	2600	1150
Insgesamt	5460	9290	4375

3. Der zur Verfügung stehende Zeitraum und die vertraglich festgelegte Ausführungsfrist

Die vertraglich festgelegte Ausführungsfrist sah die Abwicklung der Bauleistungen wie im bei-gefügten Bauzeitplan ersichtlich, vom 1. 3. 55 bis 15. 10. 55 vor.
(Siehe graphische Darstellung Nr. 1.)
Infolge Einbeziehung der Strompfeiler IX, X und des rechtsrheinischen Pfeilers XI in die Arbeits-takte der Granitsteinverblendung war eine Abänderung des Bauzeitplanes unvermeidlich, die jedoch die umfassende Gesamtplanung keineswegs beeinflußte.
So ergab sich als Arbeitsbeginn der 1. 4. 1955 und als Fertigstellungstermin, wie aus dem ab-geänderten Arbeitszeitplan ersichtlich, der 15. 12. 1955.

4. Energie-Versorgung

Es sei hier lediglich zusammenfassend auf den Bedarf an Elektromaterial und Installation für die Versorgung der Baustelleneinrichtung zu den Flutpfeilern mit elektrischer Energie hingewiesen:

    1 Transformator 250 kVA mit allen zugehörigen elektrischen Installationseinrichtungen
    3 Stromwandler
500 lfd. m Erdkabel NKBA 3×95/50 mm²
250 lfd. m Erdkabel NKBA 3×70/35 mm²
125 lfd. m Erdkabel NKBA 3×35/16 mm²
100 lfd. m Erdleitung   4×40   mm²
260 lfd. m Gummikabel   4×1,5   mm²

Abb. 1b. Arbeitszeitenplan laut Ausführung

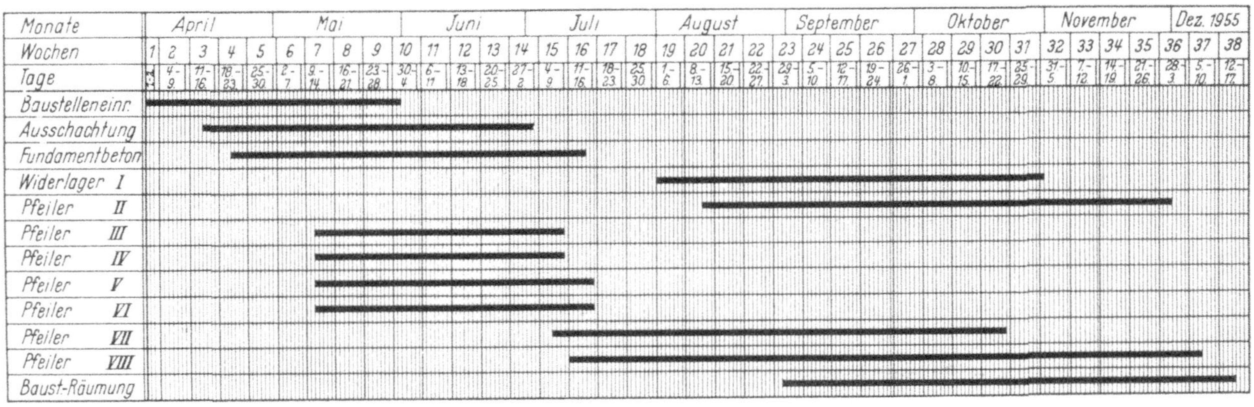

Abb. 2. Baustelleneinrichtung und Materialtransport für die Erstellung der linksrheinischen Flutpfeiler III—VI

5. Geländeverhältnisse, Transport- und Zufahrtswege, Transportmittel

a) Geländeverhältnisse, Transport- und Zufahrtswege

Wie bereits vorgangs erwähnt, ergab sich die Notwendigkeit einer Aufteilung in einzelne Leistungsabschnitte, die bei der Entwicklung der Arbeitszeitpläne und für die Baustelleneinrichtung in die Leistungsabschnitte

I. Pfeiler III, IV, V und VI
II. Flutpfeiler VII und VIII
III. Widerlager I und Deichpfeiler II
aufgegliedert wurden.

Hierdurch konnten nacheinander Schwierigkeiten infolge stark wechselnder Geländeverhältnisse, die im Streckenteil von Pfeiler III bis einschließlich VI bauseitig durch die Anlage einer Zufahrtsstraße mit Abzweigungen zu jedem Pfeiler gelöst waren, auch für das Widerlager I und Deichpfeiler II im Bereich des Winterdeiches einerseits und Flutpfeiler VII und VIII im Bereich des Sommerdeiches andererseits durch einfache Überlegungen technisch einwandfrei gelöst werden. Für den Leistungsabschnitt II wurde nach Absprache mit dem Wasserwirtschaftsamt je eine Transportrampe beiderseits des Sommerdeiches mit Wendeplatz angelegt, während für Leistungsabschnitt III keine besonderen Maßnahmen getroffen zu werden brauchten.

b) Transportmittel

Erwähnenswert ist hier die Art und Weise des Transports der Granitsteinverblendungen, die für alle drei Leistungsabschnitte gewählt wurde.
Die Anlieferung der Verblendung erfolgte in Bundesbahnwaggons von Kirchenlamitz i. Fichtelgebirge bis Station Düsseldorf-Oberkassel. Von hier aus die Umsetzung der Waggons auf Kulemeyer-Fahrzeuge mit anschließendem Transport zur Baustelle (siehe Bild 2).

6. Leistungsabschnitte, Geräteeinsatz und Arbeitstakte
(Siehe Abb. 3, 4 und 5.)

a) Bodenaushub

Das Leistungsvolumen von insgesamt 5 500 cbm wurde bei allen drei Leistungsabschnitten durch Einsatz eines Menck-Dieselgreifers Type „MA" mit 0,53 cbm Greiferinhalt abgewickelt.

b) Betonfertigungsanlage, Betontransport und -einbau zum Leistungsabschnitt I

128

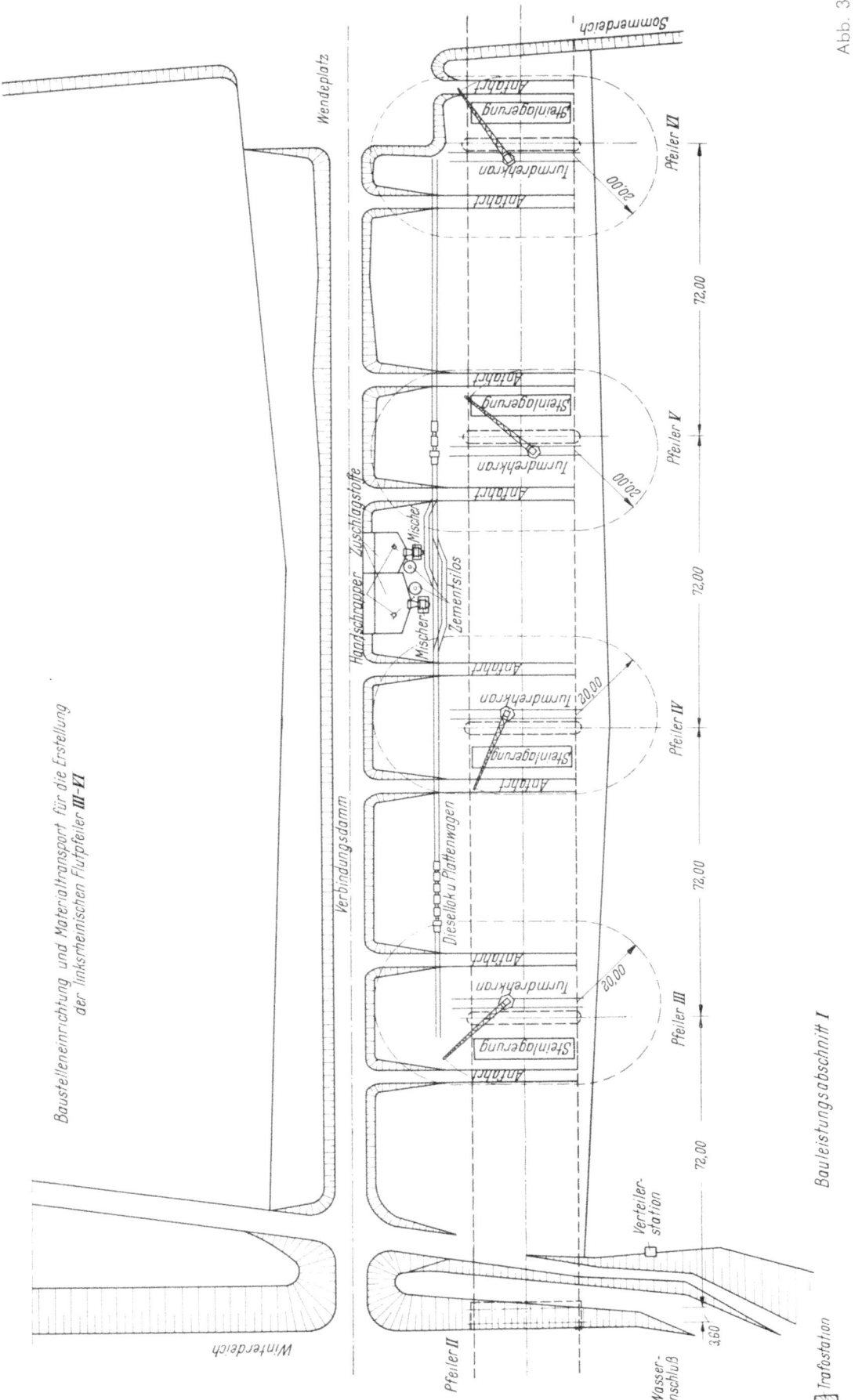

Baustelleneinrichtung und Materialtransport für die Erstellung
der linksrheinischen Flutpfeiler III–VI

Abb. 3

129

Baustelleneinrichtung und Materialtransport für die Erstellung
des linksrheinischen Widerlagers I und Deichpfeilers II sowie der linksrheinischen Flutpfeiler VII und VIII

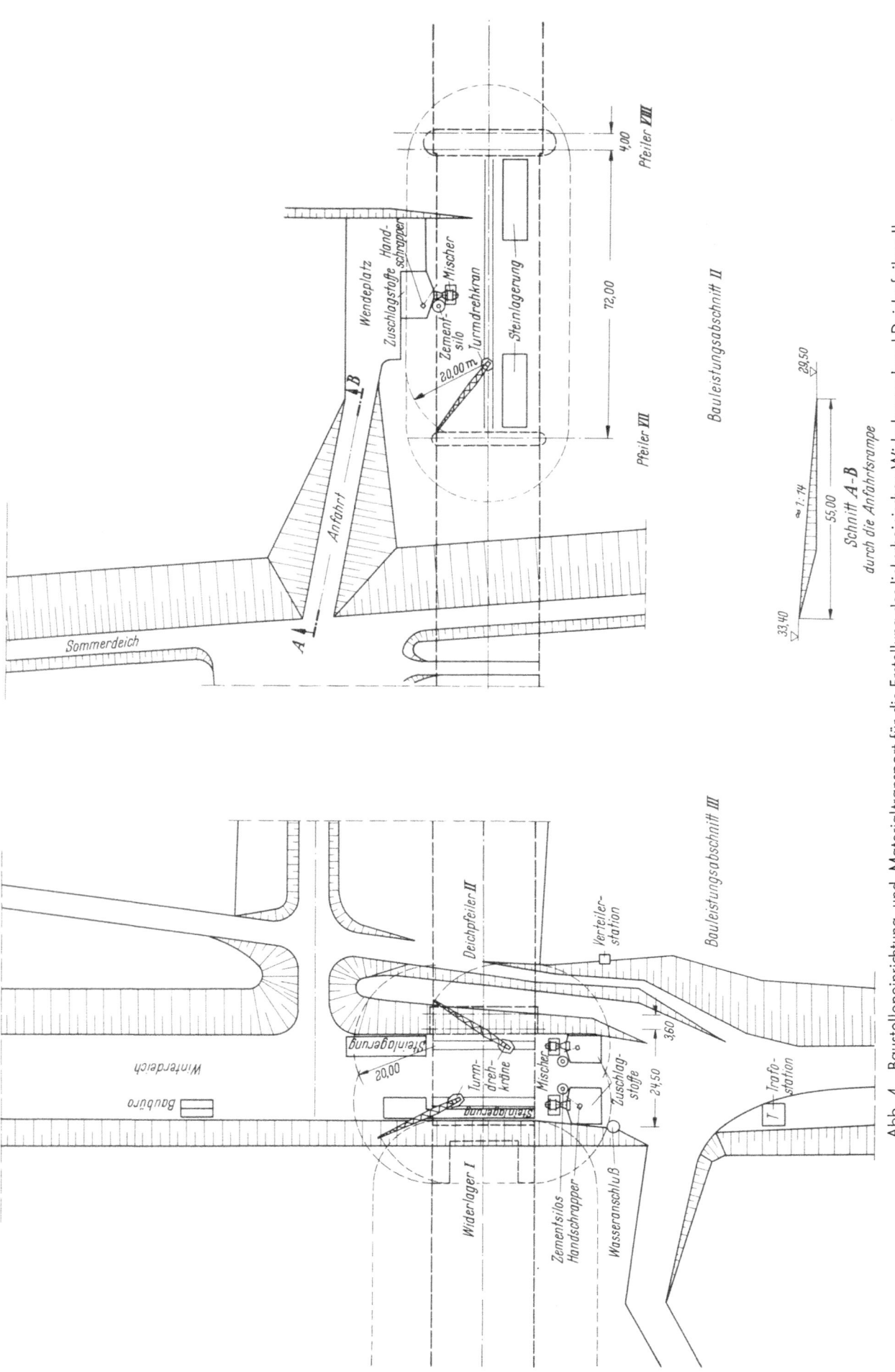

Abb. 4. Baustelleneinrichtung und Materialtransport für die Erstellung des linksrheinischen Widerlagers I und Deichpfeilers II sowie der linksrheinischen Flutpfeiler VII und VIII

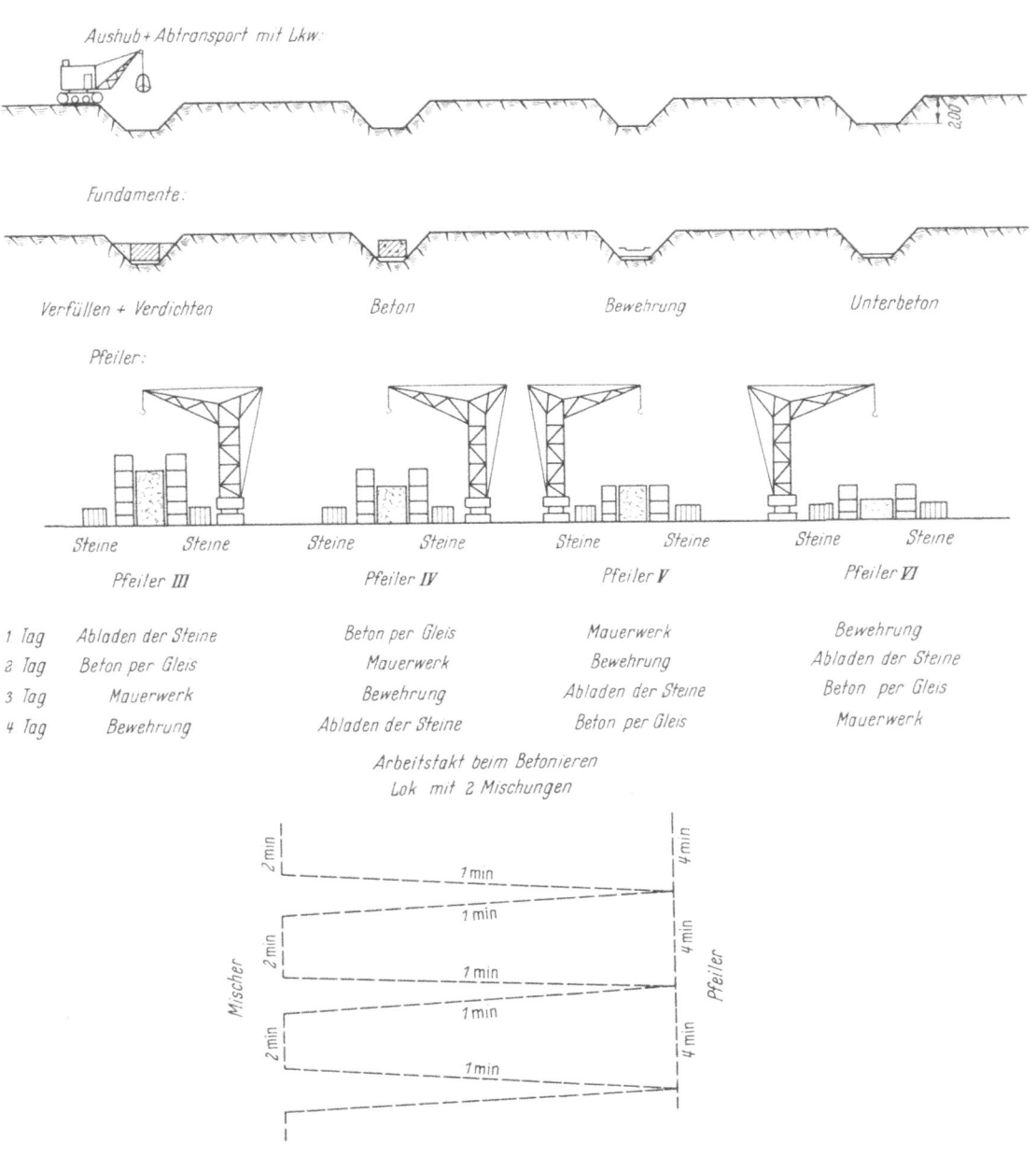

Abb. 5. Festgelegte Arbeitstakte für Leistungsabschnitt I unter Zugrundelegung des Terminplanes

Etwa in Streckenmitte des Transportweges wurde die Betonfertigungsanlage aufgestellt. Sie bestand aus 2 Stück 500-l-Betonmischmaschinen mit Tiefsilos, 2 Zementsilos mit je 20 t Fassungsvermögen, 2 Stück Kraftschaufeln, 2 Stück Dieselloks, 500 lfd. m Feldbahngleis mit 4 Plateau-Wagen für den Transport der Beton-Segmentkübel (s. Baustellen-Einrichtungsplan Abb. 3 u. 4). An jedem Pfeiler wurde je ein Turmdrehkran Typ Mannheim BK 20 mit 20 m Ausladung und 23 m Rollenhöhe eingesetzt. Die Betonmischung wurde durch das erwähnte Feldbahngerät bis zum Wirkungsbereich des jeweiligen Turmdrehkranes gebracht, zur Einbaustelle geschwenkt und direkt eingebracht.

In ähnlicher Form erfolgte die Abwicklung der Leistungsabschnitte II und III, jedoch unter Berücksichtigung des Bauzeitplanes (Abb. 1).

Ein reibungsloser Einsatz der Baustellen-Einrichtung setzte die zeitliche Abstimmung nach Arbeitstakten zwischen Bewehrung Beton und Verblendung voraus, die besonders bei dem Leistungsabschnitt I für die gleichzeitige Inangriffnahme von 4 Pfeilern errechnet werden mußte. Die Festlegung dieser Arbeitstakte geht aus dem angedeuteten Beispiel (Abb. 5) hervor.

Abb. 6. Betonieren am aufgehenden Pfeiler IV

Abb. 7. Baustelleneinrichtung und aufgehende Pfeiler III, IV, V und VI

Abb. 8. Der aufgehende Pfeiler VIII

Die Gründung der Strompfeiler

Von Dipl.-Ing. R. Erbe in Firma Philipp Holzmann A.-G., Düsseldorf und
Dipl.-Ing. E. Klockmann, Direktor in Firma Wayss & Freytag A.-G., Düsseldorf

I. Aufgabe und Belastung der Pfeiler

Die beiden Strompfeiler IX und X müssen die gewaltigen Drücke und Horizontalkräfte aus den Pylonen der Schrägseilbrücke aufnehmen und sicher in den Untergrund weiterleiten können.

Auf dem Strompfeiler IX ist das feste Lager der Strombrücke angeordnet, der Strompfeiler X trägt das bewegliche Lager. Der größte Auflagerdruck eines Brückenpylons beträgt aus ständiger Last 2303 t und aus Verkehrslast 1190 t. Auf einen Strompfeiler wirken daher als Vertikalkräfte 2 (2303 + 1190) = 6986 t und als Horizontalkräfte quer zur Brücke der Winddruck mit ± 360 t und in Längsrichtung der Brücke Bremskräfte (± 108 t) und Reibungskräfte (± 208 t). Der Strompfeiler X, der in der Böschung des rechten Stromufers steht, hat außerdem noch erhebliche seitliche Erddrücke aufzunehmen.

Die Pfeiler, die in Stromlinienform ausgebildet sind, bieten dem Strom bei Hochwasser und Eisgang nur wenig Widerstand.

II. Statik und Konstruktion der Pfeiler und Senkkästen
a) Pfeiler

Die mächtigen Lager der Pylonenfüße ruhen bei beiden Pfeilern auf 3,25 m hohen Auflagerbänken aus Stahlbeton B 225, die sich innerhalb der Verblendung über die gesamte Pfeilergrundrißfläche ausdehnen und die Pfeilerschäfte wie starke obere Klammern zusammenhalten. Die Bewehrung der Auflagerbänke ist dem räumlichen Verlauf der Hauptspannungstrajektorien, die durch die Einleitung der Kräfte aus dem Stahlüberbau entstehen, angepaßt. Die anfallenden Einzelkräfte werden dadurch gleichmäßig über den ganzen Pfeilergrundriß verteilt.

Die Pfeilerschäfte bestehen bei beiden Pfeilern zwischen den Auflagerbänken und den Senkkästen aus unbewehrtem Beton B 160. Die sichtbaren Flächen sind mit Granitsteinen verblendet worden. Die Senkkästen, auf die im nächsten Abschnitt noch näher eingegangen wird, wurden

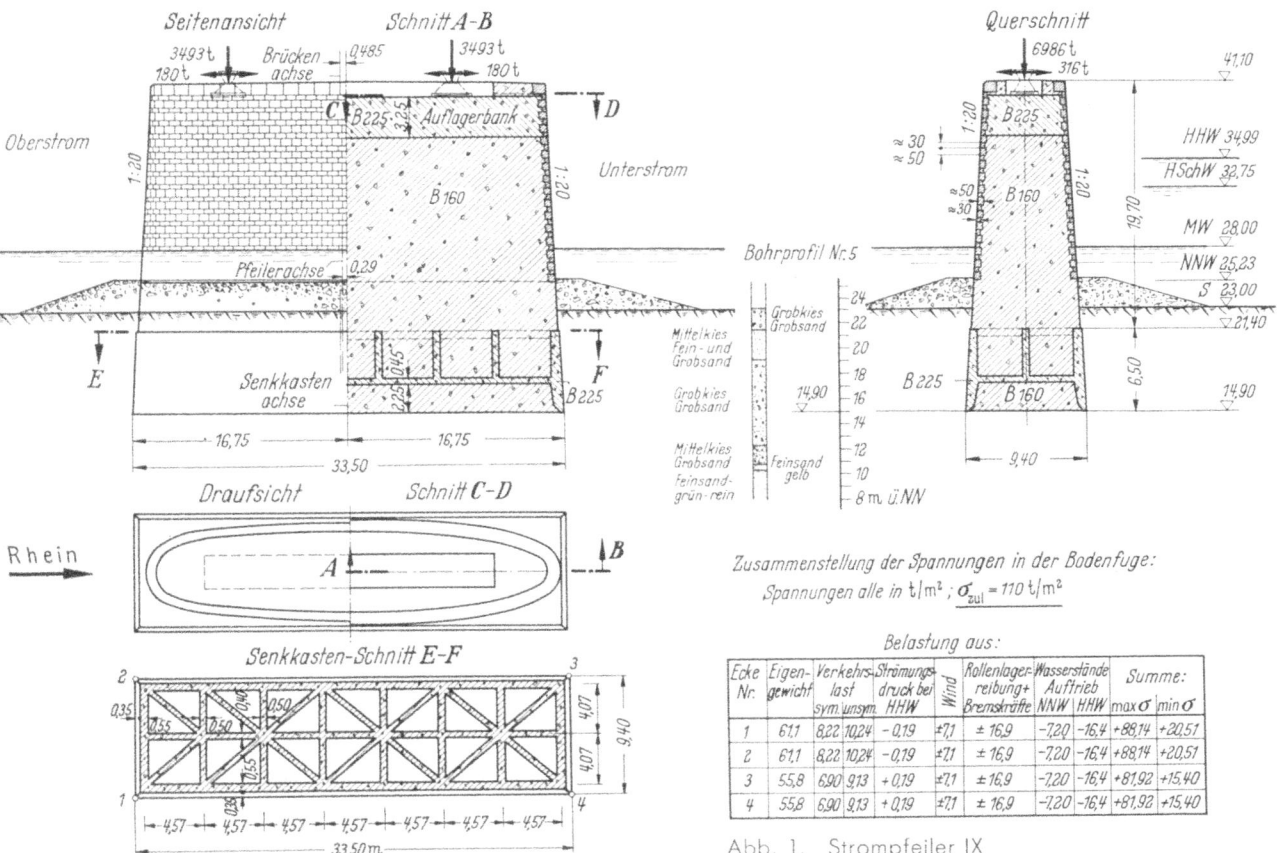

Abb. 1. Strompfeiler IX

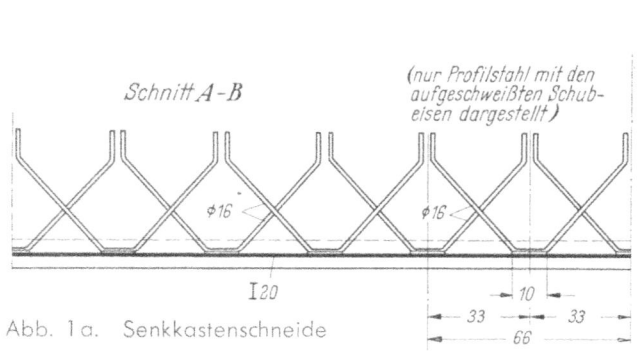
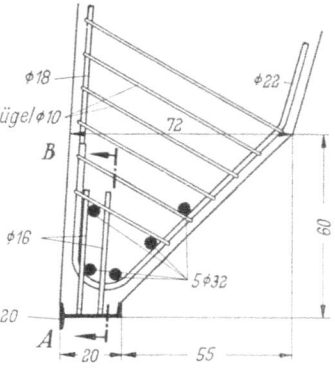

Abb. 1a. Senkkastenschneide

aus Stahlbeton B 225 und Betonstahl I und III b hergestellt. Zur Herstellung des Senkkasten-betons wurde Rhein-Monier-Kies, 0 bis 30/35 mm Korngröße, unter Zugabe von 300 kg Zement je cbm Beton verwandt. Für den Senkkasten IX wurde wegen der kurzen Erhärtungszeit Eisen-portlandzement Z 325, für den Senkkasten X und alle weiteren Betonarbeiten Hochofenzement Z 225 genommen.

Die Füllung der Senkkastenräume über- und unterhalb der Arbeitskammerdecke erfolgte mit Beton, der aus Rhein-Betonkies 0 bis 70 mm unter Zugabe von 200 kg Zement/cbm hergestellt war und mindestens die Güte eines B 160 erreichte.

Die in regelmäßigen Abständen entnommenen Probewürfel ergaben in allen Bauteilen Beton-festigkeiten, die weit über den geforderten Festigkeiten lagen.

Die Gründungssohlen der Pfeiler (IX = 14,90 m NN; X = 14,25 m NN) liegen rd. 8 m unter der Flußsohle im festen, gewachsenen Kies.

Nach DIN 1054, Ziffer 4, Tafel 1 und unter Berücksichtigung der kleinsten Sohlbreite von 9,40 m und der Gründungtiefe von 8 m beträgt die zulässige mittlere Bodenpressung 8,5 kg/cm², die zulässige Kantenpressung $1,3 \cdot 8,5 = 11$ kg/cm².

Die maximale vorhandene Spannung im Schwerpunkt der Aufstandsfläche beträgt 6,70 kg/cm². Die vorhandenen Eckspannungen sind in den Tabellen eingetragen. Die zulässigen Spannungen werden an keiner Stelle überschritten. Ein Klaffen der Bodenfugen tritt nicht ein.

Bei der Berechnung des Wasser-Strömungsdruckes wurde in Höhe des höchsten Hochwassers beim Pfeiler IX eine Wassergeschwindigkeit von 3 m/sec, beim Pfeiler X 5 m/sec angesetzt.

Der gesamte Pfeiler IX einschließlich Auflagerbank, Senkkasten usw. wiegt 13 700 t, Pfeiler X = 14 700 t. Das Mehrgewicht des Pfeilers X erklärt sich daraus, daß der Pfeilerschaft über dem Senkkasten in seinem unteren, nicht sichtbaren Teil bis zur Höhe der kleinen Berme auf + 27,60 m als rechteckiger Kubus mit senkrechten Wandflächen ausgebildet ist. Für die Ermittlung der Bodenpressungen waren jeweils noch ca. 1000 t Erdauflast zu berücksichtigen, die sich aus den Absätzen und der konischen Querschnittsform der Schäfte ergibt.

Beim Pfeiler X ist mit Rücksicht auf die erheblichen uferseitigen Erddrücke eine exzentrische Stel-lung des Pfeilerschaftes auf dem Senkkasten gewählt worden, um die durch den seitlichen Überdruck hervorgerufene Außermittigkeit zu einem Teil rückgängig zu machen.

b) Senkkästen

1. Pfeiler IX

Der Senkkasten hat eine Länge von 33,50 m und eine Breite von 9,40 m. Die Höhe der Arbeitskammer beträgt 2,25 m, die Gesamthöhe des Senkkastens 6,50 m. Diese Höhe ist not-wendig, um den Senkkasten in Längsrichtung genügend steif zu machen. Bei der Berechnung der einzulegenden Längseisen am oberen Rand und in der Schneide waren zwei Katastrophen-fälle angenommen worden, einmal, daß sich der Senkkasten auf $^1/_3$ seiner Länge, d. h. rd. 11 m, frei tragen muß, zum zweiten, daß er an den Enden etwa 4,5 m frei auskragen kann.

Die Ausbildung der Schneide geht aus Abbildung 1a hervor. Der Stahlquerschnitt des Profil-stahles ist für die Längsbewehrung voll in Rechnung gestellt worden. Zur Einleitung der Schub-kräfte in den Profilstahl wurden Schrägstäbe aufgeschweißt, die einen einwandfreien Verbund herstellen konnten.

Zwischen den Längswänden spannen sich im Abstand von 4,47 m die über dem Arbeitsraum liegenden Querwände von 9,30 m Länge und 0,50 m Breite. Sie tragen die Arbeitskammerdecke und die mittlere Längswand.

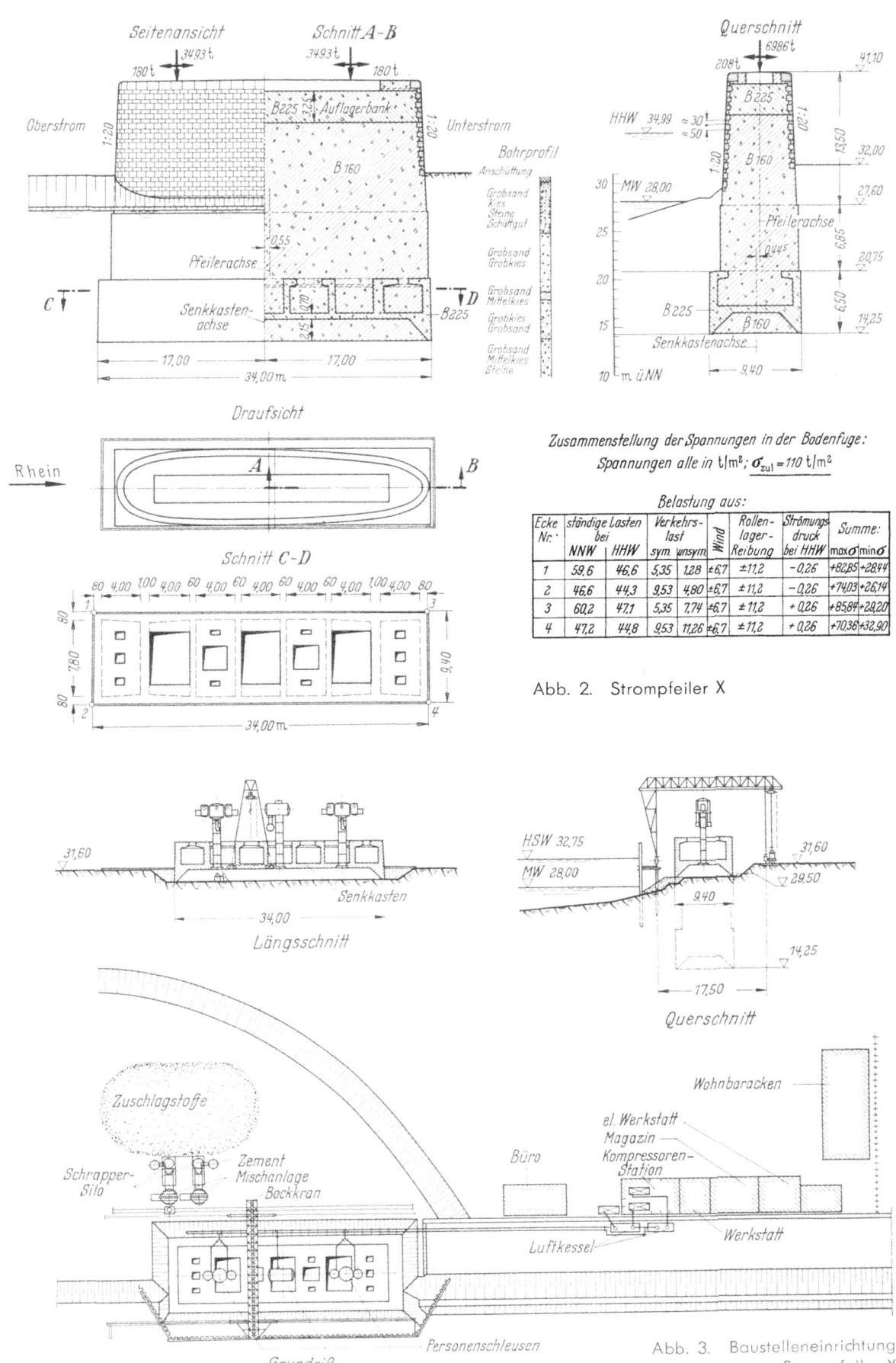

Zusammenstellung der Spannungen in der Bodenfuge:
Spannungen alle in t/m²; $\sigma_{zul} = 110$ t/m²

Belastung aus:

Ecke Nr.	ständige Lasten bei		Verkehrslast		Wind	Rollenlager-Reibung	Strömungsdruck bei HHW	Summe:	
	NNW	HHW	sym.	unsym.				max σ	min σ
1	59,6	46,6	5,35	1,28	±6,7	±11,2	−0,26	+82,85	+28,44
2	46,6	44,3	9,53	4,80	±6,7	±11,2	−0,26	+74,03	+26,14
3	60,2	47,1	5,35	7,74	±6,7	±11,2	+0,26	+85,84	+28,20
4	47,2	44,8	9,53	11,26	±6,7	±11,2	+0,26	+70,36	+32,90

Abb. 2. Strompfeiler X

Abb. 3. Baustelleneinrichtung Strompfeiler X

Zwischen den Längs- und Querwänden wurde oben ein Diagonalverband angeordnet. Diagonalverband, Längswände und Arbeitskammerdecke bilden so ein Hohlprofil, daß dem ganzen Senkkasten bei Beanspruchungen über Eck eine gute Torsionssteifigkeit verleiht.

Die Arbeitskammerdecke ist 45 cm stark und durch die sechs Querwände und die eine mittlere Längswand in 14 gleiche Felder eingeteilt. Die Felder wurden als kreuzweise bewehrte, vierseitig eingespannte Platten berechnet.

Die Außenwände der Arbeitskammer können beim Abteufen die verschiedensten Belastungen aus Erd-, Wasser- und Luftdruck erhalten.

Sie erhielten daher auf der Innen- und auf der Außenseite eine kräftige, senkrechte Bewehrung, die in regelmäßigen Abständen verbügelt wurde.

Der ganze Senkkasten wiegt 1556 t. Zu seiner Herstellung wurden benötigt:

649 cbm Beton B 225, 33 t Betonstahl I, 13 t Betonstahl III b und 2 t Profilstahl St. 37.12

2. Pfeiler X

Der Senkkasten hat folgende äußere Abmessungen:

Länge: 34,00 m   Breite: 9,40 m   Höhe: 6,50 m

Da man damit rechnen mußte, daß im Bereich des Ufers nicht vorherzusehende Hindernisse, stärkere Ungleichmäßigkeiten der Bodenschichtung und daraus sich ergebende Seitenschübe auftreten können, wurden der Senkkasten und vor allem die Schneiden kräftig dimensioniert. Dank dieser Ausbildung konnte auch eine unerwartete grobe Steinschüttung ohne Beschädigung des Kastens beim Absenken durchfahren werden.

Die Arbeitskammerdecke hat eine Stärke von 85 cm und ist als durchlaufende Platte zwischen den in 4,60 m Abstand darüber stehenden Querwänden und den beiden Stirnwänden berechnet. Die 60 cm starken Querwände spannen sich zwischen den beiden 80 cm starken Längswänden. Den oberen Abschluß aller Wände bilden kräftige Deckenplatten bzw. Versteifungsträger, die dem Kasten während des Absenkens eine gute Verdrehungssteifigkeit geben. Die Außenwände sowie die Schneiden der Arbeitskammer sind für verschiedene Belastungen aus Auflasten, sowie aus Wasser- und Erddruck berechnet und auf der Innen- und Außenseite entsprechend bewehrt.

Für die Beanspruchungen des Kastens in Längsrichtung während der Absenkung ist am oberen Rand sowie unten in der Schneide je eine Längsbewehrung verlegt worden. Für die Ermittlung dieser Bewehrung wurden 2 extreme Lastfälle angenommen, einmal, daß der Kasten in der Mitte geringere, bis auf 0 zurückgehende Bodendrücke erfährt, d. h., daß er an den Stirnseiten aufsitzt, zu anderen, daß die Bodenpressungen von den Enden her nach der Mitte zu von 0 zu einem Maximum anwachsen. Der Profilstahl der Schneide wurde für die untere Längsbewehrung in Rechnung gestellt. Angeschweißte, schräg geführte Rundstäbe gewährleisten einen einwandfreien Verbund mit dem Beton der Schneide.

Das Gewicht des Senkkastens beträgt 2 200 t. Für die Herstellung wurden benötigt:

920 cbm Beton B 225,   37 t Betonstahl I,   5 t Profilstahl St. 37.

III. Durchführung der Bauarbeiten

a) Pfeiler IX

1. Baustelleneinrichtung

Im April 1955 begannen die ersten Rammarbeiten an der Spundwand, die die Inselschüttung umschließen sollte. Für die Spundwand waren Larssenbohlen, Profil III neu, gewählt worden. Die Rammarbeiten führte eine schwimmende Ramme aus, die mit einem Demag-Schnellschlaghammer VR 20 arbeitete.

Die Spundwand wurde vorerst nur an den beiden Längsseiten und an der gegen den Strom gewandten Stirnseite gerammt. So konnten in die an der Unterstromseite offene Umschließung mit Kies beladene Klappschuten einschwimmen und die Inselschüttung bis auf die Höhe der Spannanker fertigstellen. Danach wurde die untere Stirnseite mit Spundbohlen geschlossen, und Taucher bauten die Spannanker der Spundwand ein. Die Anker waren in regelmäßigen Abständen von 1,60 m angeordnet und konnten eine Zugkraft von je 52 t aufnehmen. Nach der Montage der Anker wurde der Kies bis zur endgültigen Höhe der Insel mit Hilfe eines schwimmenden Elevators eingebracht. Bei einem mittleren Wasserstand an der Baustelle von + 28,00 NN und einem festgelegten Bauwasserstand von + 29,20 NN, wurde die Oberkante der Spundwand wegen des Wellenschlages auf + 29,70 und Oberkante der Inselschüttung auf + 29,50 m festgelegt.

Gleichzeitig mit dem Bau der Insel wurde auch die weitere Baustelleneinrichtung vervollständigt. Auf einem besonderen Gerüst, das aus eingerammten Stahlpfählen KP 24 und aufgeschweißten Trägern IP 30 direkt neben der Spundwand hergestellt worden war, wurde ein Wolff-Turmdrehkran Form 45 mit 25 m Ausladung bei 1,5 t Tragfähigkeit aufgestellt.

Abb. 4. Bewehrung des Senkkastens, Strompfeiler IX

Die Kompressorenanlage für den Druckluftbetrieb des Senkkastens fand auf einer Bühne hinter dem Senkkasten Platz. Es wurden mehrere elektrisch angetriebene Kompressoren und ein Generator als Reservegerät installiert.

Auf dem Betonierschiff standen die beiden Betonmischer (500 und 750 l) und ein Kiessilo für 15 cbm Kiesinhalt. Jede Mischmaschine war mit einem Wasserbehälter und einer automatischen Wasserzugabevorrichtung ausgestattet. Die Zuteilung des Kieses in die Mischmaschinen erfolgte nach Gewicht, die Zuteilung des Zementes nach Säcken. Der Zement lagerte auf einem besonderen Zementschiff. Der Betonkies wurde in Schiffen angeliefert und mit einem Greiferkran, der auf einem besonderen Kranschiff montiert war, in das Kiessilo umgeladen. Der Kübel des Turmdrehkranes faßte eine ganze Betonmischung von 500 + 750 = 1250 l.

Die notwendigen Baracken für Büro, Magazin- und Aufenthaltsräume befanden sich auf einem Schiff direkt unterhalb der Insel. Sämtliche Schiffe waren untereinander und mit der Insel durch Treppen und Laufstege verbunden.

Der Personenverkehr zwischen der Baustelle und dem linken Ufer wurde zuerst von einem Motorboot oder, wenn das Boot als Schlepper diente, von einem Nachen ausgeführt. Da diese Art der Personenbeförderung aber oft viel Wartezeit kostete, wurde später mit Genehmigung des Wasser- und Schiffahrtsamtes Duisburg ein 90 cm breiter Laufsteg zwischen dem Ufer und dem festen Gerüst des Turmdrehkranes gebaut. Der Steg war ungefähr 34 m lang und lag mit seiner Unterkante 1,70 m über Mittelwasser.

2. Herstellung des Senkkastens

Vor dem Aufstellen der Schalung für den unteren Teil des Senkkastens wurde die Oberfläche des eingeschütteten Kieses mit einem Losenhausen-Rüttler AT 500 verdichtet. Dann wurde ein 50 cm breiter, unbewehrter Stampfbetonstreifen hergestellt, auf der der Profilstahl für die Schneide verlegt werden konnte.

Zuerst wurde die untere Hälfte des Senkkastens bis Oberkante der Arbeitskammerdecke ganz in Holz eingeschalt. Bei der Anordnung der Schalung für die Arbeitskammerdecke wurde besonders darauf geachtet, daß der Senkkasten nach dem Erhärten des Betons so ausgeschalt werden konnte, daß er sich dabei langsam mit seinen Schneiden in den Kies eindrücken konnte. Nach dem Ausschalen muß das gesamte Gewicht des Senkkastens nur über die Schneiden abgeleitet werden.

Die senkrechte Bewehrung der Außen- und Innenwände wurde ungestoßen über die ganze Höhe des Senkkastens eingebracht. Dazu mußte ein Holzgerüst errichtet werden, an das die Bewehrung in 6,5 m Höhe aufgehangen werden konnte (Abb. 4).

Der untere Teil des Senkkastens einschließlich der Arbeitskammerdecke wurde in einem Zuge in etwa 18 Stunden betoniert. Der Beton wurde gleichmäßig von der Mitte beginnend eingebracht und sorgfältig mit Innenrüttler verdichtet. Der obere Teil des Senkkastens konnte einige Tage später betoniert werden. Bei dem zweiten Betoniervorgang konnte sich der bereits erhärtete untere Teil unter dem Gewicht des frischen Betons evtl. ungleichmäßig in den auf-geschütteten Kies eindrücken. Der untere Teil des Senkkastens konnte dabei in Längsrichtung als Balken wirken. Dafür war eine untere Längsbewehrung vorhanden, eine obere Längsbewehrung wurde zusätzlich in Höhe der Arbeitskammerdecke angeordnet.

Beim Ausschalen und auch während des Absenkens unter Druckluft haben sich im Senkkasten keine Risse gezeigt. Ein Entweichen der Druckluft durch den Beton konnte nicht festgestellt werden. Die sorgfältige Planung und Ausführung des Senkkastens wurde dadurch belohnt.

Zur Zeit des Ausschalens des Senkkastens stand der Wasserspiegel des Rheines etwa 1,30 m unter der Oberkante der Inselschüttung. So konnte noch im Bereich des trockenen Kieses an der oberen Stirnseite ein Graben unter der Schneide angelegt werden, durch den das ganze Schal-holz aus der Arbeitskammer durchgesteckt werden konnte. Der ganze Ausschalvorgang dauerte etwa 12 Stunden. Während dieser Zeit wurden die Bewegungen des Senkkastens laufend gemessen. Daher konnte der ganze Ausschalvorgang nach den Meßergebnissen gesteuert werden. Es wurde damit erreicht, daß sich der Senkkasten gleichmäßig und langsam etwa 15 cm in den Kies eindrückte. Die Betonschwelle unter der Schneide machte diese Bewegung mit.

3. Druckluftarbeiten

Auf dem fertigen Senkkasten wurden zwei kombinierte Personen- und Materialschleusen montiert.

Die unter Druckluft durchfahrenen Schichten bestanden nur aus Kies in allen Körnungen. Das Material konnte gut von Hand gelöst werden. An der Decke der Arbeitskammer waren Hänge-bahnschienen befestigt, an denen in Hängekübeln das gesamte Aushubmaterial bis unter die Schachtrohre gefahren wurde. Von hier wurden die Kübel mit einer elektrischen Winde hoch-gezogen und in der Materialschleuse entleert. Unter dem lauten Zischen der Druckluft fiel das Aushubmaterial auf Transportbänder, die es weiter in eine neben der Insel liegende Klappschute beförderten (s. Abb. 5).

Zur Senkkastenausrüstung gehören weiterhin die elektrische Beleuchtung und eine Fernsprech-anlage. Die Druckluft wurde durch drei Rohre eingeblasen, sie erreichte in der tiefsten Stellung des Senkkastens einen Druck bis zu 1,5 atü, das sind 15 m Wassersäule.

Im Mittel konnte der Senkkasten täglich 40 cm abgesenkt werden. Kleinere und mittlere Findlinge wurden mit Preßlufthämmern zerkleinert und herausbefördert. Die Spannanker der Spundwand wurden mit Spezialscheren durchschnitten und in transportable Stücke zerlegt. In der vor-gesehenen Gründungstiefe stand guter gewachsener Kies an, der allen Erwartungen entsprach. Abschließend wurde der ganze Arbeitsraum mit fast trockenem Stampfbeton ausgefüllt, der mit einem Druckluftstampfer gut verdichtet wurde.

4. Pfeilerschaft

Mit dem Abteufen des Senkkastens ging das Betonieren des Pfeilerschaftes immer Hand in Hand. So konnte die Oberkante des Pfeilers immer oberhalb des Wasserspiegels gehalten werden. Im unteren, später nicht sichtbaren Teil des Pfeilerschaftes wurde die Stromlinienform des Schaftes in Holz eingeschalt. Im Bereich der Verblendung wurde jeweils zuerst ringsum eine Lage Ver-blendsteine versetzt. Diese Steine sind im Mittel 40 cm hoch. Dann wurde die ganze Lage zwischen den Steinen ausbetoniert und mit Innenrüttler gut verdichtet. Je Tag wuchs der Pfeiler um eine Schicht.

b) Pfeiler X

1. Baustelleneinrichtung

Mitte April 1955 wurde mit der Einrichtung der Baustelle begonnen. Am 29. 4. begannen die Bauarbeiten mit dem Rammen der rheinseitigen Umschließungsspundwand aus Larssen Profil III, 8,00 m lang. Die Rammung erfolgte vom Land aus mit einem Bagger M IV mit Schnellschlag-hammer VR 15. Die Spundwand wurde an Pfahlböcken, die gleichzeitig die Träger der Kran-bahn trugen, verankert. Über dem Senkkastenplanum wurde ein Portalkran mit 17,50 m Spur und 15 t Tragkraft aufgebaut, dessen Schienen rheinseitig auf dem gerammten Gerüst, land-seitig auf Schwellen montiert waren. Gleichzeitig mit den Rammarbeiten wurde die Baustellen-einrichtung aufgebaut, insbesondere die Mischanlage, bestehend aus zwei 1000-Ltr.-Mischern, zwei Zementsilos je 25 to und zwei Wiegesilos mit Handschrapperbeschickung, sowie die Kompressorenstation mit 2 E-Kompressoren und 1 Diesel-Kompressor. Nach Beendigung der Rammarbeiten wurde das Herstellungsplanum auf + 29,50 geschaffen und mit den Schal- und Bewehrungsarbeiten begonnen. Am 21. 6. wurde die Arbeitskammer mit Decke und am 5. 7. der obere Teil des Senkkastens betoniert. Die Betoneinbringung erfolgte mit dem Portalkran, und zwar mit 2 Kübeln an 2 E-Zügen. Der Beton wurde mit Innenrüttlern verdichtet.

2. Absenkungsarbeiten

Nach Fertigstellung des Senkkastens wurden 3 kombinierte Personen- und Materialschleusen montiert. Am 15. 7. 1955, also rund 3 Monate nach Baubeginn, wurde mit der Absenkung begonnen. Nach einer Absenkung bis Kote + 28,00 wurde an der wasserseitigen Schneide eine ca. 1,00 m starke böschungsmäßig verlaufende frühere Uferbefestigung aus Schüttsteinen mit Einzelabmessungen von 50/60 cm angetroffen, hinter der auf die gesamte Grundfläche eine 1,00 m starke Kiesschüttung aus Grobkies bis 100 mm Korngröße lagerte. Im übrigen bestanden die angetroffenen Bodenschichten aus Kies in verschiedenen Körnungen. Das Aushubmaterial wurde in Kübel geschaufelt, mit den Schleusenwinden gefördert und in die Materialhosen entleert. Aus den Materialschleusen wurde das Aushubmaterial in 2—3 cbm fassende Transportkästen ausgeschleust. Diese Kästen wurden in LKW entleert und dann das Aushubmaterial abgefahren.

Während des Absenkens wurde der Füllbeton in die Hohlräume des Senkkastens über der Arbeitskammerdecke eingebaut. Nachdem der eigentliche Senkkasten in voller Höhe von 6,50 m abgesenkt war, wurden die Schleusen um 3,60 m hochgesetzt und der nächste Aufbauteil in dieser Höhe betoniert und abgesenkt, hierauf wurde der zweite Aufbauteil in gleicher Weise hergestellt und abgesenkt. Nach Erreichen der Gründungstiefe + 14,25 in gutem, tragfähigem Kies wurde die Arbeitskammer mit Füllbeton B 160 ausbetoniert. Der höchste erreichte Luftdruck betrug 1,4 atü.

3. Pfeilerschaft

Nach Abbau der Schleuseneinrichtungen wurden die dafür notwendigen Schächte im Schaft ausbetoniert und zunächst mit dem Portalkran der Pfeilerschaft bis + 32,50 aufgeführt. Hierauf wurden die Böschungsanschlüsse im Schutze der Spundwand hergestellt und der Portalkran abgebaut. Auf der Landseite wurde das Gelände bis + 32,00 angeschüttet und dadurch ein Planum für einen Turmdrehkran Form 25 geschaffen, mit dem der weitere Schaftaufbau und das Versetzen der Granitverkleidung erfolgte.

c) Übergabe der Bauwerke

Mitte Dezember 1955 konnten die Arbeiten beendet und die Bauwerke termingerecht dem Bauherrn übergeben werden. Während der ganzen Bauarbeiten, die oft sehr schwierig und gefahrvoll waren, sind keine nennenswerten Unfälle oder Drucklufterkrankungen vorgekommen.

Abb. 5. Baustelleneinrichtung für Strompfeiler IX

Die Vermessungsarbeiten beim Bau der Nordbrücke

Von Dipl.-Ing. H. G. Henneberg,
im Straßen- und Brückenbauamt der Stadt Düsseldorf

Genauigkeitsbetrachtung

Jede Bautätigkeit und jede Meßarbeit sind mit unvermeidbaren Fehlern behaftet. Bei Großbauwerken können solche Fehler recht unangenehme Folgen haben und zu unsachlichen Diskussionen Anlaß geben, wenn diese Fehler unkontrollierbar und hinsichtlich ihrer Größenordnung unbekannt bleiben. Daher ist es eine der wichtigsten Aufgaben des beteiligten Vermessungsingenieurs, den Genauigkeitsbereich seiner Messungen und der Maßangaben an Konstruktionsteilen und Bauwerken zu beherrschen.

Abb. 1. Triangulation Nordbrücke
Beobachtetes Netz

------ röm. Zahlen	=	Triangulation 1952
------ B-Punkte	=	Neuentwurf 1954
------ C-Punkte	=	Neupunkteinschaltung 1955

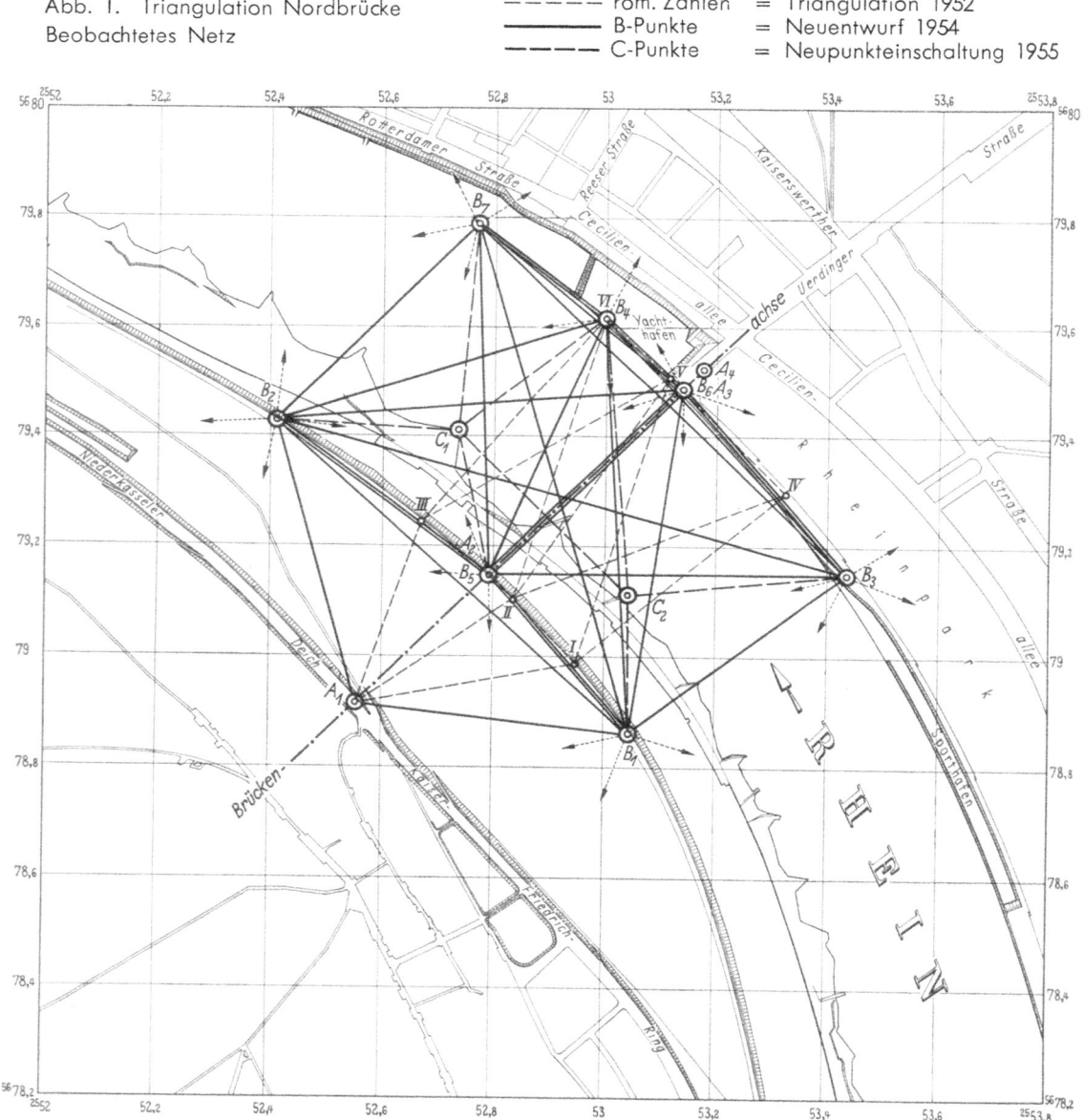

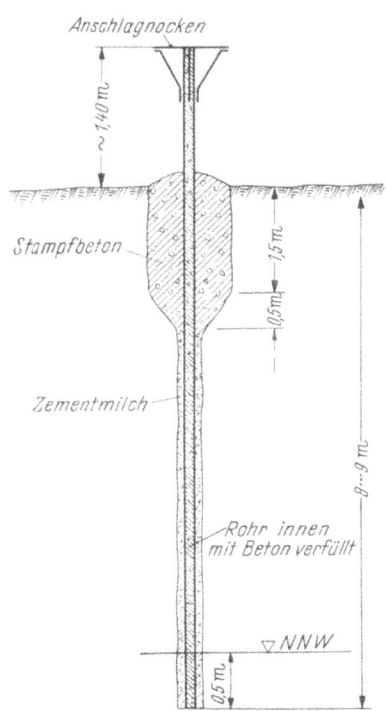

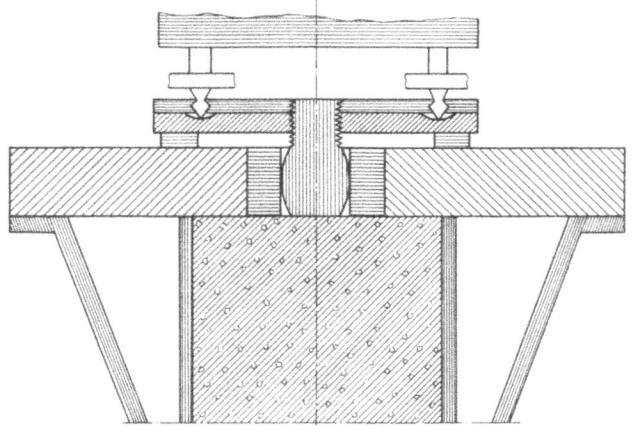

Abb. 3. Zwangszentrierung / Prinzipskizze

Abb. 2. Basisendpunkt

Aus 3 Komplexen lassen sich Genauigkeitsanforderungen für die Vermessungsarbeiten an der Nordbrücke ableiten:

1. Die allgemeine Baugenauigkeit im Stahlbau beträgt etwa 1 : 10 000. Sollen Abweichungen dieser Größenordnung noch jederzeit bestimmbar sein, so muß die Genauigkeit der Bestimmungselemente (Vermessungstechnische Genauigkeit) wenigstens eine Größenordnung höher, d. h. ca. 1 : 100 000 betragen.

Unter diesen Genauigkeiten sind „äußere Genauigkeiten" zu verstehen. Die „äußere Genauigkeit" charakterisiert die Unsicherheit von Maßangaben gegenüber einem absoluten Maßsystem. Dagegen charakterisiert die „innere Genauigkeit" lediglich die Unsicherheit von Messungsergebnissen untereinander.

2. Die Nordbrücke in Düsseldorf ist ein vermessungstechnisch hochgradig empfindliches System, da an den Kabeleinführungspunkten aus Längenfehlern Höhenfehler mehrfachen Betrages entstehen können.

Diese Aussage begründet, den Längenangaben eine besonders hohe Genauigkeit zu verleihen.

3. Ein Grundanliegen bau- sowie vermessungstechnischerseits ist die Forderung, den bei Fertigstellung der Brücke auftretenden Baurestfehler von vornherein möglichst klein zu machen, d. h. alle Fehlereinflüsse, die durch Messungsanordnungen und entsprechende Maßnahmen praktisch zum Verschwinden gebracht werden können, auszuschalten, damit möglichst nur noch Fehler übrigbleiben, die außerhalb des menschlichen Fassungsvermögens liegen (E-Modulunsicherheiten bei Seilen, Seile vor und nach dem Transport, Unsicherheiten von Temperaturverteilung in großen Baukörpern, Nietschlupf etc.).

Aus den geschilderten allgemeinen Gesichtspunkten des Stahlbaus und den besonderen Bedingungen an der Nordbrücke wurde die vermessungstechnische Genauigkeit auf 1 : 100 000 festgelegt. Auf diese Festlegung wurde das gesamte Vermessungswerk Nordbrücke begründet und alle Folgearbeiten daraus entwickelt. Eingehende theoretische Überlegungen und praktische Untersuchungen wiesen die Wege auf, in der Grundlagenvermessung zu dieser Genauigkeit zu gelangen.

Die Vermessungsarbeiten und ihre Ergebnisse

Die Vermessungsarbeiten an der Nordbrücke umfassen 3 Hauptbereiche:

Grundlagenvermessung

        a) Triangulation

        b) Absteckung

        c) Höhenvermessung

Abb. 4. Lattenkomparator

Bautechnische Detailvermessung

       a) Werkstattkomparatoren

       b) Messungen bei Gründungs- und Pfeilerarbeiten

       c) Messungen an Beton- und Stahlüberbauten

       d) Pylonenbeobachtungen

       e) Seilablängungen

Bauwerksuntersuchungen

       a) Pfeilerbewegungen

       b) Kriech- und Schwindmessungen

Grundlagenvermessung

a) Triangulation

1. Einleitung

Die erste und wichtigste Aufgabe der Grundlagenvermessung ist die Ermittlung der Entfernung von Ufer zu Ufer in der Brückenachse. Die Genauigkeit für diese Entfernung war eingangs genannt, d. h. bei einer Strecke von 500 m durfte der ermittelte Wert einen mittleren Fehler von ± 5 mm nicht überschreiten. Um diese Bestimmung auf trigonometrischem Wege durchzuführen, wurde im Brückenbereich ein Triangulationsnetz entworfen und stationiert. (Siehe Abb.).

Die 7 Eckpunkte sind als sogenannte Basispunkte zugleich Endpunkte von parallel zum Ufer liegenden Basisstrecken. Sie sind sehr sicher vermarkt, um möglichst unverschiebbar zu sein. (Siehe Abb.).

Die Vermarkung besteht aus einem 8—9 m tief in den Boden gerammten Rohr ⌀ 100 mm. Es ist innen mit Beton verfüllt und trägt oben eine Platte mit Zwangszentrierungsmöglichkeit für Instrumente und Zieleinrichtungen.

2. Winkelmessung

Zur Beobachtung wurde ein Wild-Universal-Theodolit T 2 mit den dazu gehörenden Zielgeräten verwendet. Für die Ermöglichung der Zwangszentrierung auf den Basispunkten erhielt die sternförmige Riegelplatte der Zentriervorrichtung eine Zusatzkonstruktion. Es wurde an der Riegelplatte ein tonnenförmiger Bolzen angebracht, der in eine zylindrische Bohrung der Basispunktplatte paßt. (Siehe Abb.).

3. Basismessung

Um die günstigste Fehlerverteilung zu erhalten, liegen die Basisstrecken nahezu rechtwinklig zur Brückenachse und sind fast gleichlang der zu bestimmenden Strecke über Strom (∼ 500 m).

Wichtig wurde die Entscheidung, in welcher Form und mit welchen Mitteln die Basismessung durchgeführt werden sollte.

Jede Basis an der Nordbrücke wurde mit 3 Methoden gemessen:

      a) mit Holzlatten,
      b) mit Stahlband (Markscheiderband),
      c) optisch mit Inventar-Basislatte,

Die Eichung des Meters in unabhängigen Eichanstalten fand statt

      zu a) auf dem Eichkomparator der TH Hannover,
      zu b) auf dem Meßbandkomparator der Fa. Meywald, Arolsen,
      zu c) auf dem Eichkomparator der Fa. Wild, Schweiz.

Um die Basismessungen zu a) und b) einwandfrei durchführen zu können, wurde die zu messende Basis mit einer horizontalen Holzbahn versehen, bestehend aus Rundpfählen mit darübergenagelten Latten. Die Lattenbahn wurde nivelliert und dann horizontal ausgerichtet. Anschließend wurde von Basispunkt zu Basispunkt aligniert und die Verbindungslinie mit Bleistift ausgezogen.

D i e L a t t e n m e s s u n g. Ohne einen Komparator läßt sich die Lattenmessung nicht durchführen. Aus diesem Grunde wurde links- wie rechtsrheinisch je ein Lattenkomparator aufgestellt. Die Komparatordistanz wurde mit Hilfe von 5 auf der TH Hannover geeichten Normalmetern bestimmt und ständig kontrolliert. Während der Basismessungen fanden Lattenkomparierungen vor sowie nach jeder Messung statt. (Siehe Abb.).

Bei der Lattenmessung wurden die Latten nicht wie sonst üblich aneinander gestoßen, sondern mit Zwischenräumen bis zu etwa 18 mm aneinander gelegt. Der Zwischenraum wurde gesondert mit einem Keilpaar auf $\pm\,^2/_{100}$ mm gemessen.

D i e B a n d m e s s u n g. Die Bandmessung erfolgte mit Markscheiderband mit Spannungsmesser und drei auf dem Band aufsitzenden Haftthermometern. Wichtig ist bei solchen Messungen, das Band stets unter Eichspannung zu halten und die Bandtemperatur scharf zu erfassen. 10 kg Zugunterschied am Ende eine 20-m-Bandes bringen eine Längenänderung von

$$\varDelta\,l_p = 3\ \text{mm},$$

10° Temperaturunterschied bringen am 20-m-Band eine Längenänderung von

$$\varDelta\,l_T = 2,3\ \text{mm}.$$

1° Unsicherheit der Temperaturerfassung machen daher bei 500 m 5,8 mm aus. Diese Größe ist bereits ungenauer als die geforderte Genauigkeit von 1 : 100 000.

D i e o p t i s c h e M e s s u n g. Bevor die optische Basismessung vorgenommen werden konnte, mußte eine Genauigkeitsabschätzung die Grundlage dafür bieten.

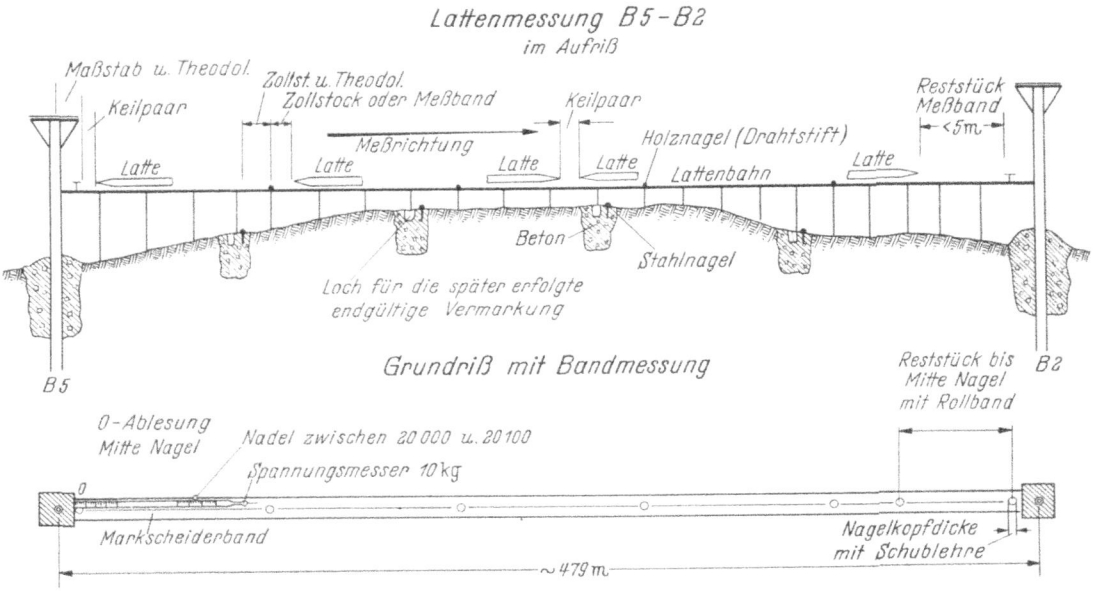

Abb. 5. Latten- und Bandmessung

Folgende Fragen waren zunächst zu klären:

1. Welche Strecke vom Instrument zur Basislatte mußte bei der Messung eingehalten werden.
2. In wieviel Sätzen mußte ein parallaktischer Winkel beobachtet werden.
Ergebnis der Untersuchung. Um die optische Entfernungsmessung in den Basen mit etwa der gleichen Genauigkeit der anders behandelten Meßmethoden durchzuführen, mußten die

$$\text{Teilstrecke} = 30 \text{ m}$$

und die Anzahl der

$$\text{Beobachtungssätze} = 8$$

betragen.

4. Berechnung

Die Berechnungsarbeiten zerfallen in zwei Abschnitte:

a) Berechnung der Strecke über Strom mit Festlegung des „Vermessungssystems Nordbrücke".

b) Auswertung der Messungsergebnisse.

Zu a) Die Gesamtheit aller Beobachtungen im Triangulationsnetz der Nordbrücke wurde in einem Rechengang aufeinander abgestimmt, d. h. in einem Guß ausgeglichen. Es kam das von C. F. Gauß speziell für die Ausgleichung von Dreiecksnetzen entwickelte mathematisch strenge Verfahren der bedingten Beobachtung zur Anwendung. Mit der Bezeichnung „bedingte Beobachtung" wird die Tatsache zum Ausdruck gebracht, daß alle Beobachtungen bestimmten geometrischen Bedingungen genügen müssen (z. B. muß die Winkelsumme in einem Dreieck 180° betragen).

Durch die allen Beobachtungen anhaftenden unvermeidbaren Messungsfehler treten aber Widersprüche auf. Diese werden durch Hinzufügen von Verbesserungen in den Beobachtungen in der Weise beseitigt, daß die Quadratsumme aller Verbesserungen zu einem Minimum wird. Als Endergebnis der Ausgleichung werden die verbesserten Beobachtungen erhalten. Geometrisch gesehen wird also ein Netz in allen Teilen so deformiert, daß alle Elemente widerspruchsfrei zueinander passen.

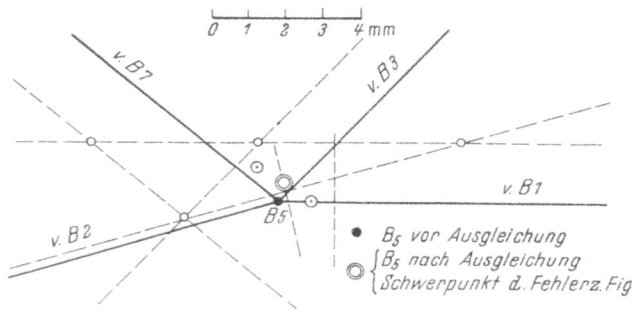

Abb. 6. Fehlerzeigende Figur B 5

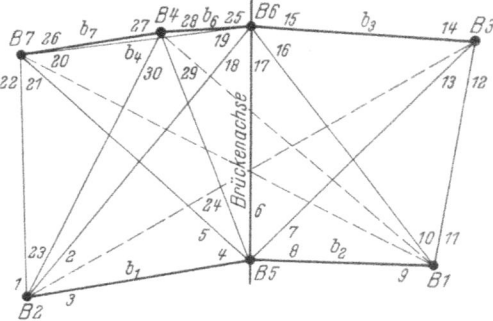

Abb. 7. Berechnungsplan

Wie die Figur zeigt, treten im Netz

12	Winkelsummengleichungen	
7	Seitengleichungen	und
4	Basisgleichungen	

insgesamt also 23 Bedingungsgleichungen auf.

Um die Rechenarbeiten zu vereinfachen, wurden die langen Diagonalen B_2—B_3, B_1—B_7 und B_1—B_4 fortgelassen. Damit zerfällt die Figur in zwei selbständige Teilnetze, in denen sich folgende Bedingungsgleichungen ergeben:

9	Winkelsummengleichungen	
4	Seitengleichungen	und
3	Basisgleichungen	

insgesamt 16 Bedingungsgleichungen.

Die beiden Teilnetze werden durch eine zusätzliche Bedingungsgleichung wieder verknüpft. Somit lag ein 17fach überbestimmtes geodätisches System vor, dessen Berechnung die Auflösung eines Gleichungssystems von 17 Gleichungen mit 17 Unbekannten erforderte.

144

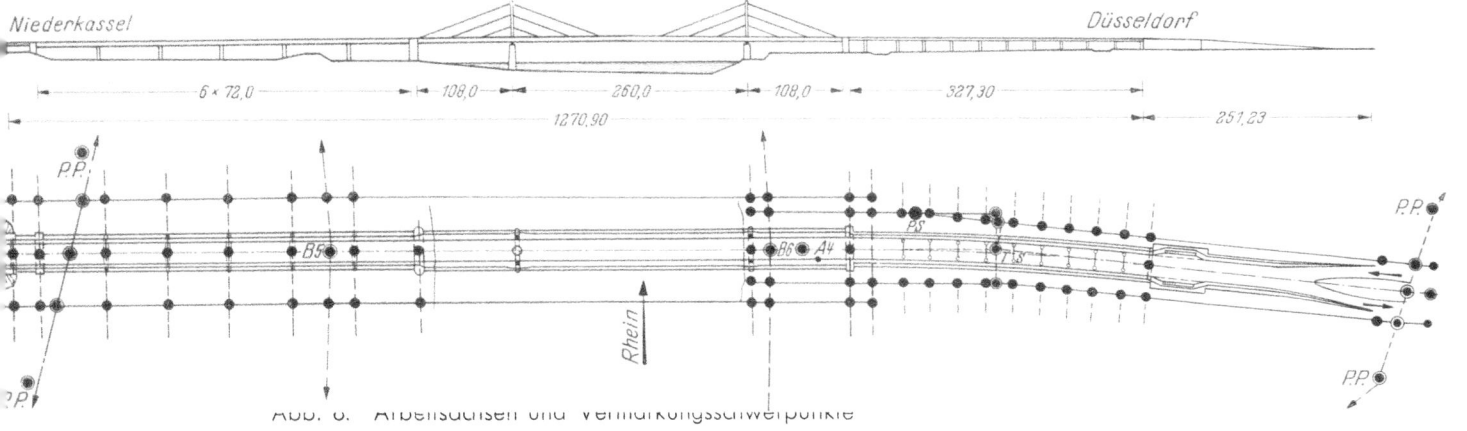

Abb. 8. Arbeitsachsen und Vermarkungsschwerpunkte

b) Absteckung

Grundlage für die Absteckung bildeten die Brückenachsrichtung über den Strom, der Tangentenschnittpunkt rechtsrheinisch und die ermittelte Entfernung von Ufer zu Ufer. Parallel zur Brückenachse wurden ober- und unterstrom in Entfernungen bis zu 50 m sog. Arbeitsachsen geplant und vermarkt. Diese Arbeitsachsen stellen Ersatzachsen für die Brückenachse dar, da während der Bauarbeiten die Brückenachse selbst meist nicht zugänglich ist.

In der Brückenachse wurden die Pfeilerachsen stationiert und in den beiden Arbeitsachsen sicher vermarkt.

Diese Art von Vermarkungen bestehen in der Regel aus Beton, die zur Festlegung des Punktes ein Rohr mit darin befindlichen Messingbolzen enthalten. Der Messingbolzen hat eine feine Bohrung.

Der im Bogen verlaufende Tausendfüßler wurde von den beiden Tangenten abgesteckt. Beide Tangenten wurden ebenfalls durch Parallellinien gesichert.

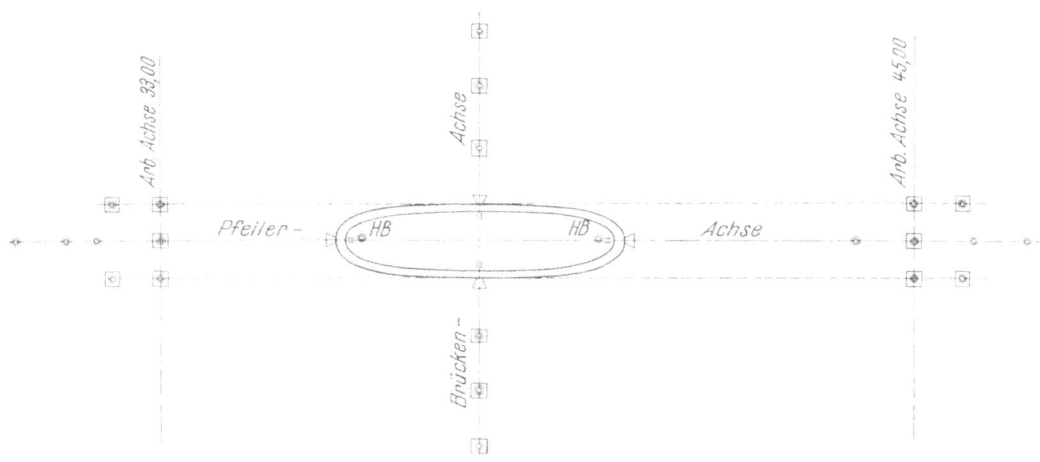

Abb. 9. Vermarkungsplan
eines Flutpfeilers

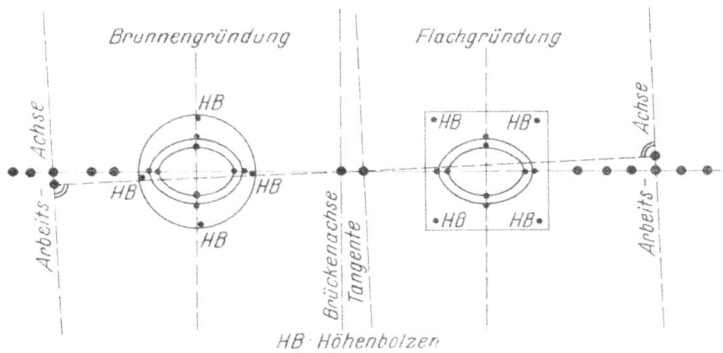

Abb. 10. Vermarkungsskizze
Tausendfüßler

145

Der Strompfeiler wurde von zwei am Ufer befindlichen sicher gegründeten Vermessungspunkten aus abgesteckt. Diese beiden Punkte, sog. C-Punkte, wurden durch Doppelpunktbestimmung in das Triangulationsnetz eingeschaltet. Es sind also Punkte hoher Genauigkeit, da Fehler von eingeschalteten Punkten im Netz stets kleiner als die Fehler der Außenpunkte sind. Die Absteckung des Strompfeilers und die spätere Festlegung der Auflagerachse wurde also rein trigonometrisch vorgenommen. Die Übertragung der Koordinatenwerte für die Festlegung der Pfeilerachse auf dem Strompfeiler wurde mit ± 0,8 mm durchgeführt. (Bemerkung: Bei früheren Brücken ordnete man Ober- und Unterstrom in etwa 50—100 m Entfernung Beobachtungsstände auf Dalben an, von denen aus die Brückenachse auf den Strompfeiler übertragen wurde. Dieses Verfahren ist sehr aufwendig.)

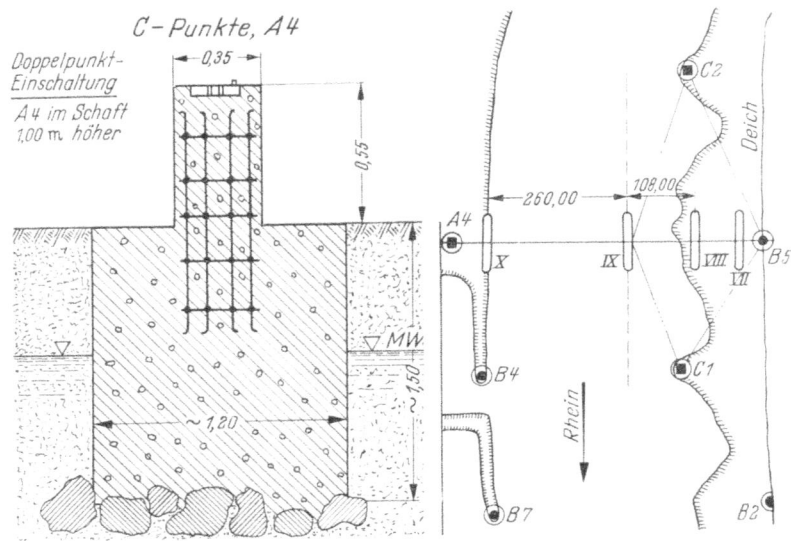

Abb. 11
Gründung und Lage
der C-Punkte

c) Die Höhenvermessung

Neben der Triangulation und der Absteckung ist die dritte Aufgabe der Grundlagenvermessung im Großbrückenbau die Höhenverbindung von Ufer zu Ufer.

Für ein Rheinübergangsnivellement im Nordbrückenbereich lag es nun nahe, dieses mit Hilfe der in der Nähe befindlichen Oberkasseler Rheinbrücke vorzunehmen.

Links- wie rechtsrheinisch wurde je eine Nivellementsschleife von der Baustelle zum Widerlager der Oberkasseler Brücke gemessen. Bei Sperrung des Verkehrs geschah die Verbindung beider Schleifen über die Brücke nachts. Der Wert aus dem unmittelbaren Brückenübergang von Widerlager zu Widerlager wurde aus 6 Doppelschleifen, die unter sich unabhängig und von verschiedenen Beobachtern gemessen wurden, abgeleitet. Der trotz der Beobachtungshäufung gegenüber den Landschleifen verhältnismäßig große mittlere Felder des Brückenüberganges (~ 10facher Betrag des mittleren Fehlers der Landschleifen) resultiert aus den nicht unwesentlichen Störfaktoren des Brückenüberganges, wie Schwingungs- und Windeinfluß etc.

Trotzdem ist das gesamte Rheinübergangsnivellement von hoher Genauigkeit. Der Übergang hat einen Gesamtfehler von ± 0,7 mm.

Abb. 12. Rheinübergangsnivellement

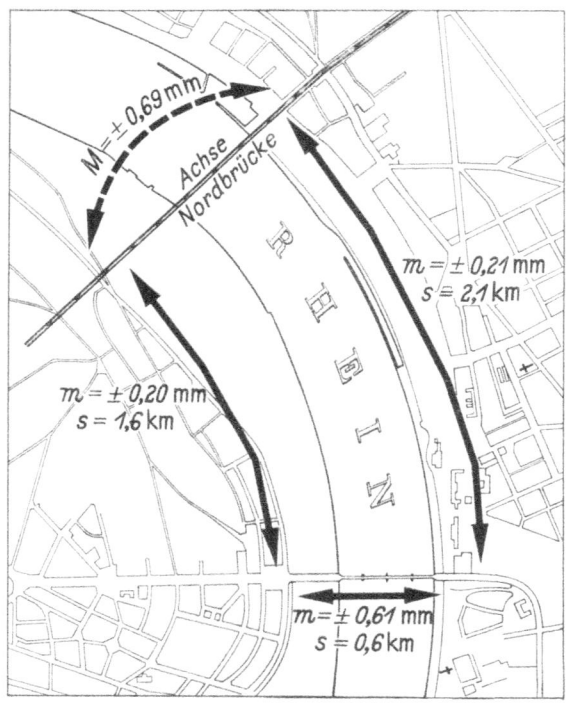

Die Verbindung beider Ufer wurde kurz vor Fertigstellung des Gesamtbauwerkes und vor Schließen der Öffnung durch direkten Stromübergang von Pfeiler zu Pfeiler nochmals gemessen. Mit dieser Messung wurde das Höhennetz Nordbrücke kontrolliert und bestätigt.

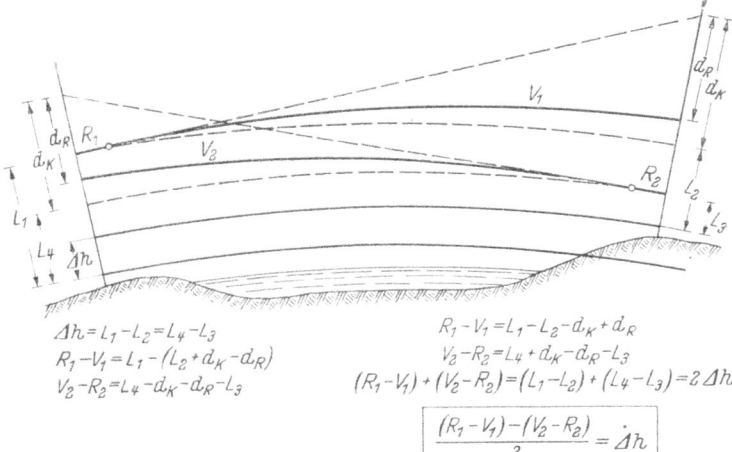

Abb. 13. Einfluß der Refraktion und Erdkrümmung bei Stromübergangsnivellements

$$\Delta h = L_1 - L_2 = L_4 - L_3$$
$$R_1 - V_1 = L_1 - (L_2 + d_K - d_R)$$
$$V_2 - R_2 = L_4 - d_K - d_R - L_3$$

$$R_1 - V_1 = L_1 - L_2 - d_K + d_R$$
$$V_2 - R_2 = L_4 + d_K - d_R - L_3$$
$$(R_1 - V_1) + (V_2 - R_2) = (L_1 - L_2) + (L_4 - L_3) = 2\Delta h$$

$$\boxed{\frac{(R_1 - V_1) - (V_2 - R_2)}{2} = \Delta h}$$

Der Erdkrümmungseinfluß. Neben den Refraktionsstörungen spielt der Erdkrümmungseinfluß auf lange Zielstrahlen eine große Rolle. Der gesamte Brückenzug von Pfeiler I bis Rampenfuß hat 1600 m Länge, von Pfeiler I bis zum Tangentenschnittpunkt haben wir 1000 m, und die Strombrücke ist etwa 500 m lang.

Für diese Längen soll abschließend der Erdkrümmungseinfluß angegeben werden.

s (m)	v (Erdkrümmungseinfluß) (mm)
1600	200
1000	79
500	20

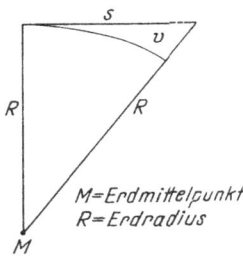

M = Erdmittelpunkt
R = Erdradius

Bautechnische Detailvermessung

Die bautechnische Detailvermessung umfaßt Messungen bei der Herstellung und Errichtung der Bauwerke und der Bauwerksteile. Sie beschreibt und registriert „geometrische Zustände".
Die später angeführten Bauwerksuntersuchungen behandeln dagegen Messungen der Verhaltensweise der Bauwerke. Sie beschreiben und registrieren „physikalische Vorgänge".

a) Werkstattkomparatoren

Um ein einheitliches Maßsystem und homogenes Zahlenmaterial bei der geodätischen Absteckung, Ablängung der Werkstücke, der Montage und Erstellung der Brücke zu gewährleisten, wurden in allen beteiligten Stahlbauwerkstätten sog. Werkstattkomparatoren errichtet. Als Einheitsmaß wurde diesen Komparatoren das bei der geodätischen Grundlagenvermessung verwendete Normalmeter zugrunde gelegt. Die Länge der Komparatoren betrug 15 m. Die Eichung wurde mit sehr hoher Genauigkeit vorgenommen, so daß für alle bautechnischen Zwecke die angegebene Länge des Komparators als fehlerfrei gelten könnte. Auf diesem Wege erhielten also die Stahlbauwerkstätten eine dem internationalen Maßsystem entsprechende, auf das Pariser Urmeter bezogene Länge zur Verfügung gestellt.

b) Messungen bei Gründungs- und Pfeilerarbeiten

An die Absteckung der Pfeilerachsen im Gelände schließen sich die bautechnischen Gründungs- und Pfeilerarbeiten an. Die Messungen hierzu kann man in drei Gruppen teilen:

1. reine Höhenmessungen
2. Messungen und Überwachungsarbeiten zur Einhaltung von Pfeiler- und Brückenachse
3. Messungen von Verkantungen, Schiefstellungen usw., fertig niedergebrachter Gründungskörper (Senkkasten).

Die Messungen zu 1. sind einfache, mit Baunivellieren vorgenommene Nivellements, die an entsprechende, extra für diesen Zweck auf der Baustelle vermarkte Höhenfestpunkte angeschlossen wurden.

Eine Besonderheit zeigt die Höhenübertragung für die Tiefbauarbeiten zum Strompfeiler hin. Um an diesem Pfeiler für die Pfeilererstellung zweckmäßige und schnelle Höhenmessungen zu gewährleisten, wurden in den Fugen der Granitsteinverkleidung Höhenbolzen angebracht, und zwar in Stufen von etwa 2,5 m übereinander. Dem Baufortschritt angeglichen wurden in der entsprechenden Schicht die Bolzen eingebaut und jeweils von der darunter befindlichen Bolzenreihe eingemessen (s. Abb.).

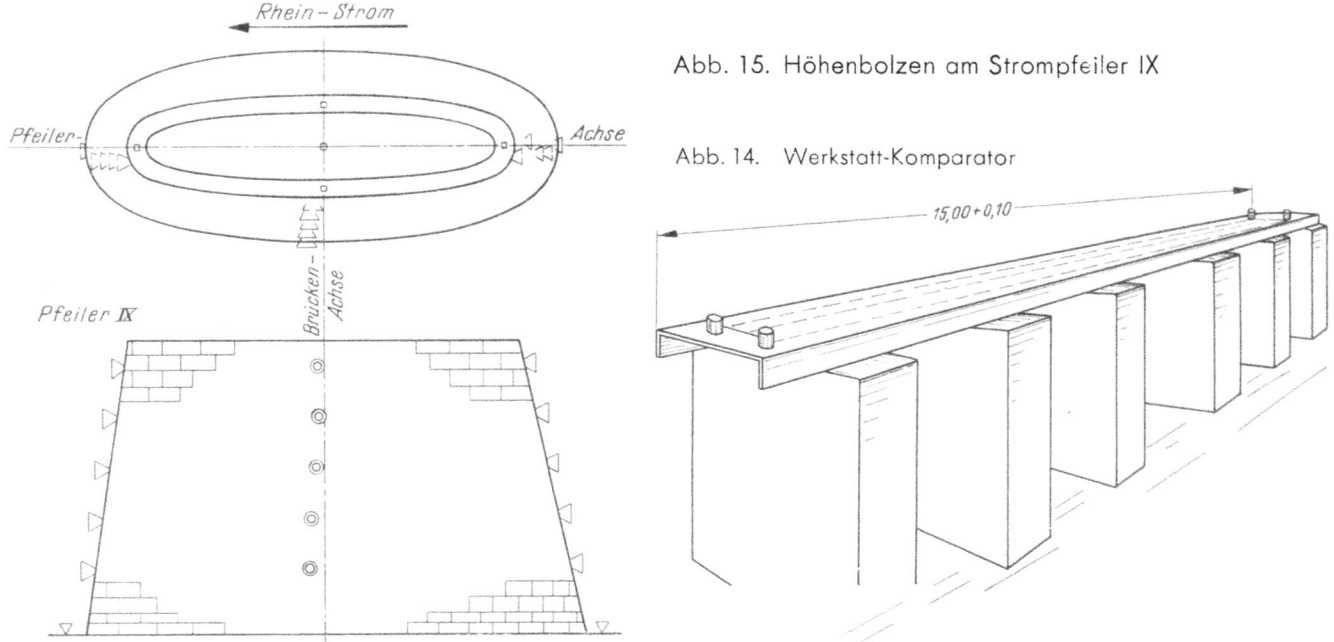

Abb. 15. Höhenbolzen am Strompfeiler IX

Abb. 14. Werkstatt-Komparator

Für den untersten Bolzenkranz erfolgte die Höhenübertragung vom Land her. Im Rahmen der laufenden Setzungsmessungen wurde die unterste Bolzenreihe ständig kontrolliert. Für den Pfeilerbau erfolgte also die Höhenübertragung von Bolzenkranz zu Bolzenkranz und brauchte für die bautechnischen Zwecke nicht von Land aus zu erfolgen, solange die an den untersten Bolzen registrierte Setzung nicht über den Rahmen der Genauigkeit der Pfeilererstellung hinausging.

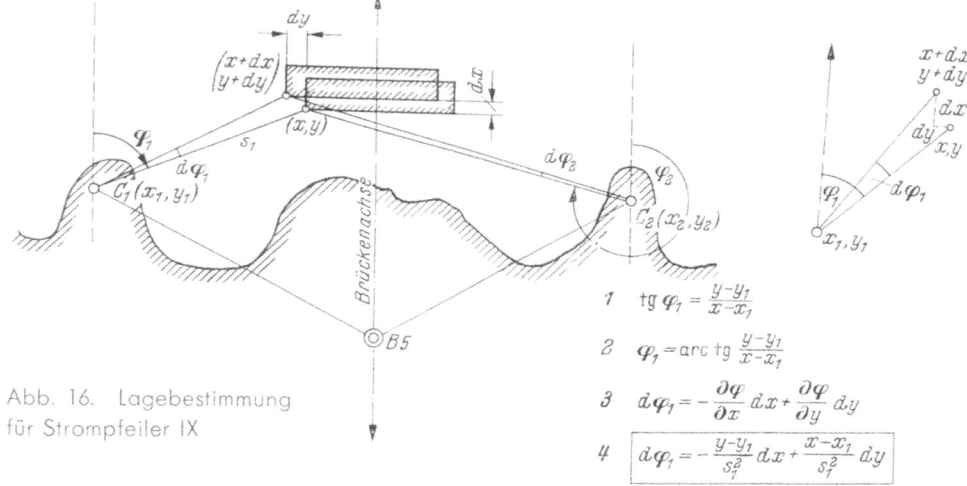

Abb. 16. Lagebestimmung für Strompfeiler IX

1 $\operatorname{tg} \varphi_1 = \dfrac{y-y_1}{x-x_1}$

2 $\varphi_1 = \operatorname{arc\,tg} \dfrac{y-y_1}{x-x_1}$

3 $d\varphi_1 = -\dfrac{\partial \varphi}{\partial x}\,dx + \dfrac{\partial \varphi}{\partial y}\,dy$

4 $\boxed{d\varphi_1 = -\dfrac{y-y_1}{s_1^2}\,dx + \dfrac{x-x_1}{s_1^2}\,dy}$

Für die Festlegung der Lagerhöhen auf den Pfeilern wird man allerdings auf ein Stromübergangsnivellement von Pfeiler zu Pfeiler nicht verzichten können.
Die Übertragung der Absoluthöhe für das Lager des Strompfeilers wurde auch an der Nordbrücke vom Uferpfeiler her durch Stromübergangsnivellement bestimmt.

Bei den Messungen zu 2. wurde von den in der Absteckung festgelegten und vermarkten Sicherungspunkten in den Pfeilerachsen und in den parallel zur Brücke liegenden Arbeitsachsen ausgegangen. Diese Messungen wurden stets mit dem Theodolit vorgenommen.
Bei den Gründungsarbeiten des zu erstellenden Strompfeilers wurde die Spundwand von Land aus durch Vorwärtseinschneiden von den C-Punkten aus eingewiesen (siehe Abb.).

Um Lageverschiebungen der Spundwand oder eines Pfeilerpunktes am Strompfeiler schnell zu ermitteln, wurden die bekannten Formeln für die Richtungs- und Lagegenauigkeit bei der trigonometrischen Punktbestimmung übernommen und entsprechend der genannten Aufgabe angewendet.

Messungen zu 3. Solange die Senkkästen nur eine geringe Absenktiefe erreicht hatten (ungefähr 1,50 m), wurden Verkantung, außerachsiale Lage etc. von außen her, wie unter 1. und 2. beschrieben, bestimmt. Bei größeren Absenktiefen, vor allen Dingen gegen Beendigung der Absenkarbeiten, wurden die Vermessungen im Senkkasten vorgenommen. Die Verkantung, die dargestellt wird durch die unterschiedliche Höhenlage der 4 Eckpunkte, wurde mit Hilfe von vier an den Ecken befindlichen Festpunkten durch Nivellement bestimmt oder durch Schlauchwaage gemessen.

Die NN-Höhen wurden durch die Schleusen von außen nach innen übertragen. Die Achslage wurde von außen überwacht. Bei den Brunnen konnten die Mittelpunkte der Brunnenoberkante eindeutig auf das vermarkte Achssystem bezogen und somit jederzeit hinsichtlich der Soll-Lage eingewiesen werden. Lotungen wiesen die Senkrechtstellung der Brunnen nach, bzw. wurden Abweichungen aus der Senkrechten durch solcherlei Messungen aufgezeigt.

c) Messungen an Beton- und Stahlüberbauten

1. Strombrücke

Die vordringlichste Vermessungsaufgabe für den Strombrückenüberbau bestand in der Festlegung und Vermarkung
a) der Brückenachse,
b) der Pfeilerachsen,
c) der Höhenfestpunkte
auf den Strompfeilern.

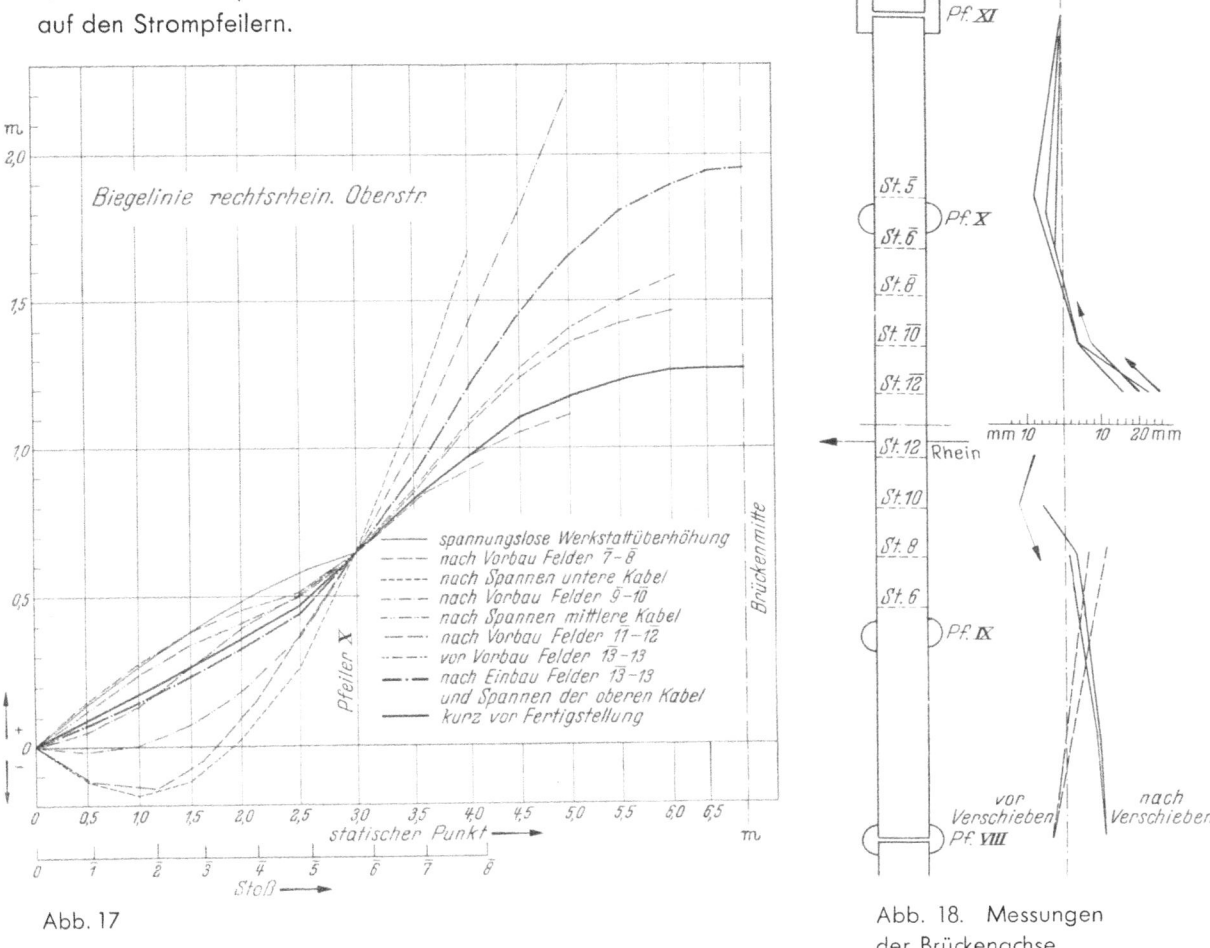

Abb. 17

Abb. 18. Messungen der Brückenachse

Mit Hilfe der so erstellten Fixpunkte war es möglich, das Einbringen der Auflager in Lage und Höhe zu kontrollieren. Von den auf den Pfeilern vermarkten Pfeilerachsen konnte das weitere Verhalten des beweglichen Auflagers ohne große Mühe ständig beobachtet werden.

Die eigentliche Montage des Stahlüberbaus machte eine ständige Kontrolle der montierten Felder auf Lage und Höhe erforderlich, um

a) aufgetretene Differenzen in der Lage zur Soll-Brückenachse bei der Vormontage der anschließenden Einheit berücksichtigen und

b) aus der Biegelinie gerechnete statische Zustände vergleichen zu können.

Hierbei zeigten sich Schwierigkeiten bei der erforderlichen Temperaturerfassung. Außer den Messungen mit den üblichen Haftthermometern konnten mit Hilfe eines Elektronenthermometers Temperaturquerschnittsmessungen durchgeführt werden, die den Haftthermometermessungen qualitativ wie auch quantitativ weit überlegen waren.

Die Abb. 17 und 18 zeigen: die gemessenen Biegelinien nach den verschiedenen Montagezuständen, bezogen auf eine durch den statischen Punkt 0.0 gedachte Horizontale und die Lage einzelner Brückenachspunkte zur Soll-Brückenachse nach den verschiedenen Montagezuständen. Hierzu ist zu bemerken, daß durch die örtlichen Verhältnisse bedingt nicht immer die gleichen Punkte angemessen werden konnten. Die zu erkennenden Differenzen einzelner Messungen untereinander sind zum größten Teil auf Temperaturunterschiede in der Konstruktion zurückzuführen.

2. Flutbrücke

Die Vermessungsaufgaben für den Flutbrückenüberbau waren der Konstruktion entsprechend anders geartet als an der Strombrücke. Grundlegend war wie bei 1. die Angabe von Fixpunkten für die Grundrißlage von den Arbeitsachsen aus und Höhenpunkten, denen das Rheinübergangsnivellement zugrunde gelegt wurde.

Für die Montage der Hauptträger wurden so Hilfspunkte geschaffen (für die Höhe ähnlich wie bei den Strompfeilern) mit Hilfe derer die Montage meßtechnisch überwacht werden konnte. Die Lagegenauigkeit der Hauptträger (Lage und Höhe) wurde mit ± 5 mm festgestellt.

In der Folge war es Aufgabe der Vermessung, die Ausrichtung der Schalung (Fahrbahnplatte) zu überwachen und gegebenenfalls zu korrigieren. Als Lagegenauigkeit der Schalung in Abhängigkeit zu den Hauptträgern wurde ± 5 mm eingehalten.

Umfangreiche Vorbereitungen wurden nötig, das Verhalten der Lehrgerüste und somit in gewissem Umfang das Verhalten der Schalung während des Betonierens zu registrieren. Zu diesem Zwecke wurden die eingemessenen Holzstützen des Lehrgerüstes sowie die zur Montage der Hauptträger verwendeten Stahlstützen mit auf NN-Höhen bezogenen Skalen versehen, die etwa stündlich während des Betoniervorganges auf ihre Bewegung beobachtet wurden. Bei unzulässig großer Setzung konnte die betreffende Stütze auf die Soll-Lage hochgepreßt werden.

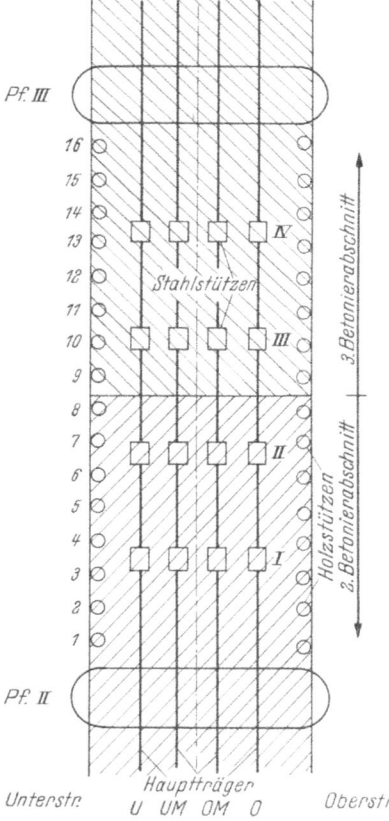

Durch zusätzliche Messungen zeigte sich eine Zusammendrückung der Holzstützen auf etwa 8 m Länge (Abstand Skala—Schalung) plus Zusammendrückung der Holzkeile etc. von 5—15 mm bei voller Betonlast. In der Folge wurde für die Zusammendrückung ein Betrag von 10 mm angenommen.

Die genannte Meßanordnung gestattete eine schnelle und von den Betonierarbeiten unabhängige Beobachtung der Bewegungen, wie es bei direkter Messung auf der zu betonierenden Fahrbahnplatte nicht möglich gewesen wäre, zumal dann noch die Vermarkung von Bezugspunkten erforderlich gewesen wäre.

Die untenstehende Tabelle zeigt die Bewegung der Stützen im Feld II—III als Beispiel mit durchschnittlichen Werten, wobei die Messung vom 13. 6. den Zustand unmittelbar vor dem Betonieren des 3. Abschnittes darstellt, also bereits durch den 2. Betonierabschnitt verursachte Setzungen einbezieht, die Messung vom 16. 6. den Zustand 1 Tag nach und die vom 18. 6. den Zustand 3 Tage nach Betonieren des 3. Abschnittes aufzeigt.

Für den nun folgende Ausbau des Gesimses wurden Biegelinienmessungen am Hauptträger erforderlich, auf Grund

Abb. 19. Beobachtungspunkte der Flutbrücke

Gesamtsetzung vor und nach Betonieren
Öffnung II — III

	Stahlstützen			ober-strom	13.6.	16.6.	18.6.	unter-strom	13.6.	16.6.	18.6.
	13.6.	16.6.	18.6.		Holzstützen						
I u	— 14	— 16	— 17	1				1	— 4	— 6	— 7
I um	— 11	— 13	— 16	2				2	— 12	— 13	— 13
I om	— 10	— 10	— 12	3	— 10	— 9	— 10	3	— 5		
I o	— 9	— 9	— 11	4	— 22	— 21	— 21	4	± 0	— 6	— 7
II u	— 8	— 17	— 19	5	— 8	— 7	— 8	5	— 7	— 9	— 8
II um	— 6	— 12	— 14	6	— 14	— 17	— 16	6	— 9	— 15	— 14
II om	— 6	— 12	— 13	7	— 4	— 6	— 8	7	— 5	— 7	— 8
II o	— 3	— 9	— 11	8	— 2	— 15	— 15	8	— 3	— 8	— 9
III u	+ 3	— 11	— 12	9	± 0	— 18	— 16	9	— 3	— 5	— 6
III um	+ 2	— 10	— 12	10	± 0	— 20	— 21	10	— 2	— 6	— 8
III om	+ 2	— 10	— 11	11	± 0	— 11	— 10	11	— 2	— 8	— 9
III o	+ 3	— 6	— 8	12	± 0	— 6	— 7	12	— 1	— 4	— 6
IV u	± 0	— 8	— 9	13	+ 1	— 9	— 8	13	— 2	— 4	— 4
IV um	+ 2	— 7	— 8	14	+ 1	— 5	— 4	14	— 4	— 11	— 13
IV om	+ 2	— 6	— 7	15	+ 1	— 7	— 8	15	— 2	— 8	— 11
IV o	+ 3	— 2	— 4	16	+ 1	— 17	— 21	16	— 4	— 15	— 15

derer die Gesimslinie festgelegt werden konnte. Die gemessenen Biegelinien der Flutbrücke sind im Abschnitt „Stahlbau" behandelt und dargestellt.

3. Tausendfüßler

Die Messungen am Tausendfüßler unterscheiden sich nur wenig von denen an der Fahrbahnplatte der Flutbrücke. Es seien an dieser Stelle nur noch die Ebenheitsmessungen erwähnt.

d) Pylonenbeobachtungen

Unter Pylonenbeobachtungen verstehen wir alle Messungen zur Herstellung und Aufstellung der Pylone sowie der späteren Messungen der Lage der Pylonenspitze zum Fußpunkt.

Die Pylonenmessungen beginnen in der Werkstatt. Da die Pylone in der Werkstatt in einem Stück gefertigt wurden, mußten bereits während dieses Vorganges Messungen stattfinden, die die zeichnungsgerechte Lage des Pylonen zum Hauptträger gewährleistete. Der Winkel zwischen Pylon und Hauptträgerachse wurde mit Hilfe des Theodoliten abgesetzt und festgelegt. Die Geradlinigkeit der Pylonenkanten wurde bei liegendem Pylon mit Hilfe von Nivellements bestimmt. Die Stellung des Pylonen in der Örtlichkeit ist beim Uferpfeiler durch Ablotungen mit dem Theodoliten gemessen, beim Strompfeiler mit Hilfe trigonometrischer Ablotung und mit Hilfe eines auf den Theodoliten aufsetzbaren Objektivprismas.

e) Die Ablängung der Seile

1. Allgemeines

Die Seile für das obere Kabel der Strombrücke wurden von der Westf. Union, Werk Lippstadt, die übrigen Seile von der HOAG., Gelsenkirchen, geliefert. In beiden Werkstätten wurden Ablängbahnen gebaut und mit entsprechenden Meßmarken versehen.

Die Ablängbahnen wurden aus Beton erstellt, sind sicher gegründet, horizontal ausgerichtet und haben eine Länge von etwa 230 m.

Aus der Eigenart der Überspannung der Strombrücke ergibt sich, daß für die Maßhaltigkeit der gesamten Brücke die Außenkabel eine große Rolle spielen. Bautechnischerseits sollte ein maximaler Fehler der Kabellänge von ± 30 mm unbedingt eingehalten werden. Später wurde diese Forderung dahingehend erweitert, den Fehlerbereich nach Möglichkeit noch enger zu halten, um auf der Baustelle zu optimalen Einbauverhältnissen zu gelangen. Geringe Fehllängen bedeuten bereits starke Durchhänge der eingebauten Seile. Diese Durchhänge können das Mehrhundertfache des Fehlerbetrages ausmachen. Sie sind vor allem dann sehr störend, wenn einzelne Seile des Kabels Fehlergrößen verschiedenen Vorzeichens aufweisen. Die folgende Tabelle zeigt die Durchhänge des oberen Kabels in Abhängigkeit absoluter Fehler.

Fehllänge V mm	Durchhang f mm			Fehllänge V mm	Durchhang f mm
1	200			9	602
2	285	(bei halber Kabellänge)		10	637
3	350			15	780
4	403			20	900
5	450			25	1010
6	493			30	1102
7	532	Abb. 20. Fehllänge und Durchhang		60	1560
8	570				

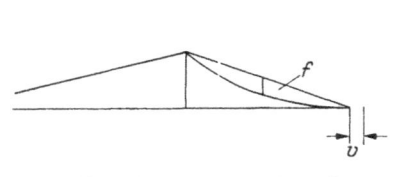

Abb. 20. Fehllänge und Durchhang

Der vermessungstechnische Rahmen ist durch diese kurze Einleitung bereits grob umrissen. Auf die Genauigkeitsbetrachtung am Anfang dieses Aufsatzes wird hierbei verwiesen. Sie findet ihre besondere Berechtigung und Anwendung bei der Ablängung der Seile.

2. Die Einrichtung und Festlegung der Seilstrecke

Die Einhaltung des einheitlichen Maßsystems an der Nordbrücke und die damit gegebene Gewährleistung eines homogenen Zahlenmaterials ist bei den einzelnen Fertigungsstätten durch die eingerichteten Werkstattkomparatoren ermöglicht.

Mit Fertigungslängen von über 200 m wurde die Ablängung der Seile in dem vorliegenden Maßsystem zu einem besonderen Problem. Hatte die Errichtung ähnlicher Komparatoren wie in den Stahlbauwerkstätten zur Maßstabsvergleichung wegen der zu umständlichen Handhabung für die Seilablängung wenig Sinn, so bot sich die als Seilstrecke gebaute Ablängbahn als Großkomparator an.

Die vermessungstechnische Aufgabe war es, diesen Großkomparator mit hoher Genauigkeit zu eichen: die Entfernung von Anfangs- bis Endpunkt festzulegen, den angegebenen Betrag fehlertheoretisch zu untersuchen und die „äußere Genauigkeit" des Wertes anzugeben.

Die im Nordbrückenbereich zur Durchführung der Triangulation festgelegten Basisstrecken sind gleichermaßen Großkomparatoren und so lag es nahe, die Eichung der Seilstrecken mit den gleichen Verfahren der Basismessungen durchzuführen, zumal die bei diesen Arbeiten ausgeschöpften Erfahrungen vollendete Anwendung finden konnten.

Die Anordnung der Messungen war die gleiche wie bei der Grundlagenvermessung und wird hier nicht gesondert behandelt. Es sei auf die entsprechenden Ausführungen im Abschnitt „Grundlagenvermessung" hingewiesen.

Die örtlichen Vermessungsarbeiten auf den Seilstrecken wurden von Vermessungsbüros ausgeführt unter Anleitung und Mitarbeit der Vermessungstechnischen Leitung der Nordbrücke. Die Seilstrecke bei der HOAG bearbeitete das Bergvermessungsbüro Schulte, Gelsenkirchen, die Seilstrecke in Lippstadt die Grundstücksabteilung der Dortmunder Bergbau.

Bauwerksuntersuchungen

Wie bereits zuvor genannt, behandelt dieser Abschnitt Messungen der Verhaltensweise der Bauwerke. Es werden hier Setzungsmessungen und ihre Ergebnisse aufgezeigt, ferner Längsbewegungen der Überbauten erläutert.

a) Pfeilerbewegungen

1. Setzungsmessungen

Gründungskörper und Pfeiler wurden während des Bauvorganges und nach Fertigstellung auf Setzungen hin untersucht. Die Messungen wurden in Form von Feinnivellements durchgeführt. Gemessen wurden jeweils zwei Nivellementsschleifen im Hin- und Rückgang. Der dabei auftretende Schleifenschlußfehler wurde entsprechend der Anzahl der Wechselpunkte verteilt. Sämtliche Höhen wurden auf NN bezogen und an das städtische Netz angeschlossen. Die auf $^1/_{10}$ mm gemessenen und gerechneten Höhen sind später in der Kartei auf volle Millimeter abgerundet worden.

2. Kippbeobachtungen der Pfeiler

Die Stützen der rechtsrheinischen Vorlandbrücke (Tausendfüßler) zeigen einen verhältnismäßig hohen Schlankheitsgrad. Sie wurden deshalb regelmäßig in Abständen von mehreren Monaten auf Kippungen hin untersucht. Zu diesem Zweck wurden nach genau lotrechter Erstellung der Pfeiler die Ellipsenhauptachsen am Fuße wie am Kopf der Stützen mit feingeschlitzten Messing-

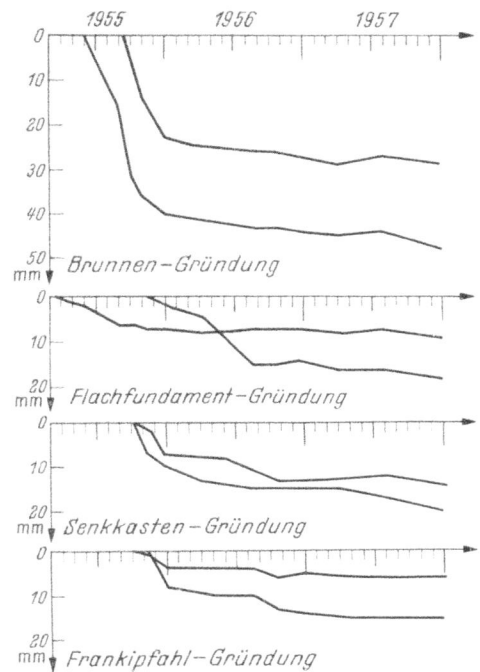

Abb. 21. Maximale und minimale Setzungen bei den verschiedenen Gründungsarten

dübeln vermarkt. Dabei wurde der obere Dübel mit dem Theodoliten senkrecht über dem unteren eingerichtet. Die Kippung wurde später ebenfalls mit dem Theodoliten durch optische Ablotung des oberen Punktes auf den unteren ermittelt. Die in der folgenden Tabelle enthaltenen Werte zeigen die Kippung als Differenz des oberen zum unteren Dübel in Millimetern an.

Kippbewegung PF XI — 22

Pfeiler		A [mm] 4.9.56	A [mm] 4.12.56	A [mm] 13.6.57	B [mm] 4.9.56	B [mm] 4.12.56	B [mm] 13.6.57
XI	O S	± 0	+ 1	+ 2			
	L	− 5	− 4	− 4			
	S	− 1	− 2	− 2			
	U L	− 6	− 6	− 6			
12	O	− 7	− 4	− 6	+ 8	+ 9	+ 9
	U	+ 8	± 0	+ 9	+ 2	+ 2	—
13	O	+ 1	+ 3	− 2	− 2	− 4	− 2
	U	+ 10	+ 10	+ 13	+ 1	± 0	+ 2
14	O	+ 5	+ 5	+ 8	− 5	− 5	− 6
	U	+ 5	+ 8	+ 6	+ 11	+ 10	+ 8
15	O	± 0	+ 2	+ 2	− 1	− 3	− 1
	U	+ 3	− 2	− 1	+ 3	+ 3	+ 3
16	O	− 4	− 4	—	± 0	− 2	± 0
	U	± 0	− 5	− 3	± 0	− 1	− 1
17	O	+ 2	+ 5	—	− 2	− 2	− 3
	U	+ 2	± 0	+ 4	− 2	− 4	− 4
18	O	− 2	+ 3	+ 1	− 5	− 4	− 3
	U	± 0	± 0	+ 2	+ 1	+ 1	+ 1
19	O	+ 5	—	+ 1	+ 2	+ 2	+ 1
	U	± 0	+ 2	± 0	− 1	± 0	+ 1
20	O	± 0	− 2	− 3	− 1	± 0	− 3
	U	+ 1	± 0	± 0	− 1	+ 1	± 0
21	O		− 3	− 2		± 0	± 0
	U		± 0	± 0		+ 1	+ 1
22	O		− 1	± 0		± 0	± 0
	U		± 0	+ 1		± 0	− 1

Kippung in Brücken–Achs–Richtung

Land − / Strom +

A

Kippung in Pfeiler–Achs–Richtung

Unterstr. − / Oberstr. +

B

Abb. 22. Kipp-Beobachtungen der Pfeiler

b) Kriech- und Schwindmessungen, Längsbewegungen

Die Kriech- und Schwindverkürzungen der Spannbetonbauwerke wurden vermessungstechnisch registriert und ausgewertet. Die folgende Abbildung zeigt Kriech- und Schwindbilder an der

153

rechtsrheinischen Vorlandbrücke (Tausendfüßler) in Abhängigkeit von der Zeit. Die aufgetragenen Kurven sind temperaturreduziert. Die Sprünge im Kurvenverlauf sind vermutlich auf Feuchtigkeitseinflüsse zurückzuführen. Die Extremwerte treten jeweils im Sommer wie im Winter auf. Ähnliche Kurven werden auch von Reichsbahnrat Bührer im Heft 112 des Deutschen Ausschusses für Stahlbeton „Eisenbahnbrücken aus Spannbeton" nachgewiesen.

Nach Fertigstellung der Spannbetonplatte und Einlegen der Unterspannungsseile der Flutbrücke wurde die gesamte Konstruktion mit Hilfe der Unterspannungsseile in mehreren Spannstufen

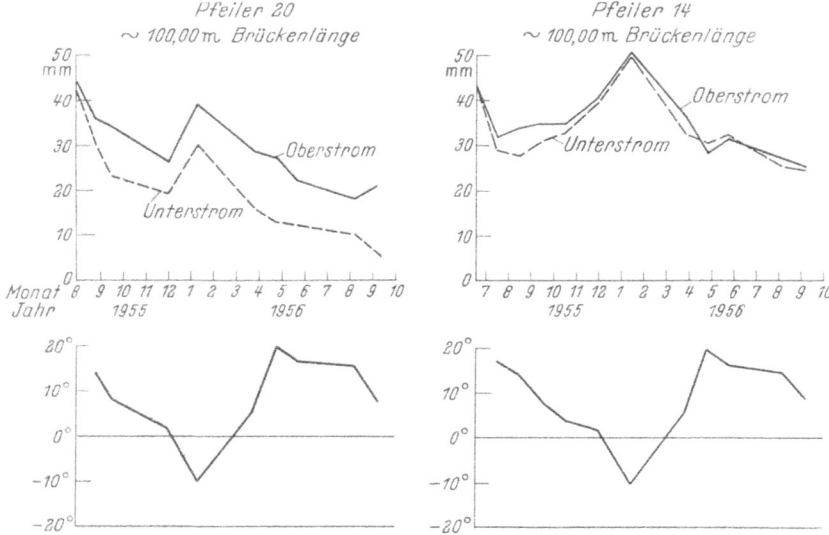

Abb. 23. Kriech- und Schwindbeobachtung

vorgespannt. Diese Spannstufen sind in der folgenden Darstellung durch die Unstetigkeitsstellen im Kurvenverlauf erkennbar. Es zeigen sich drei sprunghafte Verkürzungen der Hauptträger, gemäß den drei Spannstufen. Das Diagramm zeigt die temperaturreduzierte Längsbewegung auf Grund von Kriechen und Schwinden der Fahrbahnplatte und der Stauchung der Hauptträger über dem Pfeiler II an. Die Entfernung vom festen Auflager beträgt an dieser Stelle über 200 m. Eine um ± 1° C fehlerhafte Temperaturerfassung bedingt hier bereits einen Bewegungsunterschied von über ± 2,5 mm. Die leichten Unebenheiten des Bewegungsverlaufes sind sicherlich auf solche Einflüsse zurückzuführen. Der während der Winterzeit im ganzen leicht ansteigende Kurvenverlauf ist vermutlich auf den schon zuvor beschriebenen Feuchtigkeitseinfluß zurückzuführen. Es sei hier außerdem noch bemerkt, daß Temperaturunterschiede zwischen den Unterspannungsseilen und der übrigen Konstruktion bereits starke Verformungen nach sich ziehen. Diesbezüglich vorgenommene Messungen wiesen Temperaturunterschiede zwischen Unterspannungsseilen und der übrigen Konstruktion von 2—3° C nach.

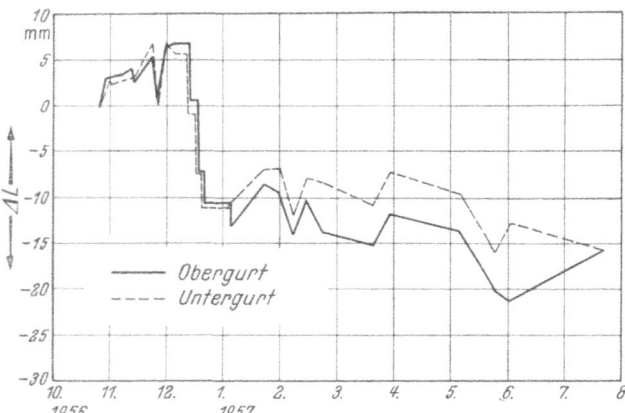

Abb. 24. Temperaturreduz. Längsbewegung. Flutbrücke

Abschlußbetrachtung

Die Arbeiten des Vermessungsingenieurs bei Großbauwerken verbinden den geodätischen mit dem physikalischen Meßbereich. Die Darstellung und Diskussion der Messungsergebnisse beim Bau der Nordbrücke in Düsseldorf zeigen dieses besonders deutlich.

Die ständige Auseinandersetzung zwischen den geometrischen und physikalischen Gegebenheiten gibt dem Vermessungsingenieur die Möglichkeit, in Verbindung mit der Bauleitung und den beteiligten Firmen fruchtbringend an der Bauausführung mitzuwirken.

An der Nordbrücke in Düsseldorf zeigte sich ein überaus reibungsloser und damit wirtschaftlicher Ablauf der Bauarbeiten.

Werten wir dieses qualitativ, so ist das ein Zeichen für die gute Zusammenarbeit zwischen Vermessung und Bauausführung.

Die Bauleitung sowie technische und wirtschaftliche Gesamtübersicht

Von Dipl.-Ing. E. Beyer, Städt. Oberbaurat, Straßen- und Brückenbauamt der Stadt Düsseldorf

Zu den umfangreichen Aufgaben der Bauleitung, Bauüberwachung und dem Prüfungs- und Genehmigungsverfahren seien im folgenden nur einige charakteristische Übersichten gegeben. Es sollen Richtlinien und Hinweise sein, wie große Ingenieuraufgaben nach Masse, Leistung und Kosten zu beurteilen bzw. zu veranschlagen sind. Der Ingenieur kann beurteilen, wie er es machen soll bzw. wie er es besser machen kann.

Das Aufgabengebiet und Personal der Bauleitung

Zeit	Leistungen	Personalstärke
1951—1954	Allgemeine Planung und Aufstellung des Ausschreibungsentwurfs. Prüfung der Angebote und Entwürfe sowie Vorlagen zur Beschlußfassung und zur Finanzierung.	2 Dipl.-Ing. 2 Ingenieure 2 Techniker
Herbst 1954 bis Herbst 1957	a) Bauüberwachung der gesamten Ausführung von Spannbeton-, Beton- und Stahlbauarbeiten. b) Prüfungs- und Genehmigungsverfahren aller Ausführungszeichnungen und Berechnungen mit Regieführung bei Aufträgen an bestellte Prüfingenieure. c) Eigene Prüfung aller Gründungsarbeiten. d) Vertragsaufstellungen, Kostenabwicklung und Anweisung aller Rechnungen für insgesamt 28,7 Mio DM Bausumme. e) Durchführung und Kontrolle aller Vermessungsarbeiten.	5 Dipl.-Ing. 3 Ingenieure 5 Techniker

Eine schlagfertige kleine Gruppe von Ingenieuren und Technikern ist nach den am Bau von drei Rheinbrücken in Düsseldorf gemachten Erfahrungen wirtschaftlicher und übersichtlicher bei der Durchführung der vorliegenden Aufgaben und der Verantwortung, weil sie und wenn sie sowohl mit den Aufgaben des Büros als auch denen der Baustelle betraut werden kann.

Technische und wirtschaftliche Daten des Stahlbaus

Aus der nachfolgenden Übersicht über Gewichte und Anstrichflächen der Strom- und Flutbrücke geht hervor, daß

a) für die Strombrücke mit dem Einheitsgewicht von 375 kg für den qm Brückenfläche eine sehr leichte Konstruktion entstanden ist und

b) für die Flutbrücke durch die Verbundbauweise mit unterspannten Seilen eine technisch-wirtschaftlich günstige Lösung mit nur 140 kg für den qm Brückenfläche geschaffen worden ist.

Tabelle 1. Gewichte und Anstrichflächen

	St 37	St 52	Stg	Grauguß	Seile	⌀ mm	Lfdm. (Länge)	Ges.-Gewicht	Brückenfläche (Abstand der Geländer) m²	Stahlgewicht kg/m² Brückenfläche	Anstrichfläche m²	m²/t
	t	t	t	t	t			t				
1. Strombrücke	990 (Zickzackroste)	3141	180	—	463	10 ⌀ 73 oben 7 ⌀ 68 Mitte 7 ⌀ 64 unten	9247,776 4459,140 2431,456	4774	12 768	375	18 694 (innen) 39 214 (auß.) 57 908 zus.	12,1
2. Flutbrücke	66 312	1033,3	61,3	7,4	148	⌀ 61	6974	1562	10 939	140	20 733,7	12,7

Tabelle 2. Verteilung der Niete und Schweißnähte

	Werkstattniete	Montageniete	zusammen:	Schweißnähte
Strombrücke	320 000 Stck.	250 000 Stck.	570 000 Stck.	W. 84 953 m B. 18 035 m 102 988 m
Flutbrücken	39 300 Stck.	30 450 Stck.	69 750 Stck.	36 440 m

Tabelle 3. Techn. u. wirtschaftl. Daten des Stahlbaues. Preisstand 1956/57

	Gesamtgew. t	Nutzfläche m²	Gesamtpreis DM	Preis je m² DM	Bemerkungen
Strombrücke	4774	12 768 l = 108—260—108 m	12 000 000,— 16 250 000,—	940,— 1300,—	reiner Stahlbau einschl. Gründung, Anstrich u. Belag
Flutbrücken	1562	10 939 l = 6×72 m	4 565 000,— 7 000 000,—	418,— 640,—	reiner Stahlbau einschl. Fahrbahnplatte, Asphalt, Gründung u. Anstrich

Technische und wirtschaftliche Daten des Betonbaus

Tabelle 4. Flutpfeiler I—VIII

Arbeit	Massen	Preis DM	Einheitspreis DM	Preisstand Jahr	Bemerkungen
Gründung u. Pfahlkopfplatte	Frankipfähle 3060 lfd. m	500 000,—	163,—	1955/56	
aufgehender Beton	9300 cbm	1 000 000,—	110,—	1956	
Verblendung in Granit	4400 m²	640 000,—	145,—	1956	

Tabelle 5. Strompfeiler IX u. X

Arbeit	Massen	Preis DM	Einheitspreis DM	Preisstand Jahr	Bemerkungen
Gründung (Caisson) u. aufgeh. Beton	12 400 cbm	2 800 000,—	225,—	1956	
Verblendung in Granit	2 000 m²	300 000,—	150,—	1956	

Tabelle 6. Hochstraße — Tausendfüßler

Arbeit	Nutzfläche m²		Preis DM	Einheitspreis DM	Preisstand Jahr
Gründung einschl. Brunnen, Pfeiler mit Basalt- lavasteinen u.	7500	ohne Geländer ohne Belag	2 650 000,—	350,—	1955/56
Überbau in Spann- beton		mit Geländer und Belag	3 200 000,—	425,—	1955/56

Bauzeit- und Kostenplan

In beigefügter Tabelle 6a ist der Zeitverlauf der Hauptarbeiten nach Art der Arbeit und nach Kosten dargestellt. Die Einzelkosten der Hauptpositionen sind aus Tabelle 7 zu erkennen. Außerdem ist in Tabelle 8 errechnet, wie hoch die Bruttokosten der Einzelabschnitte sind und wieviel der Durchschnittspreis der Gesamtanlage pro qm Brückenfläche beträgt.

Tabelle 6a. Bauzeit-Übersicht

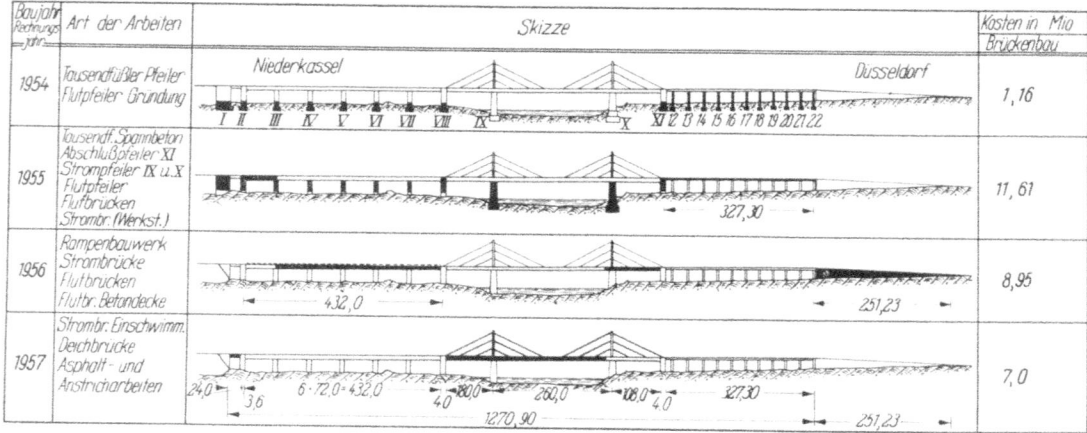

Tabelle 7. Bauzeit- u. Kostenplan

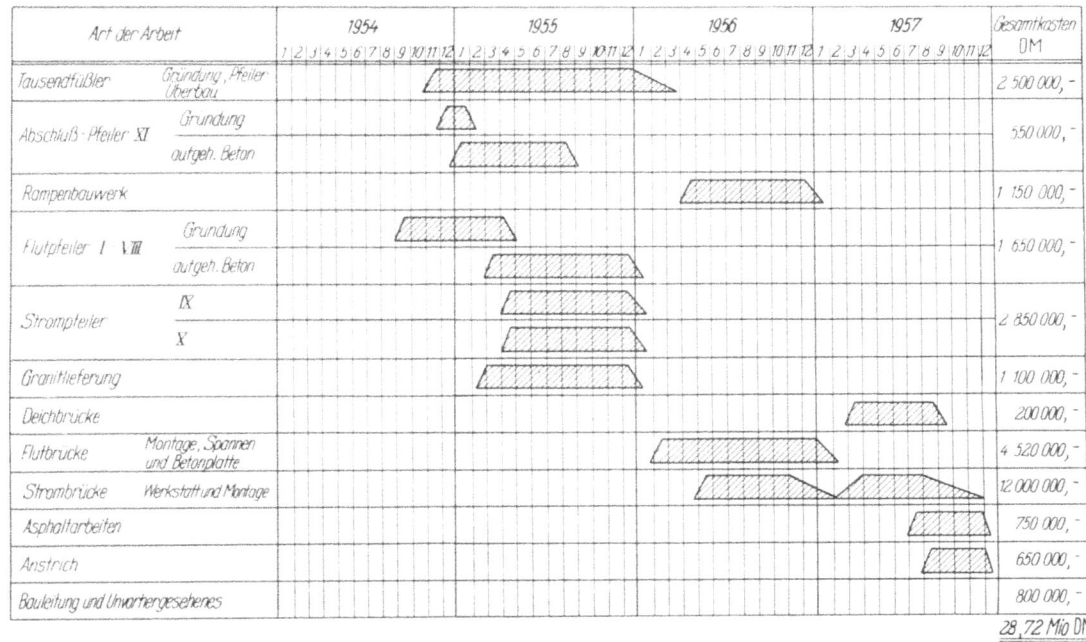

Art der Arbeit		Gesamtkosten DM
Tausendfüßler	Gründung, Pfeiler Überbau	2 500 000,-
Abschluß-Pfeiler XI	Gründung	550 000,-
	aufgeh. Beton	
Rampenbauwerk		1 150 000,-
Flutpfeiler I–VIII	Gründung	1 650 000,-
	aufgeh. Beton	
Strompfeiler	IX	2 850 000,-
	X	
Granitlieferung		1 100 000,-
Deichbrücke		200 000,-
Flutbrücke	Montage, Spannen und Betonplatte	4 520 000,-
Strombrücke	Werkstatt und Montage	12 000 000,-
Asphaltarbeiten		750 000,-
Anstrich		650 000,-
Bauleitung und Unvorhergesehenes		800 000,-
		28,72 Mio DM

Tabelle 8. Gesamtkosten der Einzelabschnitte

Bauabschnitt	Brückenfläche in m² (Geländerabstand)	Gesamtkosten einschl. Gründung, Belag, Sonderkosten u. Bauleitung DM	Einheitspreis DM	Stand Jahr
Tausendfüßler	7 500	3 300 000,—		
Strombrücke	12 768	16 700 000,—		
Flutbrücken	10 939	7 200 000,—		
Deichbrücke	673	300 000,—		
insgesamt:	31 880 m²	27,5 Mio DM	865,— DM/m²	1956/57

Die Preisbewegung für Löhne und Stahl (Gleitklausel)

Die Bewegung der Lohnpreise im Stahl- und Tiefbau ist aus der beigefügten Tabelle 9 zu ersehen. Aus Tabelle 10 erkennt man, wie hoch der Anteil der Stahlbau- und Tiefbau-Löhne in den Gesamtkosten ist. Die Baukostensumme stieg, wie aus Tabelle 11 zu ersehen ist, von 26,55 Mio DM bei Baubeginn auf 28,72 Mio DM bei Bauende, bedingt durch die Erhöhungen der Löhne und Stahlpreise.

Tabelle 9. Bewegung der Löhne im Stahl- und Tiefbau

Zusammenfassung der Erhöhungen

——— = Stahlbau   ———— = Tiefbau

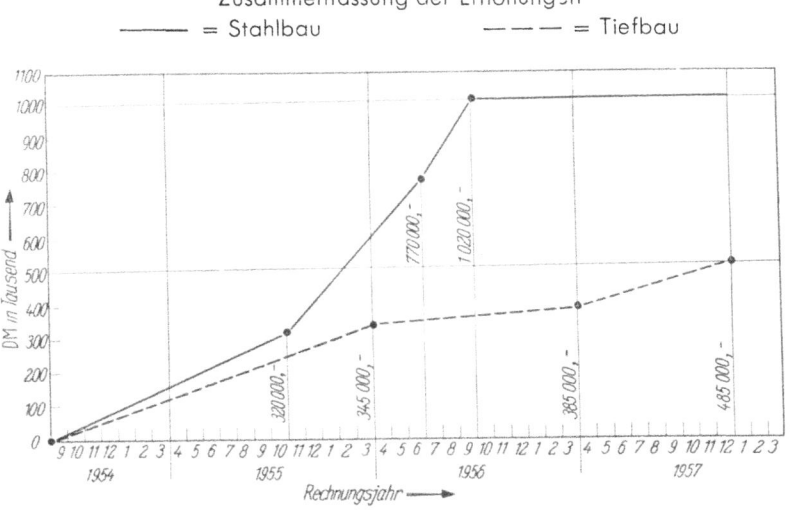

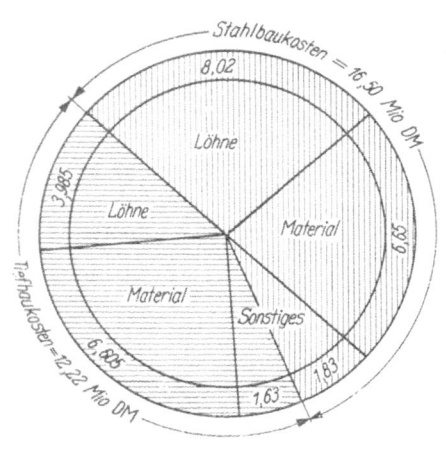

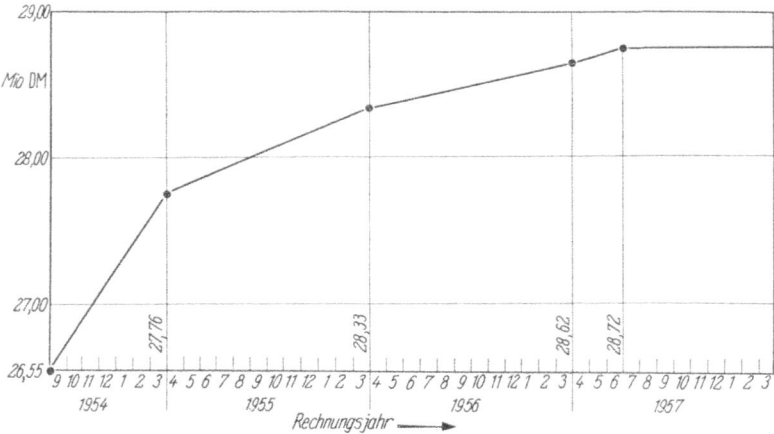

Tabelle 10
Aufschlüsselung der Gesamtkosten
von 28,72 Mio DM

Tabelle 11
Bewegung der Gesamtkosten nach Gleitklausel

Der Anstrich der Brücke

Bei der Ausführung einer völlig neuen Rheinbrücke wurde es nach den gemachten Erfahrungen für technisch besser und wirtschaftlicher gehalten, daß die Stahlkonstruktion in den Werkstätten nicht den sonst üblichen Bleimennige-Grundanstrich erhielt, sondern im rostigen Zustand an die Baustelle angeliefert wurde. So war es für die Zeit der Montage bis zum endgültigen Anstrich möglich, daß Walzhaut und Zunder des Stahls abrosten konnten, ein Vorgang, der im allgemeinen bei sofortigem Aufbringen von Bleimennige-Grundanstrich in den Werkstätten nicht so gut verläuft und daher später oft zu Beschädigungen im Anstrich geführt hat. Nachdem die Konstruktion durch das Lagern auf der Baustelle und nach dem Montieren etwa fast ein ganzes Jahr dem Abrosten ausgesetzt war, konnte durchgehend auf der ganzen Brückenlänge gesandstrahlt werden. Auf der entrosteten Fläche wurden zwei Bleimennige-Grundanstriche mit der Bleimennige-Güte 4634/05 und 15 aufgebracht; danach die beiden Deckanstriche der Güte nach Bundesbahnvorschrift 4635/14 und 34.

Es kann angenommen werden, daß nach dieser Ausführungsart die Haltbarkeit der Stahlanstriche bedeutend größer als nach den bisher üblichen Methoden ist.

Sonstige Daten

An der Brückenstelle — in Stromkilometer 746,7 — liegt:

1. der tiefste Punkt der Rheinsohle   auf 22,40 m ü. NN
2. Mittelwasser MW 1931/40   auf 28,00 m ü. NN
3. höchster Wasserstand HHW 2.1.26   auf 34,99 m ü. NN
4. höchster schiffbarer Wasserstand HschiW   auf 32,75 m ü. NN
5. Konstruktionsunterkante (größte Durchbiegung) auf 41,85 m ü. NN

Der Unterschied zwischen Konstruktionsunterkante und höchstem schiffbaren Wasserstand beträgt demnach 9,10 m.

6. Pylonenspitze   auf 85,09 m ü. NN.

Abnahme

Für die Kontrolle der Werkstoffgüte aller Stahlmaterialien war eine bundesbahnamtliche Abnahme der Stoffe vorgeschrieben; hierzu wurden auch die Werkstattarbeiten in allen Stahlbauanstalten nach den Vorschriften und durch die Organe der Bundesbahn kontrolliert; die Abnahmen auf der Baustelle erfolgten durch die Bauleitung, wobei für die Prüfung der Niete und Schweißnähte eigene Prüfer eingesetzt waren; die Betonfestigkeiten wurden durch Probewürfel festgestellt, welche in der Baustoffprüfanstalt der Stadt Düsseldorf abgedrückt wurden; für Sonderfragen wurde das Forschungsinstitut der Zementindustrie in Düsseldorf herangezogen. Alle Belege der geprüften Stahl- und Betonarbeiten, wie Röntgenbilder der Schweißnähte, Atteste der Bundesbahnabnahmeämter und der Baustoffprüfanstalt zeugen von der Güte der geleisteten Arbeit.

Die Probebelastung der Strom- und Flutbrücke

Die Probebelastung der Nordbrücke fand am 8. 12. 1957 statt. Es standen 20 Lastwagen mit Anhänger von je 40 t Gesamtgewicht, also insgesamt 800 t, zur Verfügung.

Die Fahrzeuge waren amtlich gewogen. Für die Berechnung der Formänderungen wurde die Last als Gleichstreckenlast angesetzt. Die Laststellungen für die Durchführung der Messungen sind in Tabelle 12 aufgezeichnet. Bei der Laststellung I — s. Tabelle 13 —, ebenso wie bei Laststellung II — Tabelle 14 — war eine gleichmäßige Belastung von p = 5,55 t/m Brücke, d. h. 59 % der rechnerischen Gleichstreckenlast aufgebracht. In Mitte der Seitenöffnung, d. h. bei Punkt 1,5 wurden 207 mm Durchbiegung = 21 % der max. rechnerischen Durchbiegung gemessen. Die Kraft im unteren Kabel betrug 69 t = 22 % der max. rechnerischen Kabelkraft.
Bei der Laststellung III wurde die Mittelöffnung belastet — s. Tabelle 15 —.

Die Gleichstreckenlast betrug 4,0 t/m Brücke, d. s. 42 % der rechnerischen Gleichstreckenlast infolge Verkehr. Hierbei waren die charakteristischen Meßergebnisse bei Punkt m, d. h. in Brückenmitte 335 mm Durchbiegung, d. s. 37 % der max. rechnerischen Durchbiegung. Die Kraft

Tabelle 12. Probebelastung der Nordbrücke am 8. Dezember 1957 (Belastungsschema)

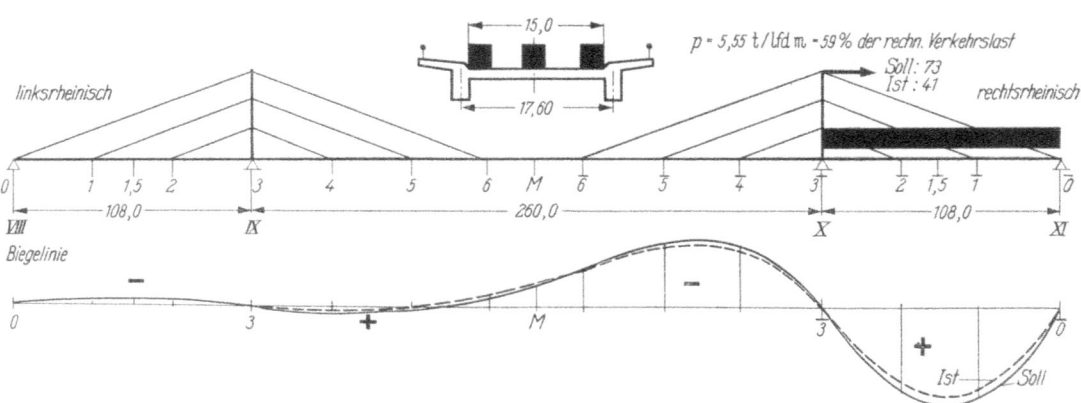

Tabelle 13. Probebelastung der Nordbrücke (Strombrücke)

Laststellung		Pkt.:	0	1	1,5	2	3	4	5	6	M	$\bar{6}$	$\bar{5}$	$\bar{4}$	$\bar{3}$	$\bar{2}$	$\bar{1,5}$	$\bar{1}$	$\bar{0}$
I	Soll		0	−2	−3	−3	0	+4	+3	−16	−47	−90	−148	−135	0	+193	+222	+200	0
	Ist	elastisch	0	−1	−3	−1	0	+3	−3	−21	−49	−90	−138	−130	0	+176	+207	−	0
		bleibend	0	−1	+1	−1	0	+3	+2	+2	+5	+12	+2	+3	0	0	+1	−2	0

Die Ist-Werte sind zwischen Oberstrom- und Unterstrommessung gemittelt.

im oberen Kabel betrug 274 t, d. h. 36 % der max. rechnerischen Kraft. Die Kraft im mittleren Kabel betrug 121 t, d. s. 29 % der max. rechnerischen Kraft.

Die Ergebnisse der Laststellung IV sind in der Tabelle 16 aufgetragen.

Die Laststellungen V und VI dienten zu Messungen der Durchbiegung der seilunterspannten Verbundbrücke (Flutbrücke). Die Ergebnisse sind in Tabelle 17 eingetragen.

Im Endergebnis läßt sich feststellen, daß die gemessenen Durchbiegungen der Strombrücke nur um wenige Prozent von den rechnerischen abweichen in dem Sinne, daß die wirklichen etwas kleiner als die rechnerischen sind.

Bei der Flutbrücke betragen die gemessenen Durchbiegungen nur etwa 70 % der rechnerischen. Die Genauigkeit der Messung kann wegen des ungünstigen, sehr stürmischen und regnerischen Wetters günstigstenfalls mit ± 5 mm angesetzt werden, ein Maß, was bei der Größenordnung der wirklichen Durchbiegungen genügend genauen Aufschluß für das Verhalten der Brücke gegeben hat.

Tabelle 14. Probebelastung der Nordbrücke (Strombrücke)

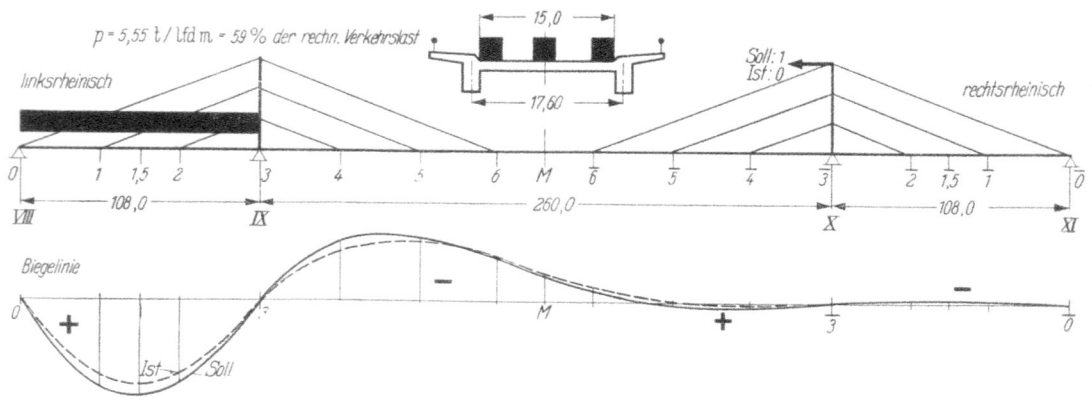

Laststellung		Pkt.:	0	1	1,5	2	3	4	5	6	M	$\bar{6}$	$\bar{5}$	$\bar{4}$	$\bar{3}$	$\bar{2}$	$\bar{1,5}$	$\bar{1}$	$\bar{0}$
II	Soll		0	+200	+222	+193	0	−135	−148	−90	−47	−16	+3	+4	0	−3	−3	−2	0
	Ist	elastisch	0	+174	+195	+172	0	−116	−134	−99	−52	−28	−4	+2	0	−1	−3	−4	0
		bleibend	0	−1	+1	0	0	+3	+5	+7	+7	+24	+7	+6	0	−3	+3	0	0

Die Ist-Werte sind zwischen Oberstrom- und Unterstrommessung gemittelt.

Probebelastung

Tabelle 15. Probebelastung der Nordbrücke (Strombrücke)

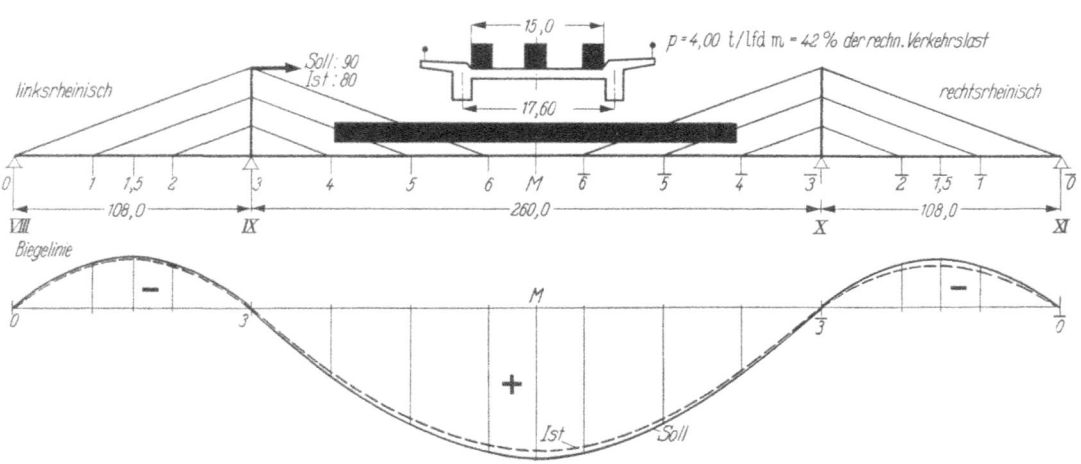

Laststellung		Pkt.:	0	1	1,5	2	3	4	5	6	M	6̄	5̄	4̄	3̄	2̄	1,5̄	1̄	0̄
III	Soll	elastisch	0	−101	−115	−104	0	+153	+268	+325	+341	+325	+268	+153	0	−104	−115	−101	0
	Ist	elastisch	0	−99	−119	−102	0	+148	+256	+318	+335	+318	+249	+133	0	−97	−103	−92	0
		bleibend					Brücke wurde zwischen Laststellung III u. IV nicht entlastet												

Die Ist-Werte sind zwischen Oberstrom- und Unterstrommessung gemittelt.

Tabelle 16. Probebelastung der Nordbrücke (Strombrücke)

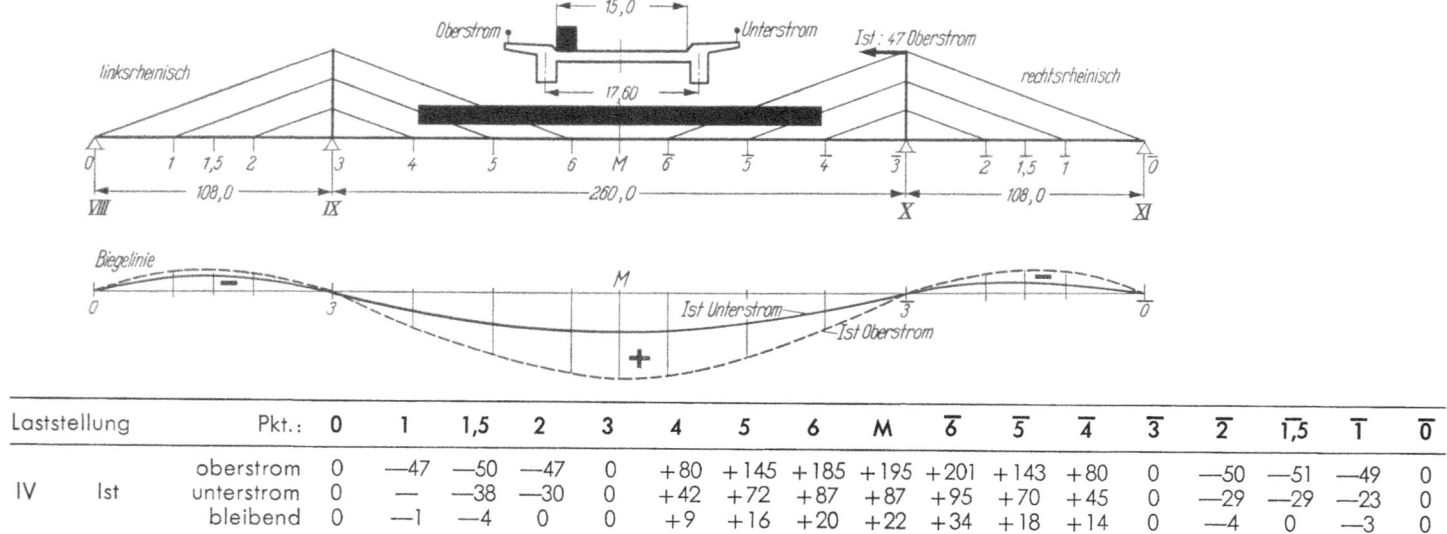

Laststellung		Pkt.:	0	1	1,5	2	3	4	5	6	M	6̄	5̄	4̄	3̄	2̄	1,5̄	1̄	0̄
IV	Ist	oberstrom	0	−47	−50	−47	0	+80	+145	+185	+195	+201	+143	+80	0	−50	−51	−49	0
		unterstrom	0	—	−38	−30	0	+42	+72	+87	+87	+95	+70	+45	0	−29	−29	−23	0
		bleibend	0	−1	−4	0	0	+9	+16	+20	+22	+34	+18	+14	0	−4	0	−3	0

Tabelle 17. Probebelastung der Nordbrücke (Flutbrücke)

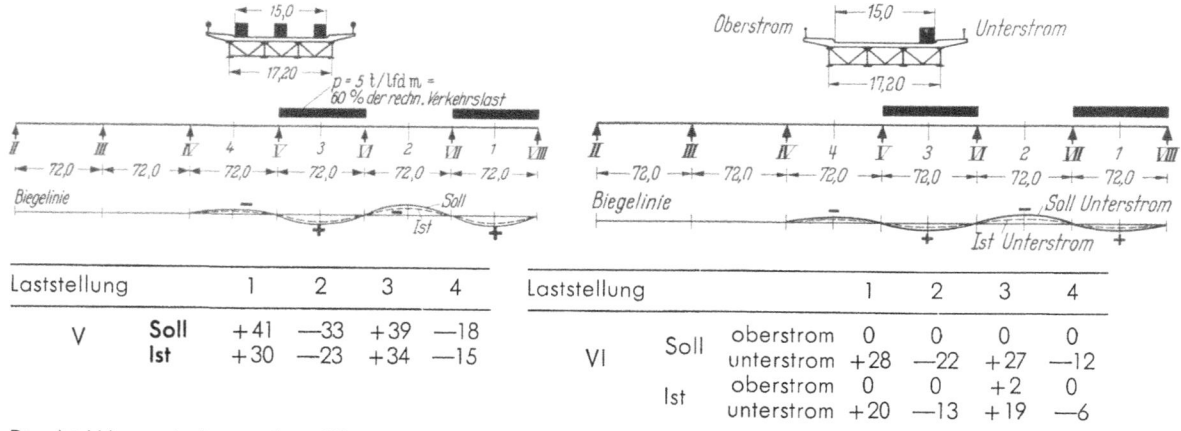

Laststellung		1	2	3	4
V	Soll	+41	−33	+39	−18
	Ist	+30	−23	+34	−15

Laststellung			1	2	3	4
VI	Soll	oberstrom	0	0	0	0
		unterstrom	+28	−22	+27	−12
	Ist	oberstrom	0	0	+2	0
		unterstrom	+20	−13	+19	−6

Die Ist-Werte sind zwischen Oberstrom- und Unterstrom messung gemittelt.

Bemerkung: Eine bleibende Verformung hat sich nicht gezeigt.

Am Bau der neuen Rheinbrücke waren beteiligt:

Planung

Beigeordneter Dr.-Ing. F. Schreier
Beigeordneter Prof. F. Tamms
Stadtbaudirektor R. Auberlen

Beratung

Prof. Dr.-Ing. E. h. K. Schaechterle Stuttgart-Bad Cannstatt
Prof. Dr.-Ing. F. Leonhardt, Stuttgart
Dipl.-Ing. L. Wintergerst, Eßlingen

Gestaltung

Prof. F. Tamms, Architekt BDA

Bauleitung

Städt. Oberbaurat E. Beyer

Städt. Oberbaurat F. Tussing
Dipl.-Ing. D. Brügelmann
t. Stadtoberinspektor Maeschig
Ing. R. Otto
Ing. H. D. Schildt
Engelhardt
Kalenberg

Städt. Baurat H. J. Ernst
Reichsbahnamtmann i. R. Schneider
Küpper
Peiffer
Gilbert
v. d. Ehe
Lücke

Entwurfsbearbeitung Flutbrücke

Ingenieur-Büro Grassl in Zusammenarbeit mit
der Firma Neußer Eisenbau Bleichert KG.,
Neuß

Ausschreibungs-Entwurf Tausendfüßler

Ingenieur-Büro Dr.-Ing. F. Leonhardt und
Dipl.-Ing. W. Andrä, Stuttgart

Vermessung

Städt. Vermessungsdirektor Dr.-Ing. Hensel
Städt. Vermessungsrat Hass
Dipl.-Ing. Henneberg
Ing. H. Knabenschuh

Prüfingenieure

Dipl.-Ing. L. Wintergerst, Eßlingen
Dipl.-Ing. H. Grassl, Düsseldorf
Dr.-Ing. H. Homberg, Hagen

Ausführung

Stahlbau

Hein, Lehmann & Co. AG.,
Düsseldorf
federführend für die Strombrücke

Dir. Dipl.-Ing. K. Lange
Dir. Dipl.-Ing. J. Kraemer
Schweiß-Ing. Wendt
Ober-Ing. van Runset
Dipl.-Ing. Schreier
Prokurist Mötzel
Montageinspektor Vollmert

Gutehoffnungshütte
Oberhausen-Sterkrade AG.

Dr.-Ing. Stoltenburg
Dir. Dipl.-Ing. Weber
Dipl.-Ing. Horstmann
Dipl.-Ing. Schulz
Ober-Ing. Reckwitz
Ing. Fein

Demag A.G., Duisburg
Dir. Dipl.-Ing. Wenk
Dir. Dipl.-Ing. Stockhausen
Dipl.-Ing. Görtz
Dipl.-Ing. Ukena
Ing. Heimann
Ing. Wolters
Richtmeister Koppers

Neußer Eisenbau Bleichert KG.,
Neuß
Dir. Dr. Pilz
Ober-Ing. Reisdorf †
Ober-Ing. Otten
Ober-Ing. Haas
Ober-Ing. Steinbrecher
Franz Illerhaus

Dortmunder Union A G.,
Dortmund
Dr.-Ing. Fuchs
Dipl.-Ing. Pantel

Seillieferungen

Westfälische Union, Hamm,
Werk Lippstadt
Dir. Dr.-Ing. Greis
Dipl.-Ing. Kienschel

Nebenlieferungen

Firma Fischer Stahlbau
Ing. Fischer

Tiefbau

Dyckerhoff & Widmann K.G.,
Düsseldorf
Dir. Dipl.-Ing. Ruf
Dir. Dr.-Ing. Lücking
Dr.-Ing. Schmitz
Dipl.-Ing. Vietoris
Dipl.-Ing. Metz
Dipl.-Ing. Müller
Dipl.-Ing. Philipps
Ing. Reitemeier
Ing. Knell †
Bauleiter Renk

Phil. Holzmann A.G., Düsseldorf
Dipl.-Ing. Erbe
Dipl.-Ing. Zangenmeister
Dipl.-Ing. Loers
Ing. Schaffner
Polier Kaiser

M. A. N. A. G.,
Mainz-Gustavsburg
Dir. Dipl.-Ing. Brückner
Dir. Dipl.-Ing. Weber
Oberrichtmeister Wilhelm
Kapitän Lustenberger

Eikomag AG.,
Düsseldorf-Benrath
Dir. Dipl.-Ing. Oeking
Ober-Ing. Landwehr
Ober-Ing. Koch
Richtmeister Pieper

Berliner Stahlbaufirmen
Dir. Dipl.-Ing. Bock
für die Firmen:
Steffens & Nölle
Peiner Stahlbau
Dellschau Stahlbau

HOAG, Gelsenkirchen
Ober-Ing. Karg

Firma Albrecht, Stahlbau
Albrecht
Horstmann

Wayss & Freytag A.G.,
Düsseldorf
Dir. Aldinger
Dir. Dipl.-Ing. Klockmann
Dipl.-Ing. Steinbrücker
Dipl.-Ing. Bornhäuser
Bauleiter Schröder

Beton- und Monierbau A.G.,
Düsseldorf
Dir. Dipl.-Ing. Minden
Ober-Ing. Janek
Dipl.-Ing. Polk
Ing. Weinbörner
Polier Wolf

Rhein-Ruhr-Bau GmbH.,
Düsseldorf
Dir. Becker
Dir. Nöckel
Polier Deutschmann

Ed. Züblin AG., Duisburg
Dir. Dipl.-Ing. Jurowitsch
Ober-Ing. Stump
Ober-Ing. Rosenbaum
Dipl.-Ing. Knoop
Bauleiter Schaper

Ingenieurbau Meyer & Wiesner
GmbH., Düsseldorf
Ober-Ing. Harenbrock
Ing. Möller
Polier Spittank

Frankipfahl-Baugesellschaft
mbH. Düsseldorf
Dir. Dipl.-Ing. Weber
Ober-Ing. Wilken
Ober-Ing. Spickebohm

Allgemeine Hoch- und
Ingenieur-Bau AG., Düsseldorf
Dipl.-Ing. Sonnemann

Dr.-Ing. Paproth, Krefeld
Dr.-Ing. Paproth sen.
Dipl.-Ing. Paproth
Senkmeister Schäfer

Werksteinlieferung

Firma Gebr. Frank
und Firma Reul Granit AG.,
Kirchenlamitz
Frank, Reul, Benker, Reichel

Firma Gebr. Kerber, Büchlberg
Kerber

Arbeitsgemeinschaft Adorf-Michels-Rüber, Mayen
Dr. Preil
Dr. Michels
Rüber
Schütz
Beils

Sonstige Arbeiten

Firma E. Maechler, Düsseldorf
Entrostung und Anstrich der Strombrücke
G. Eckelt
Besnoska
Heckhoff

Firma P. Dobrindt, Düsseldorf
Entrostung und Anstrich der Flutbrücke
Dobrindt
Rabe
Tolksdorf

Firma Reinstädtler & Braun,
Düsseldorf
Farblieferung
Braun
Eich

Gesellschaft f. Teerstraßenbau
mbH., Essen
Asphaltarbeiten
Dr.-Ing. Kohler
Ober-Ing. Thiele
Ing. Führer

Westdeutscher Industrieanstrich,
Gelsenkirchen
Isolierung
Kill

Stadtwerke Düsseldorf
Beleuchtung und Gasleitung
Ober-Ing. Reifenrath
Dipl.-Ing. Demmin
Dipl.-Ing. Schäfer
Ing. Löscher

Bundespost
Oberpostdirektor Doldinger
Schlösser
Wortmann

Fotografen

Additional information of this book

(Nordbrücke Düsseldorf; 978-3-642-52671-8) is provided:

http://Extras.Springer.com

The manufacturer's authorised representative in the EU is Springer
Nature Customer Service Centre GmbH, Europaplatz 3, 69115 Heidelberg,
Germany. If you have any concerns regarding our products, please
contact ProductSafety@springernature.com

Printed and bound by CPI Group (UK) Ltd, Croydon, CR0 4YY

20/04/2026

02093314-0001